불량 유전자는 왜 살아남았을까?

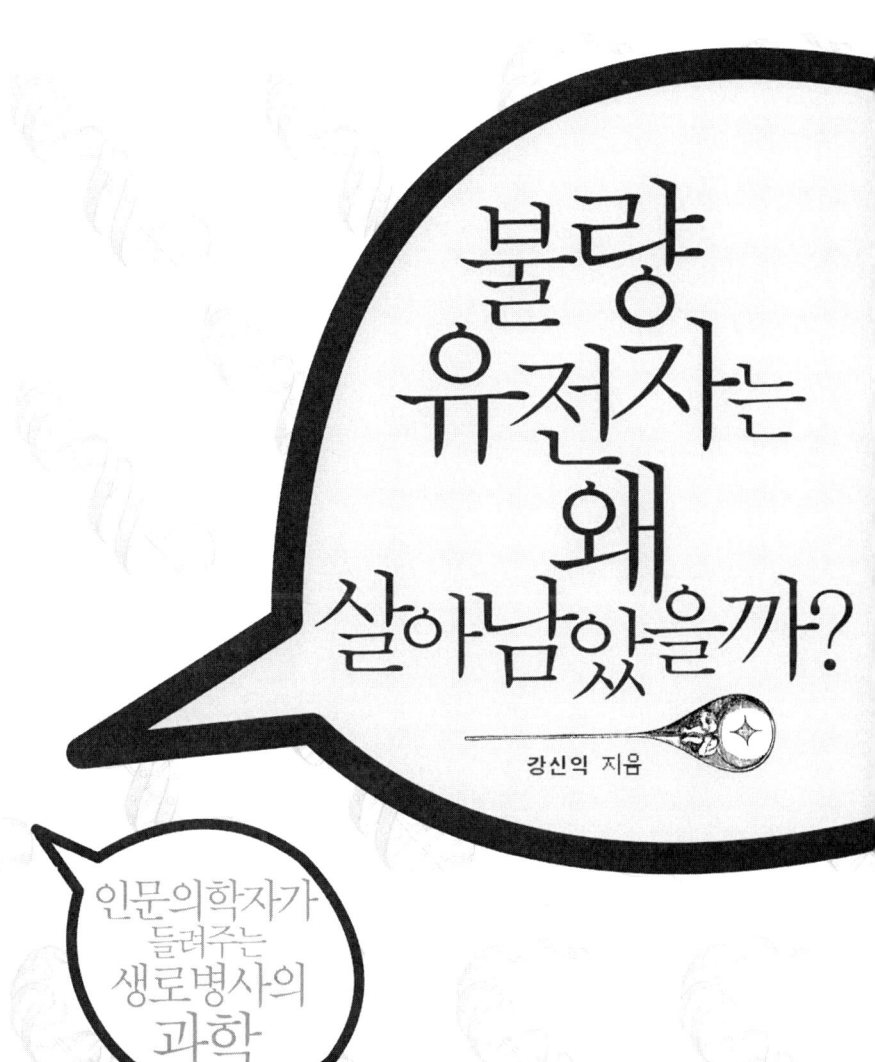

우리 여섯 남매와 후손들의 생로병고(生老病苦)를
온몸으로 지켜주신 어머니 임종희 여사의 90 평생에 이 책을 바친다.

프롤로그

만물이 널리 통하는 생로병사 이야기

이기적 유전자에 대한 오해

물리학자이자 생물학자로서 과학의 역사와 철학을 가르치는 MIT의 이블린 폭스 켈러 교수는 20세기를 '유전자의 세기'라 불렀다. 완두콩의 색과 모양이 유전되는 패턴을 관찰해 형질의 유전법칙을 발견했던 멘델의 연구는 오랫동안 관심을 끌지 못하다가 20세기가 시작되고서야 재발견되었다. 20세기 중반인 1953년에는 그런 형질을 부여하는 유전물질이 이중나선으로 꼬여 있는 DNA 분자라는 사실이 알려졌고, 1970년대에는 인위적으로 그것을 조작할 수 있는 기술이 개발되었다. 그리고 21세기가 시작될 무렵에는 드디어 인간의 DNA 구조 전체가 밝혀졌으니, 20세기는 유전자의 세기로 불려 마땅하다고 할 수 있다.

이제 우리는 피 한 방울만 있으면 유전자 검사를 통해 혈족 관계를 밝혀낼 수도 있고, 장기를 이식했을 때 거부반응을 일으킬 여부를 알 수도 있다. 그래서 이제 너와 내가 서로 다르다면 그것이 무엇이든 유전자의 차이로 설명할 수 있다는 생각이 거리낌 없이 받아들여진다. 21세기 초 체세포의 핵 이식을 통해 만들었다는 줄기세포에 온 국민이 흥분했던 것도 그렇게 만들어진 줄기세포가 세포를 준 사람과 똑같은 유전자를 가졌으므로 아무 거부반응 없이 망가진 조직을 재생시킬 것이라고 믿었기 때문이다. 우리는 이렇게 유전자가 우리를 만들어간다고 믿는다.

20세기 후반에는 그 DNA 분자로 구성된 유전자가 '이기적'으로 자신을 복제하며, 우리의 몸은 그 유전자를 실어 나르는 그릇에 지나지 않는다는 리처드 도킨스의 『이기적 유전자』가 사람들의 마음을 사로잡았다. 그래서 지금 우리는 '유전자는 우리를 만들어가는 청사진이고 그 본성은 이기적'이라는 생각을 별 거부감 없이 받아들인다. 유전자의 눈으로 바라본 생명의 세계다. 유전자는 생명의 유전과 진화를 설명하는 실제로 존재하는 물질이며 개념적 도구이기도 하다. 하지만 생명현상을 제대로 이해하려면 수십억 년에 걸쳐 변화해온 생명 진화의 기나긴 역사를 살펴보는 것 또한 무척 중요하다.

진화의 핵심은 변이와 선택이다. 우연과 환경의 변화에 따라, 그리고 암수가 결합하여 유전정보가 뒤섞임에 따라 형질이 다양해진다. 이것이 변이다. 우리가 키가 크거나 작고, 얼굴 생김새가 넓적하거나 길쭉하며, 몸매가 삐쩍 말랐거나 뚱뚱하고, 명석하거나 멍청한 것은 모두 어머니인 자연이 변이를 만들어내기 때문이다. 그렇게 다양한 형질을 가진 생명체가 살아가는 가운데 그중 특정 형질을 타고난 개체가 자손을 많이 낳으면 그 형질은 후대에 널리 퍼진다.

그러다가 그 형질이 생존과 번식에 불리한 조건을 만나면 또 다른 형질을 가진 후손이 많아진다. 진화는 환경과 생명체의 끊임없는 상호 적응일 뿐, 더 나은 상태로 나아가는 진보가 아니다. 생명체는 환경을 변화시키기도 하고 변화된 환경에 적응해 새로운 형질을 발현하거나 그렇지 못한 경우 멸종되어 사라지기도 한다. 진화는 생존과 번식을 위한 경쟁일 뿐 어떤 섭리나 목적에 따라 정해진 방향을 가지지 않는다. 도킨스가 유전자에 이기적이라는 수식어를 붙인 것은 그것이 정말로 이기적 목적에 따라 행동해서가 아니라 그 결과가 사람에게는 이기적으로 보이기 때문이다. 도킨스는 유전자의 눈으로 생명을 보려고 했지만 그것을 사람의 언어로 표현할 수밖에 없었던 것이다.

불량 유전자와 건강의 역설

이 책은 유전자의 눈이 아닌 태어나서 늙고 병들고 아파하면서 죽어가는 사람의 몸으로 겪는 생명의 일상에 관한 이야기들을 모은 것이다. 그런 일상 속에서 유전과 진화가 만들어내거나, 우리 스스로가 만들어가는 생명의 모습을 그려보려고 한다.

'이기적 유전자'가 유전자를 의지를 지닌 인간에 빗댄 은유이듯이, '불량 유전자'도 그 유전자를 가진 인간의 가치를 유전자에 덧씌운 은유적 표현이다. '이기적'은 목적을 가진 유전자의 존재를 암시하지만 '불량'은 유전자가 사람에게 미친 결과가 그렇다는 뜻이다. 그래서 둘 다 은유지만 '이기적 유전자'는 유전자 중심의 시각이고, '불량 유전자'에서는 사람이 중심이다. 이기적 유전자는 자신의 그릇인 사람을 조종해 이득을 취하지만 불량 유전자는 어떤 이익이나 목적도 없이 그 사람을 곤경에 빠뜨릴 수 있다. 이기적 유전자는 목적을 말한 것이며 불량 유전자는 결과를 말한 것이다. 그리고 그것이 목적이든 결과든 세상을 살아가는 것은 사람이지 유전자가 아니다. 이기적 유전자는 생명을 객관적으로 '설명'하는 데 유용하지만, 불량 유전자는 그것의 결과를 앓는 사람들의 경험을 '이해'하는 데 유리하다.

이 책에서는 어째서 그런 불량한 유전자가 기나긴 진화의 역사 속에서 사라지지 않고 여전히 우리를 괴롭히는지를 묻는다. 앞으로 조금씩 드러나겠지만, '생명이란 본질적으로 완벽할 수 없기 때문에 생명이다'라는 것이 물음에 대한 답의 일부다. 불량 유전자는 완벽한 건강이라는 환상에 대한 해독제인 셈이다.

의학은 과학이며 인문학이다

동아시아 전통 의학에는 건강健康이라는 말 자체가 없다. 건강은 일본을 통해 서구 문명이 들어오면서 함께 들어온 말이다. 그 전까지 우리는 건강이라는 말 대신 아직 병이 되지 않은 상태라는 뜻의 '미병未病'이란 말을 썼다. 건강을 뜻하는 영어 헬스health도 어원을 살펴보면 전체whole 또는 치유healing를 뜻하는 말에서 유래한 것이다. 동서를 막론하고 완벽한 건강이란 개념이 정착된 것은 근대 이후라는 뜻이다.

완벽한 건강이라는 관념에 유전자가 우리의 운명이라는 관념이 더해지면 유전자를 조작하거나 복제해 완벽한 건강을 누릴 수 있다는 이상이 탄생한다. 〈아일랜드〉나 〈가타카〉와 같은 SF 영화는 모두 이런 이상적 관념에 토대를 둔 것이다. 〈아일랜드〉에서는 내 몸이 망가질 경우를 대비해 고립된 장소에서 나와 똑같은 유전자를 가진 복제 인간을 사육하고, 〈가타카〉에서는 유전자를 조작해 원하는 형질을 가진 아이를 디자인한다. 모두 유전자가 나의 운명이라는 가정에 근거한 것이고 유전자의 세기인 20세기의 시대정신이 고스란히 담긴 발상이다.

하지만 지금의 과학 수준으로 보나 상식으로 보나 이런 상상이 현실이 될 가능성은 별로 없어 보인다. 이 세상을 사는 것은 나의 몸이지 내 유전자가 아니다. 그래서 이 책의 주인공은 유전자가 아니라 생로병사의 현실을 살아가는 우리들의 몸이다. 그 몸을 설명하는 가장 유력한 방법은 여전히 과학이다. 하지만 나는 그 과학을 다시 인문학에 비춰보려고 한다. 생로병사의 경험적 현상을 과학적 방법으로 설명하고, 다시 그것을 인문학의 가치와 규범을 통해 이해하려는 것이다.

나는 이런 생명 이해의 방법에 '인문의학'이라는 이름을 붙였고 2004년부터 인제대학교 의과대학에 인문의학 교실을 개설해 운영하고 있다. 의학은 과학이지만 동시에 인문학일 수밖에 없다는 주장이 받아들여진 것이다. 이는 의학을 과학으로만 여겨왔던 상식에 대한 도전이지만, 이후 여러 의과대학에 인문의학 또는 의료인문학 교실이 생기고 있다는 사실에 비춰보면 이미 상당한 공감대가 형성되었다고 보아도 좋을 것이다.

책의 구성

이 책은 생로병사의 현실을 살아가는 몸들이 지금껏 만들어왔고, 앞으로 만들어갈 이야기들을 담고 있다. 모두 34개의 장으로 구성되어 있고 각각이 독립적인 구조를 가지기 때문에 어디서부터 읽어도 상관은 없을 것이다. 하지만 전체의 내용이 또 하나의 이야기가 될 수 있도록 그 글들을 5개의 범주로 나눠서 묶었다.

1부 '태어남과 늙어감'과 2부 '질병과 고통'은 몸들이 직접 경험하는 생로병고生老病苦의 현상을 다룬다. 여기서 중심 물음은 '우리는 어떻게 사는가?'이다. 주로 우리 조상들이 살아온 이야기를 할 것이다. 여러분은 우스꽝스럽거나 안타까운 그러나 귀중한 깨달음을 주기도 하는 과학 이전의 삶을 만날 수도 있고, 왜 우리는 늙고 병들고 고통스러워하며 죽어야 하는지에 대한 사색에 빠질 수도 있다. 시행착오를 거듭하면서도 수많은 사람을 죽음으로 몰아넣은 전염병을 극복하고 새로운 삶의 규범을 만들어 온 청년기 과학의 위대한 성과를 만날 수도 있다. 그리고 다시 생태적 사유로 돌아와 우리를 죽음으로 몰아넣었던 세균 또한 우리와 함께 살아가야만 할 생명임을 깨달을 수도 있다.

3부 '뇌와 마음'과 4부 '유전과 진화'는 직접적으로 생로병사의 과학을 다룬다. 여기서 우리가 물어야 할 물음은 '우리는 왜 이렇게 살 수밖에 없는가?'이다. 우리의 몸과 마음을 지금처럼 만든 것이 무엇인지 찾아볼 것이다. 20세기에는 주로 유전과 진화를 통해 생명현상을 설명했지만 20세기 말부터 인지과학이 크게 발달하면서 뇌를 통해 설명하려는 쪽으로 큰 흐름이 바뀌고 있다. 물론 유전과 진화의 틀은 여전히 유효하고 중요하다. 인지과학은 우리가 세상과 소통하고 몸과 마음이 서로 소통하는 보다 직접적인 경로를 다룬다는 점에서, 그리고 유전과 진화만으로는 설명할 수 없었던 생명현상을 해명할 수도 있다는 점에서 중요하다. 가짜 약을 먹고도 극적인 치유를 경험하는 플라세보 효과의 수수께끼를 풀 수 있다는 기대가 생기는 것도 그래서다.

5부 '몸과 사회'에는 1부와 2부에서 다룬 생로병고의 경험과 3부와 4부에서 다룬 생로병사의 과학을 통해 얻은 통찰을 바탕으로 어떻게 살아야 할지 생각해보는 장면들을 담았다. 여기서는 세포들로 구성된 민주공화국인 우리의 몸과 그 몸들의 공동체인 사회 속에서 지켜야 할 규범을 다룬다. 그 규범의 끝에 죽음을 넣은 것은 그것이 생명의 잠정적 완결 구조이기 때문이다. 우리는 죽음 다음의 삶에 대해서는 알지 못하지만 누구나 죽을 수밖에 없다는 사실은 잘 안다. 그런 점에서 죽음도 생명의 규범이라고 할 수 있다. '죽음은 삶이 만든 최고의 발명품'이라고 말한 스티브 잡스의 뜻도 이와 같을 것이다.

책을 낸다는 것은 쓰는 사람과 만드는 사람, 그리고 읽을 사람 사이의 끊임없는 소통임을 절실히 깨닫는다. 그 사실을 일깨워주신 페이퍼로드 여러분께 감사드린다. 이 프로젝트를 제안해주신 이송원 전 편집장님과 최용범 사장님, 책 전체의 체제를 바로잡고 건설적인 제안을 해주신 편집

부 여러분께 감사드린다. 원고를 두 번씩이나 꼼꼼히 읽고 비판적인 제안을 해주신 김명남 선생님께도 깊이 감사드린다.

이 책은 2007년도 정부(교육과학기술부)의 재원으로 한국연구재단의 지원을 받아 수행된 연구(KRF-2007-361-AM0056)의 결과임을 밝히며, 국민의 세금이 사용된 만큼 책 속의 이야기들이 우리 모두의 행복에 기여할 수 있기를 희망한다.

2013년 2월 20일
강신익 드림

목차

프롤로그 만물이 널리 통하는 생로병사 이야기 7

제1부 태어남과 늙어감

1 | 정자 속에 작은 인간이 있다? 19
2 | 생명은 명사일까, 동사일까? 26
3 | 출산의 고통은 어디에서 오는가? 33
4 | 남성이 출산을 주도하다 40
5 | 청춘은 정력이다? 47
6 | 살기 위해 죽는 생명 54

제2부 질병과 고통

7 | 원초적 본능, 후각을 복원하라 67
8 | 작은 의사, 보통 의사, 큰 의사 74
9 | 콜레라균 한잔하실래요? 81
10 | 세균과 인간의 전면전 89
11 | 안 아픈 파커 씨의 발치 대행진 97
12 | 나뭇잎 하나 푸르게 하지 못하는 고통 104

제3부 뇌와 마음

13 | 내 속엔 내가 너무도 많아 113
14 | 나의 운명은 두개골에 달려 있다? 120
15 | 심장을 바꾸면 사람이 달라진다? 127
16 | 내 머리 속에 있는 거울 135
17 | 구라마이신, 믿으면 낫는다 143
18 | 마음의 병을 몸으로 앓는 사람들 150
19 | 환상통의 근원을 찾아서 156
20 | 보이지 않는 손들은 악수를 한다 164

제4부 유전과 진화

21 | 피는 유전자보다 진하다 173
22 | 쓰레기 DNA에서 찾은 열쇠 180
23 | 이 아이가 게이일까요? 187
24 | 진보와 보수의 심리학 193
25 | 세포들의 내밀한 사회생활 199
26 | 불멸의 세포를 가진 여인 208
27 | 암컷과 수컷의 사랑 이야기 215
28 | 병자생존, 아파야 산다 222

제5부. 몸과 사회

29 | 역사가 만든 질병, 역사를 바꾼 질병 ... 231
30 | 풍요와 불평등을 앓는 사람들 ... 240
31 | 네가 아프면 나도 아프다 ... 247
32 | 죽음을 처방해 드립니다 ... 255
33 | 영생을 향한 21세기의 피라미드 ... 262
34 | 죽음, 삶이 만든 최고의 발명품 ... 269

에필로그 생로병사의 과학, 재미와 의미를 찾는 여정을 마치며 ... 275

더 읽어보면 좋을 책 ... 281

1 정자 속에 작은 인간이 있다?

나는 어디에서 왔을까

내가 아주 어렸을 때, 라디오는 거의 유일한 음향 기기이자 오락거리였다. 큼직한 상자에 여러 개의 진공관 램프가 담긴 아날로그 라디오는 소리 하나로 세상과 통하는 길을 열어주었다. 우리는 이 기계 주위에 둘러앉아 라디오 연속극을 들으며 울고 웃었고, 고등학교 야구 중계를 들으며 9회 말 역전의 짜릿한 흥분을 맛보기도 했다. 그러다가 손에 들고 다닐 수 있는 트랜지스터 라디오가 나왔다. 진공관 라디오는 크기라도 했지만 손바닥 안에 들어가는 작은 상자에서 사람 목소리가 나온다는 사실이 도무지 믿기지가 않았던 기억이 아직도 생생하다. 부모님께 여쭤보았지만, 대답이 궁하셨는지 아니면 놀리려고 그러셨는지, 라디오 속에 아주 작은 사람이 살고 있다고 둘러대셨다. 호기심이 발동한 나는 뚜껑을 열고 구석구석 살펴보았지만 사람은커녕 개미 한 마리도 찾지 못했던 기억이 있다. 이후 소리는 파동이며 전파를 이용하면 소리를 주고 받을 수 있다는 사실을 알게 되었고, 엄청나게 다양한 음향 기기에 둘러싸여 살게 되었지만 생각해보면 아직도 신기하기만 하다. 볼 수도 만질 수도 없는 파동이 그렇게 멀리까지 가서 소리(감각)로 드러난다는 게 말이다.

이것 말고도 신기하고 궁금한 게 많았는데 그중 하나가 바로 내가 어디서 왔는지에 관한 것이었다. 어른들께 여쭤보면 삼신할멈이 점지해주었다느니 다리 밑에서 주워왔다느니 하는 식의 아리송한 답변만 들을 수 있었다. 엄마 뱃속에 있다가 나온 것은 알았지만 내가 어떻게 그리로 들어가게 되었는지는 몰랐던 것이다. 그런데 의학의 역사를 공부하다보니 똑똑하다는 어른들도 오랫동안 이 문제에 제대로 된 답을 찾지 못했다는 사실을 알게 되었다. 그들이 어릴 적의 나보다 나았던 것은 남자와 여자의 성관계를 통해 아이가 생긴다는 사실을 알았다는 정도였다.

지금 우리는 정자가 운반해온 유전자를 난자가 받아들이고 이것을 자신의 유전자와 섞어 새로운 생명의 유전정보가 결정되면, 그 정보가 발현되는 발생의 과정을 거쳐 아이가 된다는 사실을 안다. 하지만 겨우 세포 정도를 관찰할 수 있었던 당시의 현미경 기술로는 이런 내막을 상상할 수도 없었다. 그러니까 이런 생물학적 지식이 전혀 없던 시절로 돌아간다고 가정해보면 3백 년 전 사람들의 심정을 쉽게 이해할 수 있을 것이다. 자, 이제 학교에서 배운 생명체의 탄생에 관한 지식을 잠시 잊고 현미경으로 정액 속의 정자를 관찰한다고 상상해보자. 3백 년 전 사람들은 그 속에서 무엇을 보았을까?

17세기 말 네덜란드에서 활동했던 수학자이자 물리학자였던 니콜라스 하르트소커Nicolaas Hartsoeker는 정자 속에서 사람을 보았다. 현미경으로 정액을 열심히 관찰하던 그는 정자 속에 아주 작은 사람이 들어 있는 것을 본 듯하다고 말했다. 그리고 그것을 극미인極微人, homunculus이라 불렀다.

여기서 '보았다'가 아니라 '본 듯하다' 또는 '보았다고 믿었다'고 표현했

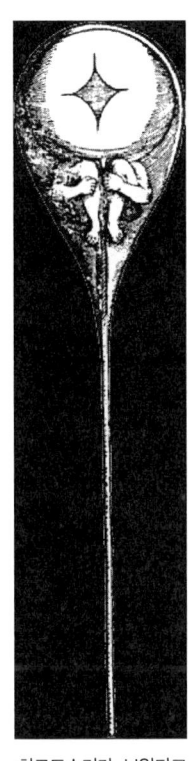

하르트소커가 보았다고
믿었던 정자 속 극미인
의 모식도

다는 점에 주목할 필요가 있다. 한마디로 확신할 수 없다는 말이다. 물론 지금의 우리는 하르트소커의 관찰이 전혀 근거가 없는 상상의 결과일 뿐이라는 사실을 잘 안다. 그도 자신의 관찰이 다소 억지스럽다는 것을 잘 알고 있었던 것 같다. 그런데도 그런 주장을 할 수 있었던 근거는 무엇일까? 그로 하여금 정자 속에서 작은 사람을 찾아내도록 한 원동력은 도대체 무엇이었을까?

땅속에 씨를 묻는 괴짜들

대답을 준비하는 동안 잠시 샛길로 빠져 두 가지 다른 이야기를 해 보자. 하나는 16세기, 다른 하나는 18세기의 이야기지만 그 내용은 크게 다르지 않다. 먼저 16세기다. 의학사에서 파라켈수스Paracelsus라는 이름에는 언제나 혁명이나 반항 또는 우상파괴자의 이미지가 따라붙는다. 그는 천오백 년 이상 진리로 여겨지던 서양 고대 의학의 이론을 전복하고, 자신의 임상 경험에 토대를 둔 새로운 의학을 세우려 했던 인물이다. 그는 금과옥조로 여겨지던 고대 의학의 경전을 불태우고 당시에 학문의 언어로 떠받들어지던 라틴어가 아닌 자신의 모국어(독일어)로 의학책을 쓴다. 조선 시대의 의사 허준이 한문이 아닌 한글로 『동의보감』을 쓴다고 생각해보면 어떤 의미인지 대충 짐작할 수 있을 것이다. 파라켈수스는 사람을 비롯한 동물의 축소판을 만들어낼 수 있다고 하면서 그 처방까지도 친절하게 일러준다. 마치 분재를 해서 큰 소나무의 축소판을 접시

16세기 의학의 반항아 파라켈수스

하나에 담는 것처럼 말이다. 그의 처방에 따르면, 만들어내고자 하는 동물의 뼈, 정자, 피부와 모발을 자루에 넣고 말의 분뇨로 둘러싸인 땅속에 40일간 내버려두면 작은 동물 또는 인간이 발생한다고 한다. 그는 이렇게 해서 30센티미터밖에 안 되는 극미인을 만들었지만, 주인을 배신하고 모두 도주했다고 한다.

과학혁명을 거치면서 세상의 모든 것을 물리법칙으로 설명할 수 있게 된 다음에도 이런 종류의 믿음은 사라지지 않았다. 18세기 기센 대학의 데이비드 크리스티아누스David Christianus는 다음과 같은 처방을 제시한다.

"검은 암탉이 낳은 달걀에 작은 구멍을 뚫고 흰자를 콩 크기만큼 제거한 다음 그 부위를 사람의 정자로 채우고 처녀막으로 밀봉한다. 이것을 음력 3월 1일에 동물의 거름 속에 묻어두면 30일 후에 작은 사람이 생기는데, 이 작은 사람은 주인을 보호하고 도와준다."

해부학과 생리학이 충분히 발달해서 생식기관의 구조와 기능이 이미 잘 알려져 있었고 정자와 난자의 존재도 의심의 여지가 없던 18세기에, 그것도 대학에서 이런 처방이 나올 수 있었다니 재미있지 않은가?

생명 탄생을 농경과 기계에 빗대다

정자 속에서 작은 사람을 '보았다'는 하르트소커와 정자를 땅속에 심어 작은 사람을 '만들었다'는 파라켈수스, 그리고 크리스티아누스의 이야기

속에는 그 당시 사람들이 생명에 대해 가졌던 생각의 구조가 담겨 있다.

먼저 정자(남성)의 존재다. 정자는 현미경의 등장과 더불어 처음으로 발견된 생명의 씨앗이다. 이전에도 남녀의 성관계가 생명 탄생의 출발이라는 사실은 어렴풋이 알고 있었지만, 관계 중 발생하는 어떤 사건이 생명을 수태시키는지는 거의 모르고 있었다. 그러다가 정액 속에서 살아 움직이는 정자를 볼 수 있게 되자 이것이야말로 생명의 씨앗이라고 확신하게 된 것이다. 위의 세 이야기에 공통으로 등장하는 주인공이 바로 정자인 것도 그런 연유다. 정자를 생명의 씨앗이라고 불렀다는 것은 그들이 농사를 시작할 때 밭에 뿌리는 농작물의 씨앗과 정자를 같은 구조 속에서 파악했다는 뜻이다.

뒤이어 정자를 받아들이고 키우는 여성적 존재도 필요했다. 사람들은 자연스럽게 씨앗을 받아들여 생명을 키우는 밭과 같은 이미지를 연상했다. 위 이야기들에 나오는 분뇨, 암탉, 달걀, 처녀막, 동물의 거름 등이 이런 여성적 존재를 상징한다. 여기서도 어김없이 농사와 관련된 생각의 틀이 적용된다. 옛사람들은 생명의 탄생을 씨앗과 밭의 관계로 파악했고 그런 관계에 따라 무리 없이 후손에게 생명을 이어가며 살았다.

17세기에 과학혁명이 일어나고 자연을 하나하나 뜯어보면서 문제의 틀은 조금씩 달라지기 시작한다. 내가 라디오를 뜯어 목소리의 주인공을 찾으려 했던 것처럼 새로 태어날 생명이 구체적으로 어디에 있는지를 찾아 나서게 된 것이다. 하르트소커가 보았다고 주장한 정자 속 작은 인간은 상상 속에서 만들어낸 것이다. 볍씨를 뿌리면 똑같은 벼를 더 많이 거둘 수 있듯이, 정자를 여성의 몸에 뿌리면 부모를 닮은 아이를 낳을 수 있다고 생각했다. 그리고 그 아이는 생명의 씨앗인 정자 속에 이미 들어 있다.

물론 이런 생각은 논리적으로 모순이다. 이 말이 참이라면, 러시아 인형 마트료시카처럼 정자 속 아이의 정자에는 또 다른 아이가 들어 있어야 하고, 또 그 정자 속 아이의 정자 속에 있는 아이의 정자에는 또 다른 아이가 들어 있어야 한다. 결국 하나의 정자 속에는 미래의 생명이 모두 들어 있어야 한다. 만약 정자 속 아이가 여자라면 이런 무한 회귀조차도 성립하지 않는다. 17세기인이라고 해서 이런 모순을 모르지는 않았겠지만 당시로서는 생명의 씨앗에 대한 이 정도의 설명만 해도 상당히 설득력 있게 들렸을 것이다.

농사의 은유와 함께 17세기 유럽인을 사로잡았던 것은 자동으로 움직이는 기계였다. 오늘날 우리가 축구를 하거나 춤을 추는 로봇을 보고 신기해하듯이 당시 유럽인들은 태엽만 감아주면 마치 사람처럼 움직이는 자동인형에 매료되었다. 그리고 그 이미지를 생명에 덧씌웠다. 그래서 생명은 설계된 대로 움직이는 결정론적 기계가 되었다. 우리가 지금 뇌를 컴퓨터로 여기는 것과 비슷한 구조다.

17세기는 기계의 은유와 농사의 은유가 묘하게 공존한 시기였다. '정자 속의 작은 사람'이라는 생각과 그것을 자연 속에 묻으면 새 사람이 생긴다는 상상은 이 두 은유가 만나서 만들어낸 새로운 이야기의 형식이고, 당시 사람들이 세상을 이해하는 틀이었다.

아주 작은 사람, 극미인

극미인, 즉 호문쿨루스homunculus는 라틴어에서 유래한 '작은 사람'을 뜻하는 말로 남성명사다. 이 말은 특정 이미지나 사물이 사람 전체를 표상할 때 사용된다. 16세기 연금술과 19세기 소설에 많이 등장하는데, 완전한 형태로 완벽하게 기능하는 아주 작은 크기의 사람을 가리킨다. 이런 생각은 인간의 미래는 미리 결정되어 있다는 전성설前成說, preformationism에 뿌리를 두고 있으며 여러 전설과 연금술의 영향을 받은 것이다. 진흙으로 만들어진 인형에 신의 숨결이 더해져 사람이 되었다는 기독교 창세기의 이야기나 유대인의 신화에 나오는 골렘도 극미인의 범주에 포함할 수 있다.

20세기 과학에서는 어떤 신체 부위가 사람의 생리적 또는 심리적 특성과 기능 전체를 표상할 때 사용하기도 한다. 예컨대 우리 뇌에는 몸의 여러 부위를 움직이는 신호를 만드는 부위들이 있는데 그 부위 전체를 운동 극미인motor homunculus이라 하고, 몸의 여러 부위에서 들어오는 감각 신호를 받아들이는 부위 전체를 신체감각 극미인somatosensory homunculus이라 한다.

2

생명은 명사일까, 동사일까?

정자가 난자를 만나기 백 미터 전

〈그녀를 만나는 곳 백 미터 전〉이라는 노래를 기억하는가? 1991년 가수 이상우가 불러 크게 유행한 노래로, 사모하던 여인을 만나기로 한 장소에 이르기 직전의 설렘과 기대 등의 심정을 담은 경쾌하고도 아름다운 선율의 노래다. 이 노래는 만남 직전 15분의 심리적 상황을 담았지만, 우리의 생식세포는 난자와 정자가 된 이후 서로가 만날 때까지 훨씬 길고 지난한 생물학적 과정을 거쳐야 한다. 그녀를 만나는 곳 백 미터 전의 설렘과 기대는 '진화-생식-발육-성장'이라는 생물학적 과정을 통해 준비된 마음이 압축되어 나타난 것이라고 할 수도 있다.

그리고 이 모든 과정의 주요 행위자가 바로 정자와 난자다. 사냥과 채집에 의존해 살아가던 우리의 석기시대 조상이 정자와 난자의 존재를 알았을 것 같지는 않다. 그들이 남녀의 결합과 임신과 출산이라는 사건을 원인과 결과로 인식했을지도 불분명하다. 그저 본능에 따르다보니 생존을 도모하고 후손을 퍼뜨리게 되었을 가능성이 크다. 물론 그들이 모르는 사이에도 정자와 난자는 끊임없이 만나기도 하고 헤어지기도 하면서 새 생명을 탄생시켰을 것이다.

지금 우리는 정자와 난자가 우리 몸속에 들어 있는 생명의 씨앗이고 그 둘이 만났을 때 새로운 생명이 시작된다는 사실을 안다. 하지만 볍씨가 곧 벼는 아닌 것처럼 씨앗 자체가 생명인 것은 아니다. 생명은 정자나 난자에 들어 '있지' 않다. 그 둘이 합쳐져 새로운 생명을 만들어 '내는' 것일 뿐이다. 생명은 정자나 난자에 완성된 형태로 존재하는 것이 아니라 DNA*라는 물질의 구조 속에 정보의 형태로 살아 있다. 이 정보는 정자와 난자의 만남이라는 사건을 통해 새로운 생명을 얻는다. 정자와 난자가 가진 정보가 서로 뒤섞여 정자의 것도 난자의 것도 아닌, 그러나 정자와 난자의 주인을 닮은 새 생명을 만들어내는 것이다. 그리고 이 생명은 여성의 몸속에서 길러진다. 말로 하면 이렇게 짧게 끝낼 수도 있지만 정자와 난자가 만나기까지, 그리고 그렇게 만들어진 수정란이 여성의 몸속에서 자라는 동안 엄마와 아이의 몸은 아주 복잡한 생물학적 변화를 견뎌내야 한다.

● 디옥시리보핵산(Deoxyribonucleic acid)의 약자. DNA의 분자는 2개의 뉴클레오티드 가닥이 서로 꼬여 비틀어진 사다리 모양으로 이루어져 있다. 당(糖)과 인산으로 된 기둥에 아데닌(A)·구아닌(G)·시토신(C)·티민(T)의 질소 염기들이 가로로 쌍을 이루어 결합한다. 이런 염기들 사이의 결합과 분리를 통해 한 세대에서 다음 세대로 유전정보를 전달한다.

정자와 난자도 우리 몸속에 있는 수많은 세포의 일부지만 다른 세포들과는 근본적으로 다르다. 몸을 구성하는 다른 세포들은 46개의 염색체를 가지지만 새 생명을 만드는 정자와 난자에는 그 절반인 23개의 염색체밖에 없다. 이렇게 자신 속에 상대방을 받아들일 자리를 마련해 언제가 될지도 모를 만남을 준비한다. 정자와 난자가 될 세포(생식세포)는 우리 몸을 구성하면서 특정 기능을 하는 다른 세포(체세포)들과는 분리된 채로 성장하고 발육한다. 그러니까 우리 몸은 번식을 위한 부분(생식세포)과 생존을 위한 부분(체세포)으로 나뉘어 있다고 할 수 있다. 우리 몸은 살아남아서(생존) 후손을 퍼뜨리도록(번식) 되어 있는데, 그 두 기능은 서로 영향을 주고받으면서도 비교적 독립적으로 기능한다는 말이다. 추수가 끝나면 먹어 없앨 곡식과 내년 파종에 쓰일 씨앗을 따로 저장하는 농부가 하는 일과 비슷하다. 농부가 따로 저장하는 곡식과 씨앗은 생물학적으로 전혀 다를 게 없지만 우리가 따로 저장하는 정자와 난자는 처음부터 상대방을 받아들여 새로운 변화를 만들어낼 준비를 하고 있다는 차이가 있을 뿐이다.

현미경으로 진짜 씨앗을 찾다

고대 문명이 시작되면서 남녀의 결합이 임신의 원인이라는 사실이 명확해졌지만 결합의 어떤 국면이 임신의 원인인지에 대해서는 알지 못했다. 고대 동아시아인들은 기氣라는 불명확한 개념으로, 서양 사람들은 몸속에 들어 있다고 믿었던 네 가지 액체의 작용으로 임신을 설명했지만 지금의 기준으로 보면 우스꽝스러울 뿐이다. 거의 모든 서양 학문의 뿌리라 할 수 있는 고대 그리스의 철학자 아리스토텔레스는 여성의 월경 혈과 남성의 정액이 만나면 생명의 알이 만들어지고 그것이 새 생명으로 자란다고 했다. 여성은 물질적 토대를 제공하고 남성은 그 물질에 생명의 형태를 부여해주는 식이다. 여기서도 밭(물질적 토대)과 씨앗(생명의 형태)의 은유가 적용되지만, 그 주체는 난자나 정자처럼 독립된 개체가 아닌 월경 혈이나 정액과 같은 액체다. 하지만 정자와 난자의 존재를 몰랐던 시절에 할 수 있었던 가장 합리적인 추론이었을 것이다.

아리스토텔레스가 말했던 정액 속에서 정자들이 발견된 것은 그가 죽은 지 2천 년이나 지난 1677년의 일이다. 렌즈 가공업자였던 레벤후크Leeuwenhoek의 현미경 속에서 꼬리가 달린 정자들이 꼼지락거리고 있었던 것이다. 이제 생명의 진짜 씨앗을 찾은 셈이었다. 씨앗의 실체가 밝혀졌으니 이제는 그것을 품어 생명을 잉태할 밭을 찾아야 했다. 씨앗은 몸 밖으로 배출되지만 밭은 그 씨앗을 거두어야 하므로 여성의 몸속에 있어야 했다. 당시 사람의 몸을 해부하여 구조와 기능을 밝히는 해부생리학이 발전하고 있기는 했지만, 여성의 몸속에서 눈에 잘 보이지도 않는 정자의 짝을 찾기란 쉬운 일이 아니었다.

생명이 시작된 이래로 줄곧 정자가 만나기를 갈망해왔던 '그녀'인 난자는, 암캐의 난소와 나팔관을 살펴보던 리투아니아의 동물학자 카를 에른스트 폰 베어Karl Ernst von Baer의 현미경 속에서 처음으로 그 모습을 드러냈다. 사람의 정자가 발견된 지 150년이나 지난 1827년의 일이었다. 비록 종種은 다르지만 생명의 씨앗과 그것을 품어 새 생명을 잉태할 터가 모두 발견된 것이다. 이제는 그 둘이 어떻게 만나고 만남 이후에는 어떻게 새 생명을 키우는지가 관심의 대상이 되었다.

수정, 그 위대한 순간

1875년 독일의 동물학자 오스카 헤르트비히Oskar Hertwig는 바다에 사는 성게의 정자가 난자의 벽을 뚫고 들어가는 모습을 관찰하고 보고하여 '수정-발생-탄생-발육-노화-죽음'으로 이어지는 생명 과정의 첫 단계를 멋지게 설명해주었다. 정자와 난자의 상봉 장면이 처음으로 목격된 것이다. 사람의 정자가 발견된 지 198년, 개의 난자가 발견된 지 48년 만의 일이었다.

이로써 생명의 시작에 관한 오랜 의문이 풀리기 시작했다. 생명은 아리스토텔레스가 말했던 것처럼 무정형의 물질에 형태가 가해져 저절로 발생하는 것이 아니라 다른 생명체로부터 만들어지는 것이었다. 새 생명은 난자와 정자가 합쳐진 수정란에서 발생하고, 형질을 전달하는 유전물질은 정자와 난자의 핵 속에 들어 있는 염색체에 담겨 있다. 정자를 받아들여 새로운 유전자 세트를 가지게 된 난자(수정란)는 그 유전자의 신호에 따라 분열을 거듭해 새 생명을 만들어간다. 정자는 유전물질을 보태줄 뿐 생명을 키우는 일은 온전히 난자와 그 난자(수정란)의 주인인 자궁, 자궁을 가진 여인의 몫이다.

정자와 난자는 새 생명에 필요한 정보를 각각 반씩 가지고 있고 그것을 뒤섞어 새로운 유전자 세트, 즉 새 생명의 요리법을 완성한다. 생명은 이 유전자 세트의 강력한 영향을 받으며 발생하지만 그렇게 만들어진 유전자가 생명의 운명이라고 할 수는 없다. 수정란이 자라나는 여인의 자궁, 그리고 그 여인이 살아가는 자연과 사회의 환경은 다양한 신호가 되어 유전자의 발현을 억제 또는 촉진하기 때문이다. 이렇게 생명의 후천적 형질을 강조하는 견해를 후성설後成說, epigenesis이라 하고, 염색체에 담긴 유전정보의 중요성을 강조하는 견해를 전성설前成說, preformationism이라 한다. 극단적으로 비유하자면 정액과 월경 혈이 만나 새 생명을 만든다는 아리스토텔레스의 입장은 후성설, 정자 또는 난자에 작은 사람이 들어 있다고 보는 하르트소커의 입장은 전성설이다.

우리는 지금 두 이론이 모두 절반만 옳다는 것을 안다. 생명은 사전에 결정되어 있기만 한 것도 아니며 그렇다고 백지상태도 아니다. 나는 태어날 때 이미 나를 규정하는 특정한 유전자 세트를 타고났지만 나의 생활습관이나 의학적 개입을 통해 그 유전자의 발현을 억제하거나 촉진시킬 수도 있다. 나는 분명 다른 사람과 다른 본성을 가지고 태어나지만, 그 본성은 다른 사람 또는 환경과의 상호작용으로 만들어진 것일 수도 있고 새로운 관계를 통해 변화할 수도 있다. 나는 명사형이 아니라 동사형이다.

있음에서 되어감으로

라디오나 정자 속에 사람이 들어 있다고 생각할 수밖에 없었던 어릴 적 나 자신이나, 17세기의 서양 사람들이 무의식중에 가졌던 생각의 틀은 '있음(존재)'이다. 하지만 파동이 소리가 된 후 전기신호로 기록·저장되고, 전파를 타고 송출되어 다시 수신기에서 재생되는 과정은 그 소리를 발생시킨 존재(있음)와는 아무 상관이 없다. 정자와 난자가 만나서 유전정보를 뒤섞어 아기가 되고, 세상에 나와 자기만의 특성이 있는 어른으로 자라나며 다시 후손을 생산하는 생명의 본질도 있음이 아닌 '되어감(과정)'이다.

아직도 우리는 정자 속 작은 사람 대신 세포의 핵 속에 기록되어 '있는' 유전정보가 우리의 미래를 '결정'한다고 믿는 경향이 있다. 그 유전정보가 어떻게 주위 환경과 상호작용하여 새로운 변화를 만들어내며 새로운 개체가 '되어 가는지'에 대해서는 많은 관심을 기울이지 않는다.

하지만 우리가 정자에 사람이 들어 있다는 생각에 낯설어졌듯이 유전자가 우리를 만든다는 상식 또한 낯설어질 날이 올 수도 있지 않을까? 인습을 거부하고 세상을 바꾸려 했던 의학의 파라켈수스처럼, 달리 생각하기 시작한다면 과학이 훨씬 더 신나고 재미있어지지 않을까?

이제는 폐경이 아닌 완경

정자는 생명의 청사진을 만드는 데 필요한 정보를 제공하는 것 말고는 별로 하는 일이 없지만, 난자는 정보를 제공할 뿐 아니라 그렇게 만들어진 새 생명을 키워내야 하는 막중한 임무를 떠안는다. 이것은 난자뿐 아니라 그 난자를 품고 있는 여성의 몸 전체가 동원되어야 하는 일이다. 그래서 성숙한 여성의 몸은 매달 한 번씩 자궁벽이 두꺼워지는 등 새 생명을 받아들일 준비를 하다가 수정이 되지 않으면 그것들을 밖으로 쏟아낸다. 이를 월경이라고 부르며 대략 40대 중반 이후에는 하지 않게 된다.

사람의 수명이 마흔이 채 되지 않았을 때는—인류 역사의 대부분이 그런 시기였다—임신을 하거나 젖을 먹이지 않는 한 월경이 멈추는 일이 거의 없었지만, 지금은 사정이 다르다. 현대인은 생식능력이 없이도 수십 년을 더 산다. 결국 폐경은 인간의 수명이 길어진 결과 생긴 현상이다. 자식을 낳아 유전자를 퍼뜨리는 것이 생명의 존재 이유인 진화의 관점에서는 생식능력이 없는 몸에 부여하는 의미가 야박할 수밖에 없다. 이에 따라 폐경기에 접어든 여성들이 우울증에 빠지는 일이 생기기도 한다.

하지만 현대 여성의 대부분이 월경이 멈추는 현상을 겪게 되면서 이에 부여하는 의미도 많이 달라지고 있다. 지금까지 월경은 당연하고 필수적인 일로 받아들여졌고, 월경을 하지 않는 상태는 정상적인 활동을 멈췄다는 의미에서 폐경閉經이라고 불렸다. 그러나 이제는 월경이 없는 상태를 여성이 생식에 관한 임무를 완수했다는 의미에서 완경完經이라고 부르자는 주장이 공감대를 넓혀가고 있다. 완경은 여성으로서의 정체성이 흔들리는 비극이 아닌 살아 있음의 엄숙한 절차인 것이다.

3 출산의 고통은 어디에서 오는가?

세대에 따라 다른 분만의 풍경

나는 6남매 중 막내다. 누나와 형들이 많다보니 내가 태어났을 때의 상황에 대해 많은 이야기를 들으며 자랐다. 게다가 나는 태어난 자리에서 자라고 중년이 넘도록 그 자리에서 살았다. 그래서인지 나 자신이 태어날 때의 모습을 어렵지 않게 그려볼 수 있다. 누나와 형들은 밖에서 놀다가 동생이 태어났다는 소식을 듣고 문에 바른 창호지에 구멍을 뚫고 들여다보았다고도 했고, 갓 태어난 동생의 보잘것없는 모습에 실망했다고도 했다. 나의 출생에는 어떤 의료적 간섭도 없었다. 우리 6남매의 탯줄은 모두 외할머니가 끊으셨다고 한다. 내가 태어난 날은 당시 대통령이던 이승만의 생일이었고, 그래서 공휴일이었다는 사실도 주변의 이야기를 통해 어려서부터 알고 있었다.

이렇게 사람의 태어남은 분만이라는 생물학적 현상의 결과이면서도 가족, 이웃, 국가와 같은 여러 층위에 의미를 발생시키는 사회적 사건이기도 하다. 나의 경우 그 층위가 어긋남 없이 이어져 있었다. 나는 엄마의 자궁 속에서, 외할머니의 손에 의해, 이승만 정부의 녹을 먹던 아빠의 아들이자 먼저 태어난 형과 누나들의 동생으로서 태어난 것이며 그 조건의 영향 속에서 자랄 터였다. 1년 먼저 앞집에서 태어난 만길이와 한 달 후 옆집에서 태어날 수동이가 나의 첫 친구가 될 것도 이미 예정되어 있었다. 나의 탄생과 성장은 주위의 일상과 분리되어 있지 않았다.

하지만 내 아내가 아이를 낳을 때의 탄생과 분만은 내가 태어나던 당시와 전혀 다른 것이 되어 있었다. 아내는 진통이 시작되자마자 병원으로 달려갔고 온통 흰색으로 둘러싸인 환한 분만실에 누워, 흰 가운을 입은 의사와 간호사들이 수시로 드나드는 중에 진통하다가 결국은 분만 촉진제를 맞고 첫 아이를 낳았다. 아빠인 나뿐 아니라 장모님마저도 분만의 과정에 참여할 수 없었다. 태어난 아이를 안아볼 수도 없어서 유리창 너머로 바라볼 수밖에 없었다. 퇴원 전까지는 엄마 젖을 먹일 수도 없어서 흘러넘치는 모유를 사랑스러운 아이의 입이 아닌 차가운 유리 기구를 써서 짜내야 했다.

그리고 다시 한 세대가 지났는데, 이제는 지나친 위생과 개입 위주의 분만 방식을 반성하고 최대한 자연스러운 출산 환경을 보장해야 한다는 주장이 점차 힘을 얻고 있다. 세계 최고 수준으로 치솟던 제왕절개 비율을 낮추기 위한 정책이 시행되기도 하고, 수중 분만을 비롯한 다양한 분만법이 소개되기도 한다. 이렇게 60년이 채 안 되는 나의 생애와 한국이라는 좁은 공동체의 문화 공간 속에서도 출산의 관행과 문화는 크게 달라져 왔다. 그렇다면 수천 년에 이르는 인류의 역사와 다양한 문화 속에서는 어땠을까? 가장 자연스러운 출산 방법이 있기는 한 것일까?

목숨을 건 인간의 출산

2002년 경기도 파주의 한 묘역에서는 400여 년 전 분만 도중 사망한 여인의 미라가 발견되었다. 이 미라를 3차원 의료 영상으로 복원한 결과, 엄마 미라는 태아의 머리가 자궁을 거의 빠져나온 출산의 마지막 순간에 자궁 파열로 사망한 것으로 추정된다고 한다. 산부인과 의사들은 이 산모가 5~10분만 더 버텨주었더라면 안전하게 아이를 출산했을 것이며, 지금이라면 간단한 흡입 기기로 아무런 문제없이 엄마와 아이 모두를 구했을 것이라고 한다. 현대 의학이 분만의 과정에 개입하기 이전에는 이렇게 아이를 낳다가 목숨을 잃는 산모가 적지 않았다.

그런데 〈동물의 왕국〉 같은 TV 프로그램에서 소나 말과 같이 덩치가 큰 동물들이 새끼를 낳는 장면을 보면 그렇게 어렵고 위험해 보이지는 않는다. 어미는 선 채로 분만하는데 새끼는 1미터가 넘는 높이에서 땅으로 툭 떨어진다. 더욱 신기한 것은 이놈들이 태어난 지 채 1분도 안 돼서 폴짝폴짝 뛰는 모습이다. 태어난 지 1년이 지나야 아장거리기 시작하는 사람과는 달라도 너무 다르다. 미라가 된 산모처럼, 사람의 경우는 동물에 비해 분만의 과정도 길고 중간에 뭔가 잘못돼 산모나 태아가 위험해질 가능성도 매우 크다.

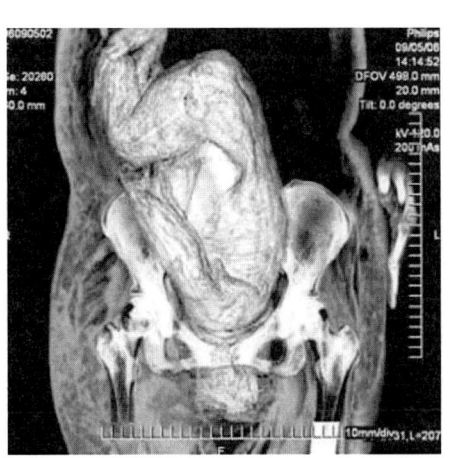

분만 도중 사망한 산모의 미라를 고려대학교 의과대학 병리학 김한겸 교수팀이 3차원 영상으로 복원했다.

진화생물학에서는 이를 인간이 두 발로 걷게 되면

서 골반이 좁아지는 바람에 생긴 문제라고 본다. 네 발로 걸을 때는 골반이 커도 네 다리가 받쳐주니 문제가 없지만 두 발로 걸을 때는 두 다리와 척추가 모든 체중을 감당해야 한다. 그러니 신체의 균형을 위해 골반이 작아지는 방향으로 진화했다는 것이다.

체구에 비해 큰 아기의 머리도 문제다. 이렇게 머리가 커진 것은 두 발로 걸으면서 두 손이 자유로워졌고, 그 손으로 다양하고 복잡한 '일'을 하게 되면서 그 일과 관련된 정보를 처리해야 할 뇌가 커졌기 때문이다. 큰 뇌가 진화하자 지능이 발달했다. 정리해보면 네 발로 기는 대신 두 발로 걸으면서 골반은 작아지고 머리는 커지니까 자연히 분만이 그렇게 위험해졌다는 설명이다. 그러니까 분만의 고통과 위험은 인간이 똑똑해진 대가인 셈이다.

이렇게 똑똑해진 인간은 문명을 일으켰는데 문명의 성격에 따라 분만의 양식과 관행도 달라졌다. 1만여 년 전 농업이 시작되어 식량을 생산하기 전에는 생존에 필요한 모든 것을 가공되지 않은 자연에서 구하는 수렵과 채집이 생존의 유일한 방식이었다. 그런데 인간이 침팬지와의 공통 조상에서 갈라져 독자적 진화를 시작한 시기가 대략 700만 년 전이고 산업화가 진행되어 지금처럼 고도로 분화된 생산양식을 가지게 된 것은 길어야 3백년 전이다. 수렵과 채집, 농업, 산업 생산의 역사가 각각 700만, 1만, 3백(0.03만) 년인 것이다. 이렇게 문명이 발달하여 사회 환경이 급속도로 달라지다 보니 우리의 생물학적 몸이 거기에 적응할 시간이 부족해졌다. 한마디로 우리는 석기시대의 몸으로 첨단 산업사회의 삶을 살고 있는 셈이다.

이집트 국립박물관에 전시되어 있는 아이를 낳는 모습을 묘사한 부조

분만, 지식과 경험의 변증법

수렵과 채집을 수단으로 살아가는 원시 부족은 네발짐승처럼 무릎을 세우고 엎드리거나 앉아서, 무언가를 부여잡고 힘을 주어 아이를 낳는다. 마을을 떠나 홀로 일을 치르기도 하고 가족과 친지의 도움을 받기도 한다. 때로는 마을에 함께 사는 노파의 도움을 받기도 하지만 노파가 가진 것은 체계적 지식이라기보다는 다른 사람의 분만을 도왔던 짧은 경험뿐이다. 농업혁명이 일어나고 사회가 분화되어 권력자와 피지배 계층의 삶이 크게 달라졌어도 아이를 낳는 방식은 별로 변하지 않았다. 귀족이나 왕족인 경우는 특별히 제작된 '분만 의자'를 사용하기도 했지만 이 역시 앉은 자세였다.

문명이 시작되면서 경험을 체계화한 의학이 발달했지만 출산과 관련된 지식의 축적은 무척이나 느렸다. 자궁 속 아이의 자세와 잘못된 자세를 바로잡는 방법에 대한 서양의학의 기록도 있고 딸을 아들로 바꾸는 방법에 관한 『동의보감』의 기록도 있지만, 이 방법들이 실제로 효용이 있거나 안전한 출산에 도움을 주었는지는 의문이다. 산모의 배를 갈라 아이를 꺼내는 제왕절개는 아주 오래 전부터 시도되어왔던 것 같다. 하지만 이런 수술로 산모와 아이를 모두 살릴 수 있게 된 것은 대체로 19세기 이후의 일이다.

　러시아의 작가이자 의사인 미하일 불가코프Mikhail Bulgakov의 단편집 『젊은 의사의 수기』에는 작가가 의사 초년병이던 시절 경험한 분만의 이야기를 엮은 〈주현절의 태아회전술〉이라는 작품이 있다. 사람이 살아가면서 겪을 수밖에 없는 일상사인 분만이 의학이라는 전문 분야에 들어왔을 때 생길 수밖에 없는 문제를 다루지만, 결국 그 문제를 풀어야 할 주체도 역시 의학일 수밖에 없다는 아이러니를 작가의 경험을 토대로 담담히 그려내고 있다. 최고의 전문가인 의사이면서도 경험에서는 나이 든 간호사에 의지할 수밖에 없는 상황이라든가, 최고의 성적을 받을 만큼 뛰어났던 산부인과 지식도 실제 상황에서는 거의 무용지물이더라는 고백, 그럼에도 불구하고 교과서에 의지할 수밖에 없는 현실, 그래서 결국 의술은 지식과 경험의 상호작용일 수밖에 없다는 결론이 도출된다. 나는 지금 이렇게 무미건조하게 작품을 소개할 수밖에 없지만 실제로 이 소설을 읽으면 이보다 열 배는 더한 생생함과 치열함을 느낄 수 있다. 또 다시 건조하게 말하자면 분만의 현실뿐 아니라 위에서 말한 분만의 역사 전체가 이 짧은 작품의 상황 묘사 속에 함축되어 있다고 할 수도 있다.

　출산의 고통은 인간이 똑똑해지고 머리가 커진 대가지만, 그렇게 똑똑해진 인간은 거꾸로 출산의 고통을 줄이거나 없앨 수 있는 능력을 지니게 되었다. 돌고 도는 게 자연이고 인간인가 보다. 이 소설은 그런 이야기를 일상의 용어로 따끈따끈하고 맛깔스럽게 들려준다. 그러나 지식과 경험의 관계가 언제나 원만했던 것은 아니다. 다음 장에서는 지식과 경험과 관행이 불화를 일으켰을 때 어떤 일이 일어나는지에 대해 알아보자.

조선 왕실의 출산 문화

조선 시대에는 왕의 피를 물려받은 아기(특히 왕자)를 낳는 일이 나라 전체의 운명을 좌우하는 중요한 일이었다. 왕과 왕비는 거처하는 곳이 달랐고 두 사람의 합궁合宮은 매달 길일吉日을 택해 두 사람의 상궁이 입회한 가운데 이루어졌다.

왕비가 임신하면 출산 3개월 전에 산실청産室廳이라는 관청을 설치해 출산 후 7일째까지 운영했다. 후궁의 경우 이보다 격이 다소 낮은 호산청護産廳이 설치되었다. 산실청이 설치되어 있는 기간에는 형벌을 집행하지 않는 등 가혹한 행위가 금지되었다고도 한다.

왕실의 출산은 생물학적 사건이기보다는 정치적 의미가 더 큰 국가적 사건이었으므로, 미래 권력의 정당성과 합법성을 보장하기 위해 이렇게 복잡한 의례들이 필요했을 것이다.

4 남성이 출산을 주도하다

산부인과 의사가 산모를 죽이던 시대

오랫동안 출산은 남성의 개입이 허용되지 않는 여성의 고유 영역이었다. 16세기에 사람의 몸에 대한 체계적 해부가 가능해지고 신체의 구조에 대해 비교적 상세히 알게 된 다음에도 출산은 여전히 여성들만의 위험천만한 통과의례였다. 출산 과정에 관한 과학적 지식이 짧기도 했지만, 자연스러운 인생의 과정에 개입하는 것은 신의 명령을 어기는 죄라는 암묵적 가정도 남성의 개입을 어렵게 했다. 아주 드물기는 하지만 제왕절개의 경우는 예외였다. 이럴 때 여성 산파는 주도권을 잃고 보조 인력이 된다.

18세기에 이르면 제왕절개를 비롯한 출산 과정 전반에 대한 남성의 개입이 일반화되는데 여기에는 두 가지 요인이 있다. 첫째, 인체 중에서도 특히 임신한 여성의 몸에 관한 의학적 지식이 풍부해졌다. 당시에는 모든 의사가 남성이었다. 따라서 남성이 여성의 몸에 대한 지식을 독점할 수밖에 없었다. 생리적으로 출산을 경험할 수 없는 남성 의사가 출산의 과정

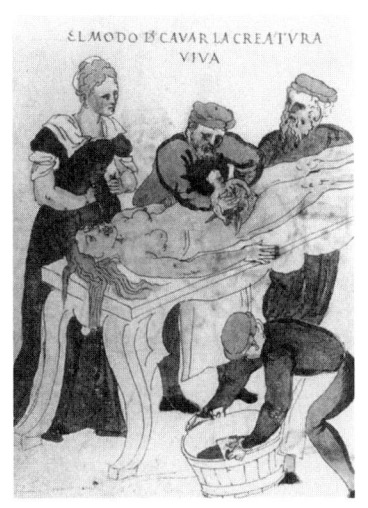

16세기 독일 문헌에 나오는 제왕절개 수술

을 주도하다 보니 산모가 직접 경험한 미묘한 현상을 이해하거나 설명할 수 없었고, 출산은 단순한 생물학적 과정으로만 이해되었다.

둘째는 이 시기가 계몽주의와 산업혁명으로 특징지어지는 근대 국가의 성립기라는 점이다. 이제 인구는 산업 생산과 제국주의 전쟁에 필요한 노동력이자 전투력이 된다. 따라서 국가는 이 인구를 체계적으로 '관리'할 임무를 떠안게 되었다. 이제 출산은 개인사와 가족사를 넘어 나라의 힘을 키우는 일이 되었다.

당시의 도시는 일거리를 찾아 농촌을 떠나온 사람들로 초만원이었고 혼외 관계로 임신한 빈민층 여성도 많았다. 국가는 모성전문병원lying-in hospital, 지금의 산부인과 병원을 세워 이들의 출산을 돕고 태어난 아이를 돌볼 형편이 안 될 때에는 아이를 시설에 보내 키우고 기술을 가르쳤다. 이렇게 모성전문병원은 자선사업과 동시에 노동계급의 재생산이라는 사회적 기능을 수행했다. 이런 시설을 기획하고 운영하는 주체는 거의 다 남성이었고, 여성의 고유한 삶의 경험인 출산은 사회적 장치에 의해 왜곡되고 규격화되었다. 이들 병원의 사망률이 끔찍하게 높았던 것도 출산을 자연스러운 삶의 과정이 아닌 생물학적 사건으로 보았던 데 그 원인이 있다. 그러나 출산 과정에 대한 인위적 개입이 오히려 아기와 산모를 죽음으로 몰아간다는 사실을 아는 의사는 거의 없었다.

제멜바이스, 산모를 구하다

1840년대에 세계에서 가장 큰 병원이던 빈 종합병원에는 두 개의 산부인과 병동이 있었다. 이그나즈 제멜바이스Ignaz Philipp Semmelweis라는 헝가리 시골 출신 의사가 이곳의 책임자로 부임했을 때 그는 다른 의사들이 보지 못했거나 보려고 하지 않았던 아주 중요한 사실을 발견한다. 산부인과 제1병동에서는 29퍼센트의 산모가 산욕열●로 죽어나갔지만 제2병동의 사망률은 3퍼센트밖에 안 된다는 사실이었다. 제1병동은 남성 의사들이, 제2병동은 여성 산파들이 관리한다는 것 말고는 모든 조건이 동일했다. 그는 사망률이 크게 다른 이유를 찾기 위해 두 병동의 담당을 바꾸어 제1병동은 산파들이, 제2병동은 의사들이 관리하도록 했다. 그러자 바로 사망률의 차이가 뒤집어졌다.

● 분만 시 생식기 속에 상처가 생겨 연쇄상구균 따위가 침입해 생기는 병으로 보통 38℃ 이상의 고열이 이틀 이상 계속되며, 한때 임산부 사망의 가장 중요한 원인 중 하나였다.

산모들이 죽어나가는 이유가 의사들에게 있다는 의심을 품은 그는 의사와 산파가 하는 일의 차이를 찾아보았다. 그 결과 의사들은 죽은 산모의 몸을 해부해 죽음의 원인을 찾는 부검에 참여한다는 점에 주목했다. 그들의 손이 문제라고 생각한 것이다. 1847년, 그는 모든 요원에게 분만에 참여하기 전에 반드시 손과 기구를 염소 용액으로 깨끗이 씻을 것을 명한다. 그러자 사망률이 급격하게 떨어졌다. 지금은 산욕열이 죽은 산모의 몸에서 묻어온 세균 때문에 생긴다는 것을 알지만 당시는 세균의 존재조차 몰랐던 시절이었다. 그는 이 사실을 발표하면서 손을 씻지 않는 의사들을 맹렬히 비난하지만 주류에 속해 있던 지체 높은 의사들은 죽음의 관행을 바꾸지 않은 채 제멜바이스를 해임해버린다. 그는 고향인 헝가리에서 사망률 1퍼센트인 산부인과 병동을 운영하면서 여생을 보낸다. 그러다가 자신이 구한 산모들을 죽음으로 몰아넣었을지도 모르는 산욕열의 원인균에 감염되어 목숨을 잃는다. 그가 세상을 떠난 1865년, 영국의 리스터는 석탄산으로 상처를 소독해 수술 후 감염을 획기적으로 줄일 수 있게 된다.

    제멜바이스의 발견은 불완전한 의학이 일상적 삶에 개입할 때 생길 수 있는 문제를 극적으로 보여주는 사례다. 질병의 원인을 정확히 모르더라도 경우에 따라서는 일상적 삶의 지혜가 정밀한 과학 지식보다도 더 많은 생명을 구할 수 있다는 교훈을 얻을 수도 있다. 당신이 페미니스트라면 남성을 중심으로 발전해온 의학이 여성의 몸에 폭력을 행사한 대표적 사례라고 해석할 수도 있다. 과학을 신봉하는 의사라면 과학의 발전 과정에 있을 수 있는 시행착오 정도로 치부할 수도 있다. 그러나 어떤 경우든 제멜바이스는 시대의 관행에 안주해 새로운 관점과 사실에 눈을 감아서는 안 된다는 소중한 교훈을 남긴 것임에 틀림없다. 그리고 이 교훈은 고도로 발달한 21세기에도 여전히 유효하다.

'자연'분만이 사라질 수도 있다?

철저한 소독과 항생제, 그리고 적절하고도 안전한 외과적 산파술이 확립된 지금 출산에 목숨을 거는 일은 거의 없다. 출산 예정일이 임박하면 병원에 가야 한다는 것이 상식이 된 지 오래다. 위 사례에서는 의학이 산모의 목숨을 위협했지만 이제는 의학의 개입이 오히려 더 자연스러운 세상이 되었다. 분만은 두 발로 서게 된 인간의 머리가 커지면서 위험한 통과의례가 되었지만, 이제는 똑똑해진 두뇌를 활용해 그 위험조차 피해갈 수 있게 된 것이다.

    하지만 '안전한' 지금의 출산법이 정답은 아닐지도 모른다는 우려도 있다. 가정에서의 계획된 자연분만과 제왕절개를 포함한 병원에서의 인공분만 중 어느 쪽이 더 안전한지에 대해서는 지금도 논쟁 중이지만 대체로 큰 차이가 없다는 게 중론이다. 차이가 있다면 자연분만의 경우 대체로 긴 산통을 견뎌내야 하지만 인공분만의 경우는 그럴 필요가 없다는 점이다. 빠르고 안전하며 고통이 없는 길을 선호하는 현대인이 인공분만을 선택하는 것은 어쩌면 당연한 일인지도 모른다.

하지만 전체 분만 건수 중 제왕절개가 차지하는 비율이 40퍼센트대로 세계 최고 수준인 우리나라의 현실은 그리 자연스러워 보이지 않는다. 고통과 위험을 피하려는 산모의 욕구와 단기간에 더 많은 진료비를 청구할 수 있는 출산법을 선호하는 의료기관, 양자의 이해관계가 어색하게 맞아떨어진 결과라는 점이 문제다. 생물학적 욕구와 경제적 이익은 전혀 다른 범주에 속하지만 이렇게 서로 영향을 주고받기도 한다. 그 결과 우리 몸의 규범(아이를 낳는 방식)이 바뀌어간다. 외모 지상주의가 확산되면서 성형수술과 피부 미용이 슬그머니 자연스러운 몸의 규범이 되었듯이, 제왕절개가 당연한 출산의 규범이 될 날이 올지도 모른다.

우리가 키우는 애완견에게는 이런 현상이 이미 나타나고 있다. 개는 인간과 함께 살아온 역사가 가장 긴 반려 동물이다. 이렇게 오랫동안 인공적 환경에서 사육되다 보니 진화의 방향이 자연환경이 아닌 인간의 취향에 맞춰졌다. 사람들은 원하는 형질을 얻기 위해 선택적으로 교배를 시켰고, 그 결과 자연 상태에서는 관찰할 수 없는 다양한 형질들을 갖게 되었다. 주머니에 쏙 들어갈 만큼 작은 품종도 있고 말만큼이나 덩치가 큰 품종도 있다. 그중에는 스스로 새끼를 낳지 못해서 일일이 제왕절개를 해주어야만 하는 놈들도 적지 않다. 오랜 인공선택의 결과 자연환경이 아닌 인공환경에 적응한 결과다.

사람은 개보다 세대의 간격이 커서(개는 대략 10년 남짓을 살지만 사람의 수명은 100세를 바라본다) 진화의 속도도 느리고, 환경에 무조건 적응하기보다는 반성적으로 대응하는 능력이 있으므로 이렇게까지 되지는 않을 것이다. 하지만 우리 몸에서 자연과 인위의 경계가 점차 무너지고 있음을 직감할 수는 있다. 안경, 의치, 인공관절, 판막 같은 이물질이 우리 몸의 일부가 되었듯이 인공분만의 관행 역시 자연스러운 몸의 작동 원리가 될 수 있다는 말이다. 우리는 지금 인간과 기계의 구조적 결합체인 사이보그(cyborg, cybernetic과 organism의 합성어)에서 기능적으로 인공의 기계에 의존할 수밖에 없는 자연과 인공의 기능적 복합체인 파이보그(fyborg, functional cyborg, 기능적 사이보그)로 진화하는 중인지도 모른다.

한 사람이 태어나는 값

사람보다 개의 제왕절개 비용이 더 비쌀 수도 있다는 사실을 아는가? 어떤 이는 개의 수술 비용이 더 비싼 것을 보고는 '사람보다 개가 더 대접받는 세상'이라고 한탄하기도 한다. 그런데 이것이 정말 사람이 개보다 못해서일까? 아니다. 오히려 그 반대다. 이런 생각은 사람의 가치를 태어날 때 드는 비용과 등치시켜 생각하려는 오류에서 기인한 결과다. 사람의 제왕절개 비용이 개의 제왕절개 비용보다 저렴한 이유는 건강보험 제도 덕분이다. 건강보험은 사람의 가치를 중하게 여겨 사람이라면 그 누구도 고통과 과도한 비용의 부담 없이 생로병사를 겪도록 해주자는 취지의 제도다. 따라서 제왕절개 비용이 낮아질수록 사람의 가치는 최대가 된다고 할 수 있다. 사람값이 최대가 되려면 제왕절개의 비용이 높아지는 것이 아니라 오히려 무료가 되어야 하는 것이다. 건강보험을 쪼개고 의료 서비스를 민영화하자는 주장은 사람을 돈을 벌기 위한 수단으로 전락시켜 사람이

나 개나 별 차이 없이 만들자는 주장과 다를 바가 없다.

  사람값을 귀히 여기다 병원에서 쫓겨난 제멜바이스는 개인적으로 불행한 삶을 살았다. 하지만 의학의 본래 가치에 이바지한 그의 공로는 그를 쫓아낸 수십 명의 의사보다 훨씬 컸다. 익숙한 관행에 안주하지 않고 끊임없이 새로워지고 낯설어지려는 자세를 버리지 않았기 때문이다.

'제왕'이 해서 제왕절개?

제왕절개라는 명칭에 대한 지금까지의 통설은 로마의 황제였던 줄리어스 시저가 이 방법을 통해 태어났기 때문이라는 것이다. 하지만 시저가 그의 어머니 아우렐리아의 첫 아들이었고, 그의 어머니는 이어서 여섯 명의 아이를 더 낳았을 뿐 아니라 시저의 뒷바라지를 도맡았다는 역사적 사실에 비춰보면 이 설은 사실일 가능성이 거의 없다. 이 시술을 통해 산모와 태아를 모두 살릴 수 있게 된 시기는 아무리 일러도 17세기 이전일 수 없다는 게 의학사를 연구하는 학자들의 공통된 결론이기 때문이다.

로마의 두 번째 왕이었던 누마 폼필루스(BC 715~673)가 반포한 로마법에는 임신한 여인이 죽었을 때 뱃속의 아이를 꺼내지 않은 상태에서는 매장할 수 없게 되어 있었다고 한다. 이 이야기는 제왕절개가 사산한 여인의 몸에 혹시 살아 있을지도 모르는 아이를 살려내는 시술이었다는 추측에 신빙성을 더해준다.

이 밖에도 여러 설이 있지만 어느 것도 신빙성이 없기는 마찬가지다. 다만 여러 문화권에서 정상적인 경로가 아닌 복부를 절개하는 과정을 통해 태어난 아이가 위인이 되었다는 사례가 많다는 점에 비춰보면, 역사상 위인을 기리기 위해 지어낸 이야기에서 '제왕'이라는 권위적 단어가 생성되어 절개란 말이 덧붙여졌을 가능성이 커 보인다.

청춘은 정력이다?

민증 까는 사회

나는 머리숱이 많은 편이다. 그런데 고등학교 시절부터 새치가 생기기 시작하더니 50대 중반이 되어서는 반백을 넘어 백발의 중늙은이처럼 되어 버렸다. 지금은 늙은이처럼 보인다는 말을 듣더라도 스스럼없을 만큼 담담해졌지만, 남들이 나를 노인 취급한다는 것을 처음 알게 되었을 때는 몹시 당황스러웠다. 그런 일은 주로 지하철에서 일어났다. 전혀 힘든 내색을 하지 않았는데도 젊은 학생들이 발딱발딱 일어서며 자리를 양보하는 경우가 생기기 시작한 것이다. 처음에는 극구 사양했지만 이런 일이 반복되다 보니 아예 그런 상황을 만들지 않는 편이 더 낫다는 생각을 하게 되었고, 이후로는 좌석이 있는 통로로 들어가지 않고 출입문 쪽에 서 있는 버릇이 생겼다.

　젊은 학생은 그렇다 치더라도 나보다 연상인 듯한 분이 자리를 양보하는 경우에는 정말로 당혹스럽다. 한번은 거나하게 취한 남자분이 나를

'할아버지'라 부르며 자리를 양보하려고 한 적도 있었다. 물론 정색을 하고 사양했지만 그분은 '민증을 까보자'며 고집을 부렸다. 확인 결과 나보다 세 살이나 많은 형님이셨다.

노약자석에서는 이와 반대되는 상황이 벌어지기도 한다. 상대적으로 젊어 보이는 사람이 노약자석을 차지하고 앉아 있으면 꼬장꼬장한 노인의 호통을 들을 수도 있다. 그리고 때로는 그 호통에 바락바락 대드는 젊은이를 만날 수도 있다.

모두 장유유서長幼有序의 문화적 전통이 만들어낸 우리의 초상이다. 하지만 노약자석에서의 실랑이처럼 아무리 뿌리가 깊은 전통이라도 현실에 적응하지 못하면 큰 갈등을 빚게 마련이다. 지금처럼 기성세대가 젊은이들에게 희망을 주지 못하는 사회 상황이라면 이런 갈등은 더욱더 커질 것이다. 장유유서는 정보의 양과 질이 보잘것없던 시대에 풍부한 경험을 지닌 노인을 지혜의 상징으로 여기던 전통에서 생긴 규범이지만, 지금의 노인은 시대의 흐름을 따라잡지 못한 채 근거가 빈약한 권위를 내세워 고리타분한 훈계만 늘어놓는 속칭 '꼰대'로 치부되기 일쑤다.

그래도 우리 사회에서는 여전히 소속과 위계가 질서의 중요한 뼈대 역할을 하고, 조금이라도 먼저 태어나 밥 한술 더 뜬 사람을 존중하는 미풍양속을 지켜가고 있다. 정보의 홍수 속에서도 컴퓨터에 담을 수 없는 몸속에 새겨진 경험은 여전히 인류의 귀중한 자산이고 나이는 대략 그 경험을 가늠할 수 있는 지표다. 희어진 머리카락은 다시 그 나이의 지표인데 나처럼 일찍 머리카락이 희어진 사람의 경우 나이에 대한 잘못된 신호가 오가고 있는 셈이다. 하지만 이것이 바로 생긴 대로의 나인 것을 어쩌겠는가.

처음에는 나를 노인 취급하는 젊은이들이 야속하기도 했고 내가 벌써 그렇게 늙었단 말인가 하고 탄식도 했지만, 언제부턴가 실제보다 나이가 들어 보이는 상황을 은근히 즐기고 있는 나 자신을 발견하고 놀라기도 한다. 늙어감은 육체적으로 약해짐이지만 또한 지혜의 성숙이기도 하다는 상식이 주는 위안 때문일 것이다. 나이를 먹는다는 것은 그만큼 남은 인생이 줄어든다는 뜻이지만, 동시에 지금까지 살아오면서 경험한 현실이 만들어낸 다양한 가치와 의미의 그물망 속에 나 자신을 새롭게 위치시킨다는 뜻이기도 하다. 늙어감은 육체의 쇠퇴인 동시에 지혜의 성숙이다. 그리고 성숙이란 생물·심리·사회·문화적으로 나 자신을 좀 더 잘 알게 되는 것이다.

애들은 가라, 애들은 가!

그리스 아테네의 올림픽 경기장에 있는 조각상. 젊은이와 늙은이가 등을 맞대고 있는 가운데, 두 사람의 성기가 대조적으로 표현되어 있다.

대부분의 문화권에서 청춘은 왕성한 성적 활동과 관련된다. 그리스 아테네의 올림픽 경기장에는 이와 관련된 흥미로운 조각상이 있다. 젊은이와 늙은이를 상징하는 조각상이 등을 대고 서 있는데 노인의 성기는 발기되어 있지만 젊은이의 그것은 잔뜩 풀이 죽어 있다. 상식과 정반대의 상황을 보여주며 운동을 열심히 하면 노인이 되어서까지 젊음의 상징인 활발한 성적 활동을 유지할 수 있음을 드러내려 한 것 같다. 최초의 근대 올림픽 경기가 열린 곳에 이런 음탕한 상징물이 서 있다니 놀랍지 않은가.

내가 어렸을 때 시끌벅적한 장터에서 사람들을 모아놓고 약을 팔던 약장수가 가장 많이 하던 말은 '애들은 가!'였다. 그 약들의 성분은 알 수 없으나 주요 효능이 정력 강화였음은 두말할 필요도 없다. 약의 생물학적 기전은 전혀 중요하지 않았다. 지금까지도 정력 강장제로 관심을 받고 있는 해구신海狗腎은 수컷 물개의 생식기로, 수컷 물개는 40~50마리의 암컷을 거느리며 2~3개월의 번식 기간에 이 많은 부인들과 하루에 20~30회씩, 통산 600~1800번의 교미를 한다고 한다. 사실 해구신의 매매에서 소비되는 것은 해구신의 성분과 생물학적 효능이 아니다. 수컷 물개의 왕성한 성적 활동을 말린 생식기에 투사하고, 그것을 다시 인간에 연관시키는 '이야기'다.

의학에서 과학이 중심을 차지하게 된 이후에는 이런 이야기가 과학적 관찰로 이름을 바꿔 다시 등장한다. 19세기 프랑스의 생리학자 브라운-세카르Charles-Edouard Brown-Sequard는 어린 개와 기니피그의 고환을 으깬 액체를 자신에게 주사하여 원기를 회복하고 젊었을 때의 지적 활력을 되찾았다고 주장했다. 빈의 생리학자인 슈타이나크Eugene Steinach는 남자의 정관을 묶어 남성호르몬이 밖으로 빠져나가지 않게 하면 젊음의 활력을 되찾을 수 있다고 주장했다. 도교에서 장생長生의 방법으로 추천하는 접이불사接而不射, 사정하지 않는 성교의 논리와 닮았다. 우리는 누구나 왕성한 정력으로 상징되는 젊음을 원하지만 오래 살기 위해서는 그 발산을 최대한 억눌러야 한다는 역설이다. 젊음은 욕망이고 장생은 절제인 셈이다. 이런 생각 속에는 평생 충족시킬 수 있는 욕망의 총량은 정해져 있다는 전제가 깔려 있다. 그리고 그 욕망이 동아시아에서는 정精이라는 모호한 개념적 실체로, 서양에서는 생식기에서 나오는 모종의 물질로 상징된다.

과학의 세기인 20세기에 들어서도 이러한 상징의 위력은 별로 줄지 않았다. 러시아 출신의 프랑스인 의사 보로노프Serge Abrahamovitch Voronoff는 원숭이의 고환을 500명이 넘는 나이 든 남성에게 이식하는 수술을 했고 당시의 과학계는 그에게 회춘 의학의 선구자라는 찬사를 보냈다. 과학이라는 옷을 입었지만 이야기의 구도는 해구신이나 돌팔이 약장수의 그것과 똑같다. 이 시술은 나중에 과학의 이름으로 폐기되었지만 대중의 의식에는 뚜렷한 흔적을 남겨 지금도 '원숭이 고환Monkey Gland'이라는 이름의 칵테일을 만들어 파는 술집이 많다고 한다. 상징과 이야기는 약의 성분이나 효능보다 훨씬 강하고 오래간다.

영원한 청춘에 대한 욕망

이제 과학은 이런 상징과 이야기를 어떻게 설명할 수 있을지 생각해보자. 먼저 진화생물학의 창시자인 찰스 다윈Charles Robert Darwin을 따라 생존과 번식이 생명의 가장 기본적 작동 원리라는 점을 인정하자. 모든 생명은 살아남으려고, 그리고 후손을 남기려고 애를 쓴다(결혼 연령이 늦어지고, 결혼하더라도 아이를 가지지 않으려는 부부가 늘어나는 지금 우리의 현실은 잠시 접어두자. 생명의 역사에서 이렇게 의도적으로 생식을 늦추거나 거부했던 사례는 거의 없다).

그러니 우리의 욕망도 생존과 번식에 유리한 방향으로 진화할 수밖에 없다. 식욕과 성욕이 그렇게 진화한 대표적 욕망이다. 거의 모든 동물은 번식 가능한 기간이 한정돼 있고 짝짓기의 욕망도 그 시기에만 발현되지만 인간의 경우에는 그런 제한이 없다. 동물에게는 특정 순간에 찾아오는 짧은 발정기가 인간에게는 한번 가면 다시 오지 않는 긴 청년기로 대체된 것이다. 그러므로 정력제를 둘러싼 이야기는 영원히 청년기에 머무르려는 욕망이 진화한 것이라고 상정할 수 있다.

하지만 여기서 남녀의 생리적 차이가 문제가 된다. 폐경기(또는 완경기)를 지난 여인은 아이를 가질 수 없지만 남성은 노년기에도 생식 능력을 잃지 않는다. 생명을 키우는 임신은 생물학적·사회적 비용이 많이 드는 사업이지만 생명의 씨를 뿌리는 일은 그렇지 않기 때문이다. 그래서 여성에 비해 상대적으로 많은 남성이 노년기까지 성생활을 즐기게 된다.

하지만 우리의 욕망에 관한 과학적 설명과 행위의 규범이 반드시 일치해야 하는 것은 아니다. 남성의 욕망이 진화했다고 해서 그 욕망을 제한 없이 발산해도 된다는 결론이 도출되지는 않는다. 인간의 성욕에는 다른 동물의 그것과는 달리 시기의 생리적 제한이 없다고 했는데, 그것 자체가 생물학적 법칙보다는 문화적 영향에 따른 현상이라고 보는 게 합당하다. 따라서 그 욕망을 억누르는 문화적 압력 또한 정당하다.

욕망은 우리가 무조건 따라야 하는 지침도, 무조건 억눌러야 할 괴물도 아니다. 우리의 생물학적이고 문화적인 자아를 통해 적절히 관리해야 할 대상일 뿐이다. 욕망을 관리하려면 그 속성을 제대로 이해할 필요가 있다. 위에서 설명한 진화적 해석이 그중 하나다. 욕망을 이해하면 그것을 관리할 전략을 세울 수 있다. 과학은 자연현상을 설명하지만 삶의 지침을 주기보다는 성찰의 계기를 주는 고마운 도구다.

화학적 거세의 원리

왕성한 성적 활동을 갈망하고 부추겨온 역사를 통해, 우리는 결국 젊음과 정력을 주는 신비의 묘약은 없다는 과학적 결론에 이를 수밖에 없다. 최근에 주목을 받고 있는 발기부전 치료제 비아그라도 성 기능 전반을 향상하거나 정력을 강화하기보다는 발기부전이라는 제한된 사례에 적용되는 약물일 뿐이다. 이 약은 젊음을 찾아주는 것이 아니라 성행위에 필요한 첫 번째 기능인 발기 상태를 유지해준다.

성적 욕구와 기능의 저하가 개인적 불만족의 문제라면 성적 욕망을 억제하지 못하는 현상은 심각한 사회문제를 일으킬 수도 있다. 아동 성 학대와 추행 등의 문제가 그것이다. 그래서 몇몇 나라들에서는 반복적으로 성범죄를 일으킨 사람의 성욕을 인위적으로 억제할 수 있도록 하는 법을 시행하고 있는데, 이때 사용되는 방법이 화학적 거세chemical castration, 성 충동 약물치료다. 우리나라에서도 2011년 7월, 16세 이하 아이들에게 성범죄를 저지른 이들에 한해 화학적 거세를 집행할 수 있는 법률이 제정되었고, 2013년 1월 3일에는 실제로 31살 남성에게 15년 징역형과 함께 화학적 거세 명령이 내려진 바 있다.

화학적 거세는 고환이나 난소를 몸에서 적출하는 물리적 거세와는 달리 대상자를 성불구로 만들지는 않는다. 화학적 거세에는 주로 남성호르몬인 안드로젠을 억제하는 약물이 사용된다. 이러한 약물에는 시프로테론 아세테이트나 피임약인 데포-프로베라가 있는데 세 달을 주기로 주사를 통해 투여한다. 항정신제인 벤페리돌을 쓰기도 한다.

남성에게 이러한 약물을 투여하면 성적 욕구와 강박적인 성적 환상이 감퇴하며, 성적 흥분도 억제된다. 생명을 위협할 정도의 부작용은 적은 것으로 보고되지만, 몸에 지방이 축적되거나 골 밀도를 감소시키는 부작용이 있을 수도 있고, 장기적으로 심혈관계 질환과 골다공증을 일으킬 위험도 있다. 남성이 유방 비대증Gynecomastia을 일으켜 여성화되는 사례도 보고된 바 있다. 이러한 경우, 젖샘이 일반 남성보다 크게 발달하거나 체모의 성장이 억제되고 근육의 양이 줄어들 수 있다.

6
살기 위해 죽는 생명

팜므 파탈의 역설

어린 시절, 산과 들은 학교인 동시에 놀이터였다. 그때 보고 느꼈던 것들 중 지금도 생생한 기억이 있다. 그것은 바로 교미를 끝낸 암컷 사마귀가 자신과 사랑을 나눈 수컷을 잡아먹는 장면이다. 당시의 나는 어린 마음에 무척 충격을 받았던 것 같다. 어떻게 함께 후손을 만든 배우자를 잡아먹을 수 있단 말인가! 이 냉혹한 자연의 질서를 조금이나마 이해할 수 있게 된 것은 그로부터 수십 년이 지나 진화생물학을 공부하고부터였다. 사마귀의 교미와 암컷 사마귀의 포식은 자연선택●의 원리에 따른 현상이었던 것이다! 일단 씨를 뿌린 수컷은 후손을 키울 영양분이 되는 것 말고는 더 이상의 효용이 없으니, 자손을 키울 암컷의 먹이가 되는 것이야말로 가장 효율적인 전략이었던 것이다.

그리고 보니 '팜므 파탈femme fatale'이라는 말이 사마귀의 교미와 같은 경

● 자연계에서 특정 유전자를 선호하는 생식 경향으로, 생활 조건에 적응하는 생물은 생존하고 그러지 못한 생물은 사라진다는 뜻이다.

우를 빗대어 만들어지지 않았을까 하는 생각이 들기도 한다. 남자를 유혹해 치명적인 함정에 빠뜨리거나 미인계를 써서 중요한 정보를 빼내는 등의 이야기는 영화나 드라마의 흔한 소재다. 사랑을 위해 파멸을 선택한다는 이야기도 그렇다. 아름다운 사랑을 예찬하는 사람들에게는—물론 나 자신에게도— 미안한 얘기지만, 사랑은 우리에게 어떤 비용을 치러서라도 씨를 뿌리도록 하는 자연의 의지가 문화에 의해 수용된 다음 변형된 것이라고 할 수도 있지 않을까?

드라마 〈대장금〉으로 유명한 여배우 이영애가 나오는 화장품 광고에서 '산소 같은 여자'라는 카피를 쓴 적이 있다. 산소라 하면 흔히 상큼하고 발랄한 느낌이 드는데 그녀와 아주 잘 어울리는 이미지인 것 같다. 하지만 이영애는 영화 〈친절한 금자씨〉에서 "너나 잘하세요"라는 대사를 능청스럽게 소화하는 냉혹한 복수극의 주인공으로도 등장한다.

산소는 생명 유지를 위해 필수적이지만 에너지 대사 과정에서 활성산소Reactive Oxygen Species로 변하면 오히려 노화의 원인으로 작용해 생명을 파괴하게 된다. 이런 점에서 볼 때, '산소 같은 여자'의 치명적 아름다움과 생명 파괴적 복수극은 일맥상통한다고 볼 수 있지 않을까?

● 대기 중에 있는 산소와는 달리 불안정한 상태에 있는 산소로, 호흡으로 몸속에 들어간 산소가 산화과정에 이용되며 여러 대사과정에서 생성된다. 생체조직을 공격하고 세포를 손상시키는 산화력이 강하며 과산화물 등이 이에 속한다.

사마귀의 교미와 팜므 파탈, 활성산소의 사례에서 공통으로 알 수 있는 것은 창조와 파괴의 원리를 동시에 내장한 생명의 이중성이다. 그래서 이렇게 말할 수 있다. 우리는 영원히 살기 위해 늙고 죽는다!

노화는 질병이다?

한편 우리는 세속적인 삶의 연장을 위해 애쓰도록 운명 지어진 존재이기도 하다. 누구나 오래 살고 싶어하고 젊어지기를 원한다. 이런 욕망은 예능 프로그램에서 심장과 같은 특정 장기의 '나이'를 측정하면서 일희일비하는 연예인들의 모습 속에 그대로 담겨 있다. 젊어질 수 없다면 최소한 더는 늙지 않고 싶은 게 우리의 본성이고 욕망이다. 그리고 자본은 이러한 욕망에 기생한다. 그 결과 노화 방지와 관련된 거대한 시장이 형성된다. 안티 에이징anti-aging 효과를 강조하는 화장품, 각종 기능성 식품과 유사 의약품의 판매량이 증가하고 많은 과학자가 노화 방지를 목표로 연구한다. 구체적 목표를 앞세운 '어떻게'의 연구는 언제나 더 근본적인 물음인 '왜'를 낳을 수밖에 없지만, 우리 대부분은 '왜'보다는 '어떻게'에 더 관심이 많다.

왼쪽 포스터를 보자. 여기서 노화는 '치료'된다. 큰 제목 밑에 작은 글씨를 보면 치료의 어감을 '개선'으로 누그러뜨리기는 하지만 전달하려는 메시지는 분명하다. '성장호르몬을 투여하면 늙지 않는다!'는 것이다. 그리고 숨겨진 메시지도 있다. '노화는 질병'이라는 암시다. 그렇지 않으면 치료라는 말을 쓸 수 없기 때문이다. 하루하루 늙어가는 우리는 과연 병을 앓고 있는 것일까?

지금까지의 과학 연구에서 밝혀진 노화의 작용 원리들은 모두 생애의 거대 사건인 노화를 분자만 한 크기로 잘게 쪼개고 나누어 그중 한 조각을 이해한 것에 불과하다. 성장호르몬이라는 것도 그런 조각 중 하나다. 그동안 과학이 찾아낸 조각들을 간단히 훑어보자.

우리는 어떻게 늙는가?

생물학자 조레스 메드베데프Zhores Medvedev는 노화와 관련된 연구들을 조사한 다음, 이 세상에는 300개 이상의 노화 관련 이론이 있다고 했다. 우리가 늙어가는 방식과 이유가 그만큼 다양하고 복잡하다는 뜻일 것이다. 따라서 노화를 획기적으로 방지해 영생을 보장해줄 손쉬운 방법이 있을 것 같지는 않다.

노화의 주범으로 가장 유명한 것이 바로 텔로미어다. 텔로미어는 염색체 끝 부분에 붙은 DNA의 사슬인데 세포가 분열할 때마다 짧아진다. 사람의 정상적인 체세포가 50~60번 분열하면 더는 새로운 세포를 만들지 않는 것도 그 때문이다. 체세포 핵 이식으로 어미와 똑같은 유전자를 가지고 태어난 복제 양 돌리는 죽기 전까지 비만, 퇴행성 관절염과 같이 노화가 원인으로 의심되는 신체 이상에 시달렸다고 한다. 이에 대해 돌리가 태어날 때 텔로미어의 나이는 벌써 세포를 준 어미와 같은 6세였기 때문이라는 해석이 나올 수 있다. 그렇다면 텔로미어가 짧아지는 것을 막기만 하면 영원히 살 수 있을까? 그렇다. 텔로머라제라는 효소가 바로 그런 일을 한다. 우리는 영생의 묘약을 손에 넣은 것일까? 그렇기도 하고 그렇지 않기도 하다. 문제는 그렇게 무한히 증식하는 능력이 정상 세포가 아니라 우리를 죽음으로 몰아가는 암세포에 주어진다는 점이다. 삶과 죽음은 이렇게 역설적인 관계로 얽혀 있다.

이 밖에도 노화를 설명하는 여러 가설이 있고 그중에는 충분한 과학적 근거를 갖춘 것도 있다. 우연히 나타난 돌연변이가 체세포에 축적된 것이 노화라는 주장도 있고, 대사 과정 중에 발생하는 활성산소가 DNA, 단백질, 그리고 세포 내 에너지 생산 공장인 미토콘드리아를 손상시켜 노화를 유발한다는 주장도 있다. 이것이 바로 수많은 기사와 광고에 등장하는 활성산소 억제제의 과학적 근거다.

활성산소는 산소를 함유한 화학 반응성이 높은 분자다. 우리가 소독제로 쓰는 과산화수소가 대표적이다. 이 약을 상처에 바르면 흰 거품이 발생해 상처를 감염시키는 세균을 죽인다. 우리 몸속의 활성산소는 과도한 자외선과 같은 스트레스에 노출되었을 때는 극적으로 증가해 조직을 파괴하지만, 정상적인 대사 과정에서 발생한 활성산소는 세포들 사이에 신호를 전달하고 유기체 전체의 항상성homeostasis을 유지하는 데 중요한 역할을 한다. 이것이 바로 노화를 일으키는 물질인 동시에 생명을 유지하는 데 결정적 역할을 하는 활성산소의 역설적 진실이다.

이 밖에도 섭취하는 음식의 열량을 30~40퍼센트 줄여서 곤충과 설치류 동물의 수명을 크게 연장시켰다는 실험 결과도 있다. 그러나 영장류를 대상으로 시행된 최근의 연구로는 열량 제한이 건강의 개선 효과는 있지만 대상 동물의 수명을 연장시키지는 않았다고 한다. 사람을 대상으로 시행된 연구는 아직 없지만—어쩌면 영원히 없을 수도 있을 것이다—적게 먹어 오래 살겠다는 꿈은 일단 접는 게 좋을 것 같다.

회충, 초파리, 생쥐와 같은 하등동물에서는 특정 유전자를 조작해서 수명을 크게 늘일 수 있었다는 희망찬 보고도 있다. 한 자료를 보면 현재 토양선충●에서는 555개, 이스트에서는 87개, 초파리에서는 75개, 생쥐에서는 68개의 노화 관련 유전자가 밝혀졌다고 한다. 하지만 그 유전

● 토양에서 자유 생활하거나 식물에서 기생하며 사는 선형동물의 총칭으로, 자연 토양 어디에서나 발견할 수 있다.

자들이 어떻게 발현되어 어떤 상호작용을 하며 어떤 과정을 통해 노화를 억제하는지에 대해서는 별로 알려진 바가 없다. 같은 유전자를 가진 세포라 할지라도 외부 자극에 대한 반응이 정도가 저마다 달라서 다양한 수명을 보이기도 한다. 이를 통해 수명을 결정하는 것이 유전자 자체가 아니라 유전자와 환경의 상호작용일지도 모른다는 의심을 해볼 수도 있다. 이에 대해서도 우리가 아는 것은 그리 많지 않다. 그러니 유전자를 조작해서 오래 살겠다는 꿈도 실현 가능성이 무척 희박해 보인다.

지금까지 설명한 이론들은 우리가 어떻게 늙는지에 대한 이해의 폭을 넓혀주기는 했지만, 우리가 왜 늙어야 하는지에 대한 만족할 만한 답을 주지는 못했다. 어떻게 늙는지에 대한 단편적 지식은 주었으나, 그 단편들이 어떻게 우리를 늙게 하는지에 대한 총체적 그림을 보여주기에는 역부족이었다.

우리는 왜 늙는가?

저명한 노화생물학자 스티븐 오스태드Steven N. Austad는 노화를 생존에 유리하거나 불리한 환경, 그리고 번식의 시기와 관련해 자연선택이 진화시킨 적응 현상으로 설명한다.

헌팅턴병Huntington's disease을 예로 들어보자. 이 병에 걸리면 온몸을 가눌 수 없고 치매 등의 정신 이상 증상을 보인다. 헌팅턴병은 중년 이후에 발병하는데 바로 그 때문에 자연선택으로 제거되지 않고 지금까지도 많은 환자를 고통스러운 죽음으로 내몰고 있다. 만약 이 병이 후손을 생산할 수 없는 어린 나이에 발병했다면 그 유전자는 자연선택으로 쉽게 제거되었을 테지만, 이미 유전자를 후손에게 전해 준 뒤에 발병하기 때문에 인구에 널리 퍼지게 되었다는 것이다. 이 논리를 노화에 적용하면 우리는 중년 이후에 발현하기 때문에 자연선택에 의해 제거되지 않는 유전자의 영향으로 늙을 수밖에 없다는 결론에 이르게 된다. 이처럼 노년에 악영향을 미치는 돌연변이 유전자가 수백, 수천 세대를 거듭하면서 인간의 유전체 안에 축적되기 때문에 우리가 늙는다는 것이다.

노화에 관한 진화적 설명의 두 번째는 노화를 '성장-번식-보전'이라는 생물학적 과업 사이에서 벌어지는 자원 경쟁의 결과로 보는 것이다. 우리 몸은 일회용 disposable soma 이다. 한번 살았던 몸을 다시 사는 일은 없다. 그러니 한정된 자원을 효율적으로 나눠 써야 한다. 몸이 살아가면서 거치게 되는 생명의 경로는 무럭무럭 자라서(성장), 여러 위험 요소로부터 자신을 지키며(보전), 동족을 퍼뜨리는(번식) 과정으로 구성된다. 셋 중 어느 한 가지에 치우치면 다른 두 가지 경로가 소홀해진다. 성장과 보전에 상대적으로 많은 생체 자원이 투여되면 번식에 투여할 자원이 줄어들고 번식에 더 많이 투자하면 성장과 보전에 실패해 수명이 줄어든다. 노화는 이 중 생체 보전에 투여할 수 있는 자원이 부족할 때 발생한다.

● 생물학자 톰 커크우드(Tom Kirkwood)는 '일회용 체세포 이론(disposable soma)'에서 생명체는 자기 보존 혹은 종족 보존 중 하나를 택하게 되며, 이 사이에서 수명이 결정된다고 했다.

포식자가 없는 평화로운 섬에 사는 주머니쥐는 포식자가 많은 육지에 사는 주머니쥐보다 번식의 시기가 늦고 노화도 천천히 진행된다고 한다. 잡아먹힐 걱정이 없으니 번식을 서두를 필요가 없고, 이렇게 절약한 자원을 성장과 생명의 유지에 쓸 수 있어 노화가 지연된다는 것이다. 반대로 포식자가 많고 위험한 환경에 사는 동물들은 성장과 보전보다는 번식에 더 많은 자원을 쓰게 되어 상대적으로 노화가 촉진된다고 추론할 수 있다.

1960년대 미국의 정신지체아 보육 기관에서는 많은 사람의 생식능력을 박탈하는 거세 수술이 시행되었다. 지금의 기준으로 보면 아주 비윤리적인 수술이었지만 노화에 관한 무척 중요한 과학적 정보를 주기도 했다. 제임스 해밀턴이라는 의사는 이들의 기록을 조사해 거세된 환자들이 거세되지 않은 환자들에 비해 평균 14년이나 더 오래 살았다는 사실을 밝혀냈다. 섹스(번식)와 죽음(노화)은 이렇게 생태적 고리로 긴밀히 연결되어 있으며, 생명이라는 동전의 양면인 셈이다.

이렇게 말하고 나니 '화초에 꽃을 피우려면 조금은 가혹한 환경을 만들어줘야 한다'던 중학교 때 생물 선생님의 말씀이 떠오른다. 생명은 생존과 더불어 번식을 추구한다. 환경이 나빠져 자신의 생존이 보장되지 않는다면 한시라도 빨리 꽃을 피워 씨를 뿌리는 편이 종의 보존을 위한 훨씬 효율적인 전략이 된다. 꽃을 피운다는 것은, 그리고 번식을 한다는 것은 그렇게 자신을 조금씩 파괴하는 일이다. 우리의 삶은 그렇게 창조와 파괴가 동시에 진행되도록 운명 지어졌는지도 모른다.

생명은 삶과 죽음으로 구성된다. 이 원리에는 수십억 년 동안이나 적대적 환경에 적응해온 우리 조상들의 경험이 응축되어 있다. 나는 그렇게 살고 죽어간 생명의 자손으로서 또한 이렇게 살다 죽을 것이다. 늙어감은 생명의 한 국면일 뿐이다. 그것과 맞서 싸울 것인가 화해할 것인가의 선택은 개인의 몫이지만 어떤 선택을 하는지에 따라 삶의 의미는 크게 달라진다.

아름다운 늙음을 위하여

늙어감이란 의학뿐 아니라 문학이나 영화와 같은 예술 분야에서도 중요하게 다뤄지는 주제다. 늙어감을 주제로 한 무척 의미 있는 다큐멘터리

영화가 두 편 있다. 이충렬 감독의 영화 〈워낭소리〉는 평균수명인 15년을 훨씬 넘겨 40년을 산 늙은 소와 30년을 동고동락해온 팔순 노인의 실제 이야기를 담고 있다. 이 기록영화는 독립 영화로서는 유례를 찾을 수 없이 많은 관객을 동원하면서 장안의 화제가 되었다. 한편 〈로큰롤 인생〉이라는 미국 영화는 늙어감에 대한 또 다른 시각을 보여준다. 〈로큰롤 인생〉은 평균연령이 여든인 록 밴드의 실제 이야기다. 호흡기를 달고 투병을 하면서도 연습과 공연에 매진하는 노인들의 밝은 모습, 그리고 단원 중 한 사람이 사망했다는 슬픈 소식을 전해 듣고도 멋지게 공연을 성공으로 이끄는 노인들의 모습이 인상적이다.

〈워낭소리〉의 최 노인이 자연과의 관계를 소중히 지켜가는 농경 사회의 전통적 가치를 상징한다면, 〈로큰롤 인생〉의 노인들은 죽음을 바라보면서도 새로운 경험을 통해 삶의 의미를 창조해가는 산업사회의 진취적 가치를 추구한다. 〈워낭소리〉는 한국의 농촌을 배경으로 사라져가는 생활 방식을 고집스레 지켜가는 사람의 이야기지만, 〈로큰롤 인생〉은 미국 중산층 노인들의 '새로운 삶' 찾기 프로젝트다.

새것과 남의 것은 낯설다. 〈로큰롤 인생〉이 바로 그렇다. 이 영화의 노인들은 우리 대부분이 가지고 있는 '노인다움'의 기준에 맞지 않게 행동한다. 하지만 그들의 몸은 지극히 노인답다. 억지로 젊어 보이려고 애쓰지도 않는다. 그저 열심히 살고 더불어 즐길 뿐이다.

〈워낭소리〉의 최 노인은 익숙함을, 〈로큰롤 인생〉의 노인들은 새로움을 추구한다. 주어진 조건에 익숙해지지 않고서는 새로움을 추구할 수도 없지만, 변화가 없이는 어떤 삶의 의미도 찾을 수 없다. 삶은 주어진 것이기도 하지만 또한 살아'가는' 것이다. 그러니까 한편으로는 익숙해지면서 다른 한편으로는 새로워지는 것이 인생인 셈이다. 늙어감을 즐기고 늙어가는 자신을 좋아할 수 있는 사람만이 정말로 행복한 사람 아닐까.

1년이 10년인 조로증

조로증무老症, progeria은 생애의 초기 단계에 노화와 유사한 증상을 보이는 아주 드문 유전병이다. 환자는 10대 중반이나 20대 초반까지만 생존한다. 조로증 아이들은 인지 기능에는 이상이 없지만, 9살만 되면 외모가 70대 노인처럼 변하고 동맥경화, 뼈의 부식, 당뇨, 류머티즘, 탈모, 백내장, 시력 감퇴, 피부경화 등 신체의 노화 현상이 나타난다. 이 병은 노화의 정상적인 과정을 밝힐 중요한 정보를 줄 것으로 여겨져 많은 과학자들의 관심을 끌었지만, LMNA라는 유전자가 관여한다는 사실 외에 아직 정확한 발병 경로는 밝혀지지 않았다.

원초적 본능, 후각을 복원하라

냄새로 만들어진 세상

사람의 다섯 가지 감각 중에서도 과거의 기억을 불러내는 데 가장 효과적인 것이 후각, 즉 냄새라고 한다. 감각을 받아들이는 곳(코)과 그 감각을 처리하는 뇌의 거리가 가장 가깝기도 하고, 진화의 역사에서 냄새야말로 생존과 번식에 가장 중요한 감각이기 때문이기도 했다. 개들은 수만 년간 인간과 더불어 진화했고 그렇게 인간의 문화생활에 적응해왔지만, 지금도 집을 나서면 킁킁거리며 주변 상황을 파악한다. 나는 대학을 졸업하고 처음 부임한 병원의 인턴 숙소에 놓여 있던 방향제와 비슷한 냄새를 맡을 때마다, 30년 전의 힘들고 즐거웠던 경험을 통째로 떠올리곤 한다.

19세기 유럽에서 있었던 일이다. 서너 살이 되었을 즈음 아무도 없는 숲에 버려진 아이가 있었다. 그런데 그 아이는 사람들에게 발견될 때까지 스스로 생존하는 기적적인 본능을 보여주었다. 이후 어떤 성직자의 보살핌 속에서 자라게 되었는데, 아이는 어느 날 길을 잃고 헤매다가 다시 성직자를 만나게 되었다. 그런데 아이는 성직자의 모습을 알아보고 뛰어가는 것이 아니라 그의 냄새를 쫓아 킁킁거리며 다가갔다고 한다. 빛이 아닌 냄새로 구성된 세상이 아이의 생존에는 더 중요했다는 말이다. 자기 배설물의 냄새로 영역을 표시하는 동물이나 항상 킁킁거리며 돌아다니는 개, 그리고 짐 속에 들어 있는 적은 양의 마약을 정확히 찾아내는 마약 탐지견을 떠올려보면 그런 세상이 어떤 모습일지 상상이 될 것이다.

진화 과정에서 생존과 번식에 중요하게 작용한 특정 냄새는 반사적으로 본능에 새겨지기도 한다. 우리가 동물의 배설물과 부패한 음식물에서 나는 냄새를 피하고, 잘 요리된 음식과 매력적인 이성에게서 나는 냄새에 끌리는 것은 축적된 지식 때문이라기보다는 진화된 본능에 가깝다. 인간을 포함한 많은 동물이 잠재적인 성적 파트너에 관한 생리적 정보를 페로몬이라는 분비물을 통해 전달한다는 사실은 이미 잘 알려져 있다.

병원과 화장실의 기억, 크레솔

냄새에 관한 정보는 역사적 경험을 공유하는 동시대인의 집단 기억 속에 새겨져 공감을 일으키기도 한다. 해부학 실습실의 기억은 반드시 지독한 방부제 냄새와 함께하며, 민주화 운동의 기억은 매캐한 최루가스 냄새와 분리해서 떠올리기가 쉽지 않다.

지금의 젊은 세대는 매일 샤워를 하고 각종 탈취제와 향수, 고도로 분화된 여러 가지 기능성 화장품과 항균 제품에 묻혀 살아가기 때문에 특별히 깨끗함이나 위생을 냄새와 관련해 기억하는 경우가 거의 없다. 하지만 40대 중반 이상의 한국인이라면 누구나 크레솔이라는 소독제의 냄새를 기억할 것이다. 동네 의원에 가면 으레 크레솔을 탄 물이 담긴 세숫대야

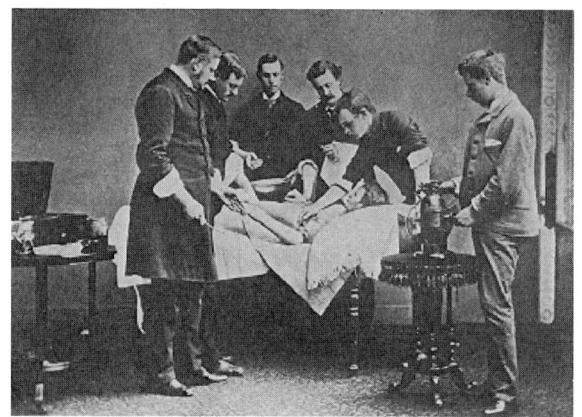

조셉 리스터는 수술 중 페놀 용액을 분무하고 수술 상처에는 페놀 용액에 적신 헝겊을 덮어 치명적인 수술 후 감염을 크게 줄일 수 있었다.

가 있었고 의료인들은 그 물에 손을 담가 소독을 했다. 크레솔은 재래식 화장실의 소독제로도 많이 쓰였는데, 그러다 보니 이 냄새는 병원의 위생과 화장실의 역겨움이라는 이미지를 동시에 불러일으키는 어중간한 상징이 돼버렸다.

크레솔은 '석탄산'이라 불리는 페놀과 사촌 간인데, 페놀은 1991년 국내의 한 대기업이 낙동강에 무단으로 방류해 큰 사회문제가 된 적이 있으며, 제2차 세계대전 때 나치가 사람의 혈관에 주입해 대량 학살에 사용하기도 했다. 이 페놀이 의학의 역사에 처음 등장한 때는 1865년이다. 당시에는 세균이 질병의 원인이라는 사실을 알지도 못했고, 상처 부위의 감염이 곧 죽음으로 이어지기도 했다. 이런 열악한 상황에서 영국의 외과 의사 조셉 리스터Joseph Lister는 한 가지 묘책을 떠올린다. 지독한 악취를 풍기는 오수를 정화하는 데 페놀이 뛰어난 효과가 있다는 기사에 힌트를 얻은 것이다. 그는 페놀의 오수 정화 기술을 수술 환자의 상처에 적용해 치명적 감염을 크게 줄이는 데 성공한다. 이로써 간접적으로나마 부패와 감염이 결국은 같은 원인을 가지는 현상이라는 사실이 확인됐다.

하지만 페놀의 지독한 냄새와 독성 때문에, 그리고 소독된 수술 가운과

장갑, 마스크 등으로 감염을 막는 간편한 기술들이 개발되면서 이 외과 수술의 영웅은 점차 역사의 뒤안길로 사라졌다. 1880년대를 지나면서 결핵과 콜레라를 일으키는 서로 다른 세균들이 확인되자 이제 질병은 눈에 보이지도 않는 세균이라는 악당이 일으키는 것이 된다. 세균과의 전쟁이 시작된 것이다. 리스터의 페놀이 악당들은 보지도 못하면서 그들이 있을 만한 곳에 무턱대고 퍼부은 구식 폭탄이었다면, 20세기 중반에 발명된 항생제는 위장이나 혈관을 통해 몸속에 흡수시켜 필요한 부위로 실어 나르는 세련된 포탄과 같은 것이었다. 이제 인간은 이 전쟁에서 이길 수밖에 없고, 감염성 질병의 고통은 까마득한 옛이야기가 될 터였다.

하지만 결론을 내기 전에 감염과 관련된 또 다른 냄새를 떠올려보는 것도 재미있을 것이다. 기름을 먹인 누런 종이와 거기에 붙인 끈적끈적한 암갈색 덩어리인 '이명래 고약'의 아주 특별한 냄새다. 50대 이상의 한국인이라면 피부가 곪아서 생긴 부스럼(종기)에 고약을 성냥불에 달궈 붙여두고, 며칠이 지났을 때 노란 고름의 뿌리가 딸려나오는 경험을 한 사람이 많을 것이다. 그래서 이것을 '발근고拔根膏'라 부르기도 했다.

지금은 여러 가지 형태로 나와 있는 항생제와 소독제가 많아 부스럼 따위는 아무런 위험이 되지 않지만, 이 약이 팔리기 시작한 1906년은 항생제가 발명되기도 훨씬 이전이었을 뿐더러, 세균을 비롯한 서양의학의 개념 자체가 제대로 소개되지도 않았을 때였다. 『조선왕조실록』에도 종기로 고생하거나 그로 인해 목숨까지 잃은 임금이 예닐곱은 나올 정도로 종기는 위험한 병이었다. 오죽하면 궁궐에 종기 치료를 전담하는 '치종청治腫廳'이라는 관청까지 두었을까.

우리의 감각적 본능은 크레솔과 이명래 고약의 냄새를 동시에 불러내지 못한다. 각각의 냄새가 불러내는 기억의 장소가 위생을 강조하는 서양식 병원과 그리 청결하다고 할 수 없는 전통적 주거지로 판이하기 때문이다. 고약과 페놀로 대변되는 전통과 현대 의학의 대결은 현대의 현란한 승리로 끝났고, 지금 우리는 지나치리만치 위생적인 환경에서 살아간다. 페놀처럼 독한 냄새를 풍기지 않으면서도 각종 세균을 죽일 수 있는 인공 화합물이 넘쳐나고 이제 청결은 선택이 아닌 필수가 되었다. 그래서 1960년대 말에 이르면 세균에 의한 질병은 인류의 역사에서 영원히 사라지게 될 것이라는 희망이 팽배했다.

슈퍼박테리아의 충격

21세기의 고작 1할 남짓한 시간이 흐른 지금, 희망은 점차 공포로 바뀌고 있다. 에이즈AIDS, 사스SARS, 중증급성호흡기증후군, 구제역, 조류독감, 신종플루와 같이 듣도 보도 못했던 전염병의 공포가 다시 찾아온 것이다. 이런 병이 돌 때마다 사람들은 1918년 전 세계에서 5천만 명에 달하는 사람들의 목숨을 앗아간 스페인 독감을 떠올리며 공포에 떤다. 이런 병들은 세균이 아닌 바이러스가 원인이지만, 세균성 감염이라고 상황이 더 좋은 것도 아니다. 최근 일본의 한 병원에서는 어떤 항생제에도 듣지 않는 슈퍼박테리아●에 감염된 환자 46명 중 27명이 사망한 사실이 밝혀져 충격을 주고 있다. 한때 거의 정복한 것으로 여겼던 결핵균도 대부분의 항생제에 저항하는 '다제내성'을 진화시켜 인간의 과학에 도전하고 있다.

　인간이 인공 화합물에 의지해 세균과의 전쟁을 치르면서 후각을 비롯한 감각적 본성을 점차 잃어버리는 동안, 그들은 꾸준히 인공 화합물에 대한 적응기제를 진화시켰다. 이

● 항생제를 자주 사용하게 되면 병원균이 저항력을 길러 내성이 강해진다. 이에 맞서 더 강력한 항생제를 사용하다 보면 어떠한 항생제에도 저항할 수 있는 슈퍼박테리아가 생기게 된다. 세계 최초로 발견된 슈퍼박테리아는 1961년 영국에서 처음으로 보고된 '메티실린내성황색포도상구균(MRSA)'이다.

를 극복하기 위해 미국 미생물협회와 같은 전문가 단체는 세균을 포함한 미생물을 적으로 여길 것이 아니라 친구로 여겨 사이좋게 지내야 한다는 내용의 대중 캠페인을 벌이기까지 한다.

냄새는 화학적 신호를 통해 생태계의 구성원들이 생존에 필요한 정보를 주고받는 가장 원초적인 소통 수단이며, 그것을 유발하는 미생물 또한 우리가 소통해야 할 대상이다. 우리가 먹는 음식물의 대부분도 그들의 도움을 받아서 만든 발효 식품이다. 이제 우리는 우리가 몸담은 생태계와의 소통을 위해서라도 잃어버린 후각을 되찾고 미생물과의 관계를 복원할 필요가 있다.

새로운 냄새의 유혹

냄새는 생존과 번식을 위해 진화한 감각이지만 방향제와 탈취제에 억압되면서 새로운 용도로 활용되기도 한다. 이른바 경험 마케팅 또는 냄새 마케팅Olfactory Marketing이다. 냄새가 불러일으키는 감성이 그 냄새와 함께 경험된 상황이나 사건을 불러일으키는 연상 작용이 강하다는 점을 이용한다. 냄새는 소리나 빛처럼 기록하거나 저장할 수도 없고 그것에 대한 감수성도 개인에 따라 크게 달라서 다루기가 무척 까다로운 감각이다. 하지만 오히려 그렇기 때문에 정확히 초점을 맞출 수만 있다면 개개인의 경험과 마음을 불러일으키는 데는 최고의 효과를 볼 수 있다.

최근 유럽연합 법정은 갓 깎은 잔디에서 나오는 냄새를 담은 테니스공에 대한 특허를 허가하면서 이렇게 판시했다고 한다.

"냄새의 기억은 아마도 인간이 가진 가장 강력한 기억일 것이다. 따라서 경제 주체들이 자신들이 만든 상품의 정체성에 냄새를 추가하는 일에 관심을 가지는 것은 당연하다."

우리의 진화적 조상은 생존과 번식을 위해 냄새로 구성된 세상에 적응해왔고 우리 또한 그렇게 진화한 감각을 지니고 있지만, 이제는 문명이 만들어내고 있는 새로운 냄새의 세상에 대한 적응이 시작된 것이다.

후각장애도 있다

공기 중에 퍼져 있는 냄새를 품은 물질의 분자가 콧속으로 들어온다. 이 분자가 콧속 점막의 수용체와 결합하면 그 자극이 전기적 신호로 바뀌어 후각신경을 통해 뇌에 전달된다. 우리가 느끼는 냄새는 뇌가 이 신호를 해석한 결과다. 사람은 4천 종 정도의 냄새를 구별할 수 있다. 냄새를 맡지 못하는 것을 의학적으로 후각장애dysosmia라고 하는데 그 원인은 크게 두 가지로 분류할 수 있다.

첫째, 냄새를 품은 공기가 콧속 점막의 수용체까지 도달하지 못하는 경우, 또는 도달해도 점막에 염증이 있거나 물혹이 있어 직접 접촉하지 못하는 경우다.

둘째, 후각신경이 손상되어 냄새와 관련된 신호를 받고도 반응하지 않거나 뇌 속의 신경중추가 손상되어 생기는 감각신경성(중추성) 후각장애다. 뇌 속에 혹이 있거나 교통사고 등으로 신경이나 뇌가 손상되었을 때 생긴다.

후각장애는 증상에 따라 냄새를 느끼지 못하는 후각 상실anosmia, 다른 사람과 다른 냄새를 느끼는 이상 후각parosmia, 자극의 존재와 상관없이 냄새를 느끼는 환취phantosmia로 구분하기도 한다.

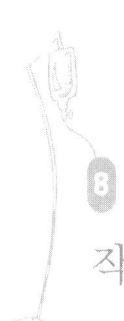

작은 의사, 보통 의사, 큰 의사

고독한 영웅, 제멜바이스

우리는 이미 4장에서 죽은 환자를 부검한 손을 씻지도 않은 채로 산모의 분만 과정에 개입해 많은 산모를 죽음에 이르게 한 산부인과 의사들의 이야기를 한 바 있다. 그리고 이런 사실을 과학적 방법으로 밝혀낸 다음 손을 씻지 않는 의사들을 맹렬히 비판한 제멜바이스가 결국은 병원에서 쫓겨나 비참한 최후를 맞았다는 이야기도 했다. 그가 산모들이 죽는 원인을 시신에서 옮겨진 '무엇' 때문일 것이라 추론하게 된 계기는 아마도 시신에서 나는 냄새 때문이었을 것이다. 조셉 리스터가 오수를 정화하는 데 페놀이 효과적이라는 사실로부터 상처의 감염을 막는 소독을 생각해낼 수 있었던 것도, 오수에서 나는 악취와 곪아가는 상처의 냄새를 무의식적으로 관련지었기 때문일 것이다. 냄새는 이렇게 우리의 생각과 행동을 본능에 가까운 쪽으로 이끈다. 이처럼 기록할 수도, 재현할 수도 없는 후각은 이성적이거나 합리적인 추론이 아닌 직관적 통찰을 준다.

42세 때인 1860년의 제멜바이스

그런 직관적 통찰은 이성적이고 합리적인 세계에 뿌리내리기가 쉽지 않다. 부패와 감염의 원인은 말할 것도 없고 세균의 존재조차도 몰랐던 당시 상황에서 이성이 할 수 있었던 것은 원초적 감각에서 얻은 제멜바이스의 통찰을 억압하는 것 말고는 없었다. 물론 제멜바이스가 직관에만 의존해 그런 결론에 이른 것은 아니다. 그는 손을 씻고 담당 병동을 바꾸는 등의 실험과 관찰을 통해 자신의 직관이 옳았음을 확인했다. 직관과 합리적 추론의 결합으로 새로운 합리적 이성을 만들어낸 것이다.

지금이라면 너무나 당연한 이 방법을 당시의 주류 의료계가 받아들이지 않았던 것은 당시로서는 이 방법이 너무 낯설었기 때문이다. 하지만 역사학자들은 제멜바이스가 주류에 속하지 않는 촌뜨기 의사였다는 사실도 그런 배척의 큰 원인이었을 것이라 말한다. 요즘 말로 하면 왕따였던 셈이다. 하지만 제멜바이스는 고독을 이기고 감염 차단의 기본을 세웠다.

등불을 든 전쟁터의 천사, 나이팅게일

살아 있는 동안 전혀 인정을 받지 못했던 제멜바이스와 달리 플로렌스 나이팅게일Florence Nightingale은 등장하자마자 사회적으로 큰 반향을 불러일으킨 부상병들의 천사였다. 제멜바이스는 산부인과 병동의 시골 출신 의

등불을 든 천사 플로렌스 나이팅게일

사였고 나이팅게일은 자진해서 전쟁터로 간 최초의 귀족 출신 간호사였다는 차이가 있지만, 두 사람 모두 지극히 상식적인 방식으로 많은 목숨을 구한 의학과 간호학의 거인이다. 제멜바이스의 무기는 손을 씻는 것이었고 나이팅게일의 무기는 청소, 빨래, 환기 그리고 따뜻한 위로였다.

그녀는 1854년 자신이 훈련시킨 38명의 자원봉사 간호사와 함께 전쟁터 야전병원으로 간다. 그들은 병실을 환기시키고 침구와 옷가지를 세탁하며 환자들의 영양 상태를 살폈다. 한편으로는 언론과 정부를 움직여 야전 병원의 열악한 위생과 영양 상태의 개선을 위한 위원회를 구성했다. 그들은 영국에서 미리 지은 목재 병원을 배에 실어와 현장에서 조립하는 등의 노력을 통해 야전병원의 위생 상태를 크게 개선했다. 상당히 과장된 것으로 보이지만, 기록에 의하면 나이팅게일 이후 야전병원의 사망률이 42퍼센트에서 2퍼센트까지 낮아졌다고 한다.

이후 모두가 잠든 한밤중에 작은 등불을 들고 병실 구석구석을 다니며 환자의 상태를 살피는 나이팅게일의 모습은 간호사의 이상이 되었고, 간호사가 되려는 사람은 누구나 나이팅게일 선서를 하게 되었다. 전쟁이 끝난 다음에도 그녀는 병원 건축과 운영, 보건 통계 분야에서 많은 업적을 남겼고 47세에 비참한 삶을 마감한 제멜바이스와는 달리 90세까지 장수하며 영광스런 생애를 마쳤다. 제멜바이스는 권위자들과의 소통에 실패함으로써 어렵게 얻은 의학적 지혜를 확산시키는 데 실패했지만, 나이팅게일은 자신의 높은 신분과 권력자들과의 친분을 통해 의료계에 인본주의를 고취하는 데 크게 공헌했다.

사회의학의 아버지, 루돌프 피르코

세포병리학의 창시자, 고고인류학자, 사회의학의 아버지, 개혁을 부르짖은 정치인, 그리고 나의 개인적 우상인 루돌프 피르코

제멜바이스와 나이팅게일이 활동했던 1840년대와 1850년대에도 질병을 일으키는 세균의 존재는 여전히 베일에 싸여 있었다. 감염에 의한 사망을 획기적으로 줄일 수 있었던 두 사람의 공헌은 순전히 직관과 경험 그리고 선한 의지에 따른 것이었다. 1860년대에 활동한 리스터의 소독법도 마찬가지다. 감염을 '어떻게' 관리할 수 있는지는 조금씩 알아가고 있었지만, 감염이 '무엇' 때문에 생기는지는 여전히 불투명했다. 의사의 손, 죽은 환자의 몸, 병실의 위생과 환자의 영양 상태 등을 체계적으로 관리하여 감염을 크게 줄일 수 있었지만, 콜레라, 발진티푸스, 결핵과 같은 전염병은 여전히 많은 사람의 목숨을 앗아가고 있었다.

급격한 산업화와 도시화로 많은 사람이 좁은 공간에 모여 살게 되고 상하수도 시설이 턱없이 부족했으며, 노동자들은 저임금과 장시간 노동에 시달렸다. 이런 상황 속에서 1848년 독일의 북부 실레지아 지방에 발진티푸스가 크게 유행했고, 독일 정부는 당시 독일 의학의 최고봉이었던 루돌프 피르코Rudolf Virchow를 현장에 파견한다. 그 현장 조사의 결과가 사회의학의 주요 개념을 천명한 「실레지아 지방의 발진티푸스 창궐에 관한 보고서」다. 보고서는 놀랍게도 개인을 대상으로 한 의학적 개입이 아닌 사회 전체의 제한 없는 민주화를 처방으로 제시한다. 민주적 교육과 자유를 통한 번영만이 전염병 문제의 진정한 해결책이라는 것이다.

과격한 보고서의 내용에 당황한 정부가 그를 해임하자 피르코는 시민의 권리를 주장하는 운동가로 변신했고, 이후 독일 제국의회의 의원으로서 진보 정당을 이끄는 정치가의 길로 들어선다. 그는 상하수도 시설과 영양 상태의 개선 등 의학과 정치가 직접 만나는 영역뿐 아니라 사회 전체의 문제에 대해서도 의학적 처방을 제시할 수 있다고 주장한다. 피르코의 혁신적인 주장은 이어진다.

"의학은 사회과학이고 정치는 큰 규모의 의학일 뿐이다. 사회과학인 동시에 개별 인간을 위한 과학인 의학은 인간과 사회의 문제를 지적하고 그에 대한 '이론적' 해결책을 찾아내야 하며, 정치가와 실천적 인간학자는 '실제적' 해결책을 제시해야 할 의무를 진다. 의사는 가난한 자의 대리인이며 사회적 문제도 크게 보면 의학의 대상이다."

피르코의 주장은 병을 고치는 작은 의사, 사람을 고치는 보통 의사, 나라를 고치는 큰 의사를 구분했던 동아시아 전통 의학사상과도 일맥상통한다.

의학은 과학이고, 인문학이며, 사회학이다

위 세 사람의 이야기는 인류의 역사에서 가장 많은 사람을 죽음으로 몰아갔을 감염병에 대한 세 가지 접근 방식을 상징적으로 보여준다. 제멜바이스는 손 씻기를 통해 감염의 '자연적 원인'을 제거했고, 나이팅게일은 따뜻한 위로와 보살핌으로 감염을 이겨낼 환자의 '주체적 역량'을 길러주었으며, 피르코는 감염의 온상이 된 '사회 환경'의 개선을 위해 힘썼다. 이것은 각각 자연의학, 인문의학, 사회의학의 전형이다.

이 세 가지는 서로 긴밀하게 연결되어 영향을 주고받는다. 깨끗한 침구와 의복, 먹을 만한 음식을 주지도 않으면서 병든 병사를 위로하고 보살필 수는 없다. 이런 보살핌 속에서는 감염의 원인인 세균이 증식할 가능성도 당연히 낮아진다. 민주적 교육을 통해 자유를 얻은 시민 역시 당연히 깨끗한 환경과 음식의 권리를 주장할 것이고 이를 통해 감염의 가능성은 낮아진다. 이렇게 보면 세 사람 중 제멜바이스만이 감염의 원인을 직접 제거(손 씻기)했고 나머지 두 사람은 모두 간접적인 방법(병실과 사회 환경의 개선)으로 그렇게 한 셈이다. 하지만 감염원의 직접 제거만이 가장 효과적 통제법인 것은 아니다. 앞서 말한 바와 같이 세균은 엄청난 속도로 증식하고 진화하므로 인간이 개발한 대응책을 쉽게 비껴갈 수 있다. 장기적으로는 나이팅게일이나 피르코의 방법이 더 효과적일 수 있다는 말이다.

하지만 이후의 역사는 오로지 자연의학의 전성기였다. 1880년대가 되면서 결핵과 콜레라 등 당시의 주요 사망 원인이던 감염의 원인균이 각각 발견되었고, 이미 발견된 소독제와 20세기 중반에 발명된 항생제로 이들을 극적으로 제어할 방법을 터득했기 때문이다. 이후 의료 기술의 폭발적 발전이 있었고 몸에 생기는 거의 모든 문제는 그 기술로 풀 수 있다는 낙관론이 이어졌다.

지금도 여전히 의학은 '과학'이고 자연의학의 독주는 계속되고 있다. 하지만 환자가 앓는 질병에는 생물학적인 요인 외에도 다양하고 복잡한 인간적·사회적 원인과 결과가 있을 수 있고 그것이 환자의 질병 경험을 크게 바꿀 수도 있다는 증거가 점차 많아지고 있다. 나이팅게일과 피르코는 자연적 현상으로서의 질병뿐 아니라 질병의 인간적·사회적 원인과 결과에 주목한 인문의학과 사회의학의 선구자였다. 제멜바이스는 손을 씻어 병의 자연적 원인을 털어냈고(자연의학), 나이팅게일은 병을 앓는 사람을 도와 그 병을 이기도록 도왔으며(인문의학), 피르코는 병을 기르는 사회의 구조를 바꿔 살만한 세상을 만들려고 했다(사회의학). 지금의 현실에 적용하더라도 어느 것 하나 버릴 것이 없는 의학의 귀중한 가치이며 목표다.

과학 논쟁의 정치성, 장기설 vs 접촉설

전염병의 원인에 대한 대표적 이론에는 부패한 유기물에서 발생한 나쁜 공기miasma가 병을 일으킨다는 장기설瘴氣說, miasmatism과 병에 걸린 사람과의 직접 접촉으로 병이 옮겨간다는 접촉설接觸說, contagionism이 있다. 본문의 사례에 비추어보면 제멜바이스는 접촉설의 주창자이고 나이팅게일과 피르코는 장기설의 신봉자다. 19세기 내내 서양의 의학계는 이 주제로 논쟁을 벌였다. 19세기 후반에 이르러 질병의 직접 원인으로 지목된 세균이 현미경 속에서 모습을 드러내고 세균병인설이 확립되자 장기설은 더 이상 설 곳이 없어진 듯했다. 나쁜 공기라는 것도 결국은 그 속에 담긴 세균 때문에 병을 일으키는 것으로 판명되었기 때문이다. 그러나 세균은 환자와의 접촉뿐 아니라 환자의 배설물에 실려 물을 통해 전파될 수도 있고, 환자의 호흡이나 기침 속에 담긴 미세한 물방울을 통해 전달될 수도 있으므로 접촉설의 완전한 승리라고 보기도 어렵다.

이 논쟁은 일견 순수한 과학 논쟁으로 보이지만 그 배후에는 상당히 정치적인 성향과 의도가 깔려 있다. 접촉설은 질병의 원인을 주로 개인의 잘못으로 보지만, 장기설은 사회 환경의 개선을 주요 목표로 설정하기 때문이다. 그러나 대중을 향해 무차별적으로 퍼져나가는 전염병의 속성상 그것을 통제하는 데 유용한 이론은 개인이 아닌 환경에 초점을 맞춘 장기설이었다. 19세기 유럽에서 전염병을 줄이는 데 크게 기여했던 위생개혁가들은 대부분 장기설의 신봉자였다.

9 콜레라균 한잔하실래요?

몸, 세포들의 공화국

19세기 유럽인들은 냄새라는 원초적 본능에 이끌려 더러운 하수를 정화하거나 상처를 소독했고, 더러운 손과 불결한 주거 환경 그리고 정의롭지 못한 사회 현실이 질병의 원인이라는 직관에 따라 행동하여 큰 성과를 얻기도 했다. 그들은 그것이 무엇인지 알기도 전에 실천을 했고 나름대로 성과를 올리고 있었다. 하지만 정작 그런 감염병이 '무엇' 때문에 생기는지는 알지 못했다. 더구나 그 '무엇'이 눈에 보이지도 않는 살아 있는 생명체라는 결론에 도달하기까지는 많은 시간이 걸렸다.

생명의 기본 단위인 세포가 처음으로 관찰된 것은 17세기의 일이다. 현미경으로 코르크를 살펴보던 영국의 로버트 후크Robert Hooke는 그것이 아주 작은 방(세포)들이 겹겹이 쌓여 있는 구조로 되어 있다는 사실을 알아냈다. 네덜란드의 레벤후크는 사람의 정액 속에서 꿈틀거리는 정자를 발견했고, 혈액 속의 적혈구를 관찰해 동물 속에도 이렇게 상대적으로 독립적인 단위인 세포가 존재한다는 사실을 밝혔다. 모든 생명체가 살아가는 데 필요한 구조와 기능의 최소 단위가 세포라는 사실이 확인된 것은 그로부터 2백 년이 지난 19세기였다.

이제 우리 몸은 살아 있는 세포들의 집합체가 되었다. 그 세포가 저절로 생기는 것이 아니라 반드시 다른 세포로부터 만들어진다는 원리를 확립한 사람은 앞 장에서 이야기한 사회의학의 창시자 루돌프 피르코였다. 그는 우리의 몸을 '세포들의 공화국'으로 파악하여 생명의 물리적 구성과 사회적 작동 원리를 멋들어지게 결합했다. 하지만 그렇게 구성된 세포들의 공화국을 교란시키는 전염병의 원인 역시 또 다른 생명이며 세포인 세균이라는 사실이 밝혀지기까지는 많은 우여곡절을 겪어야 했다.

미생물학의 아버지, 파스퇴르

우리에게 우유의 살균법으로 잘 알려진 프랑스의 루이 파스퇴르Louis Pasteur는 세균을 둘러싼 길고 긴 드라마의 주역 중 한 사람이다. 그는 목이 좁고 길어서 외부의 생명체가 들어가기 어려운 플라스크에 끓인 고깃국을 넣어두면 보통 플라스크에 넣었을 때보다 훨씬 오랫동안 상하지 않는다는 사실을 발견한다. 이를 토대로 유기물이 썩는 이유는 공기 중에 떠돌아다니던 유기체organized bodies가 유기물에서 증식하기 때문이라는 가설을 세웠다. 그의 연구는 가설에 머물지 않고 실제 산업에 적용되어 큰 효과를 거두었다. 포도주가 발효하여 식초가 되는 과정을 연구해 양조산업에 크게 기여하는가 하면, 누에의 전염병 연구로 섬유산업을 구원하기도 했다.

● 형태나 기능이 다른 여러 부분이 상호 밀접한 관계를 가지고 있으며, 부분과 부분, 부분과 전체가 불가분의 관계에 있는 통일체를 뜻한다. 좁은 의미로는 '생물'이라 할 수 있다.

파스퇴르는 "과학에는 국경이 없지만 과학자에게는 조국이 있다"는 유명한 말을 남기기도 했다.

그의 천재성은 질병의 원인을 밝히는 데 머물지 않고 그 병을 예방할 방법을 찾아낸 데 있다. 그리고 그런 창의적 발상은 대개 여유로움 속에서 나온다. 그는 많은 양계업자의 애를 태우던 닭 콜레라를 연구하던 중 '휴가'를 떠난다. 휴가에서 돌아와서는 떠나기 전에 배양하고 있던 균을 건강한 닭에 주사해보았다. 닭에게는 아무 일도 일어나지 않았다. 이번에는 신선한 콜레라균을 주사했지만 닭은 여전히 건강했다. 배양 도중 뭔가 중대한 변화가 일어난 것이다. 만약 그가 휴가를 떠나지 않고 조급하게 결과를 만들어내기 위해 노심초사했다면 해낼 수 없었을 발견이다. 그는 이런 사실에서 병원균을 적당한 조건에서 배양한 뒤 동물에게 주면 그 균을 받아들인 동물은 병을 앓지 않고도 그 병에 저항하는 능력을 얻게 된다는 면역의 원리를 찾아냈다.

그는 자신의 연구 성과를 극적으로 대중에게 보여주어 신망을 얻어내는 이벤트 기획자이기도 했다. 이번에는 양의 탄저병이 그 대상이었다. 1881년 그는 수많은 의사, 수의사, 기자와 호사가들이 지켜보는 가운데 극적인 장면을 연출함으로써 자신의 이론과 그 효용성을 대중에게 각인시킨다. 미리 약독화弱毒化● 한 균을 주사해 탄저에 대한 면역을 갖게 한 양과 보통 양에게 탄저균●● 을 주사하였더니 무방비 상태의 양들은 모두 죽었지만, 미리 약독화한 균

● 병원 미생물을 어떤 조건하에서 배양할 경우 병원성이 감소되거나 없어지는 현상을 뜻한다.

●● 바실루스과 바실루스속의 세균으로 탄저병의 병원균이다. 가축 질병의 원인이 되고 사람이 감염될 경우 패혈증을 앓는다.

으로 면역을 얻은 양들은 모두 멀쩡했던 것이다. 이후 광견병 독소에 대한 해독제를 개발해 동물이 아닌 사람에게서 실질적인 성과를 얻는 등 그의 연구 성과와 명성은 일파만파로 번져나갔다.

코흐, 질병을 일으키는 악당을 찾다

로베르트 코흐는 결핵균을 발견한 공로로 1905년 노벨 생리학·의학상을 받았다.

루이 파스퇴르가 프랑스의 자존심이라면 로베르트 코흐Heinrich Hermann Robert Koch는 독일의 아이콘이다. 파스퇴르는 양계, 양조, 목축업 등 산업에 관련된 일을 주로 하면서 의학에 기여한 화학자지만, 코흐는 사랑하는 아내의 바람에 따라 주로 감기나 배탈 환자를 돌보면서도 외부 세계에 대한 호기심과 탐구의 욕구를 버리지 못한, 시골의 소박한 개업 의사였다. 그러던 그에게 아내가 생일 선물로 준 현미경은 세상으로 통하는 창문이 되어주었다. 마침 당시 유럽의 농촌에는 탄저병이 유행이었다. 소와 양뿐 아니라 사람들까지 이 병에 걸려 죽어갔다. 코흐는 탄저병에 걸린 동물의 혈액을 다른 동물에 주사했을 때 역시 같은 병에 걸린다는 것과, 병에 걸린 동물의 피 속에서 한결같이 막대 모양의 물체(탄저균)가 관찰된다는 사실을 알아냈다. 그는 이렇게 동물의 몸속에 탄저균을 전파하는 실험과 몸 밖에서 균을 기르는 실험을 반복하다가, 마침내

'막대 모양의 균'이 병을 일으키는 원인이라고 확신하게 되었다. 그렇게 해서 발표한 것이 그 유명한 '코흐의 공리'다. 우리나라가 일본과 강화도 조약을 맺었던 1876년의 일이고, 파스퇴르가 탄저균에도 끄떡없는 양을 만들어 면역요법의 효능을 증명하기 5년 전의 일이다.

코흐의 공리는 다음 네 가지로 구성된다. 첫째, 문제가 되는 질병의 모든 경우에서 그 세균이 발견되어야 한다. 예컨대 결핵에 걸린 모든 환자에게서 항상 결핵균을 발견·분리할 수 있어야 한다. 둘째, 실험실에서 그 세균을 배양할 수 있어야 한다. 셋째, 배양한 그 세균을 실험동물에 주입했을 때 똑같은 질병이 생겨야 한다. 넷째, 병에 걸린 실험동물에서 다시 그 병원균을 분리할 수 있어야 한다.

이 공리에 따르면 수많은 세포로 구성된 우리의 몸에 전염성 질병을 일으키는 '무엇'은 또 다른 살아 있는 세포인 세균이다. 이로써 감염은 내 몸을 구성하는 세포와 외부에서 침입한 이질적 세포와의 전쟁이 되었다. 이에 따라 감염을 일으키는 악당들에 대한 대대적인 소탕 작전이 시작되었다. 그 결과 결핵, 콜레라, 디프테리아, 폐렴, 페스트, 이질, 임질, 매독 등 많은 이들의 목숨을 앗아간 세균들이 속속 현미경 속에서 그 모습을 드러냈다.

한잔의 콜레라균 속에 담긴 인간적 갈등

파스퇴르는 감염의 원인으로 지목된 병원균과 숙주의 관계를 변화시켜 질병을 '관리'하는 데 뛰어난 능력을 발휘했다. 그리고 코흐는 그 질병을 일으키는 악당을 잡아내는 '수사관'의 역할을 톡톡히 해냈다. 우리가 지금 전염병이 거의 없는 편안한 삶을 살 수 있게 된 것은 이런 두 가지 흐름이 어우러졌기 때문이다. 범죄가 없는 세상을 만들기 위해서는 죄를 지은 죄인을 잡아내는 일도 필요하지만, 문단속을 하고 빈부의 격차를 줄여 범죄의 발생을 줄이는 노력도 필요한 것과 같은 이치다.

지금은 아무도 콜레라균이 콜레라의 원인이라는 사실을 의심하지 않지만, 당시에는 세균이라는 악당에게 모든 책임을 뒤집어씌우는 태도를 못마땅해하는 사람도 많았다. 마치 굶어 죽지 않기 위해 빵을 훔친 사람을 평생 감옥에 가두는 것과 다름없다는 논리였다. 그래서 세균과의 직접 접촉이 병을 일으킨다는 세균병인설과 부패한 유기물에서 발생한 나쁜 공기(미아즈마)가 전염병의 원인이라는 이론 사이에 격렬한 논쟁이 벌어진다. 세균병인설은 범죄자의 적발과 처벌을 위주로 하는 경찰과 닮았고, 나쁜 공기 이론은 각종 범죄 예방과 재활 프로그램을 운영해야 한다는 복지국가와 닮았다.

● 19세기까지만 해도 미아즈마설(miasma theory)에 따라 대기 중에 있는 미아즈마(병독, 나쁜 안개)가 전염병을 일으킨다는 믿음이 퍼져 있었다.

세균병인설에 반대한 사람 중에는 당시 의학의 최고 권위자였던 피르코와 위생학의 선구자였던 페텐코퍼Max Josef von Pettenkofer도 있었다. 피르코는 결국 세균병인설을 받아들였지만, 페텐코퍼는 목숨을 걸고 그 이론에 맞서 싸운 유명한 일화의 주인공이다. 1892년 당시 74세였던 그는 코흐의 실험실에 콜레라균이 가득 담긴 배양액을 보내달라고 요청한다. 그리고 여러 사람이 지켜보는 가운데 자신이 콜레라에 걸리면 세균병인설을 인정하겠다는 선언과 함께 그 배양액을 몽땅 마셔버렸다고 한다. 그는 설사를 했고 대변에서 다량의 콜레라균이 검출되었지만 심각하게 앓지는 않았다고 전해진다. 그렇다면 코흐의 세균병인설은 반증된 것일까? 결과는 정반대였다. 페텐코퍼의 바람과는 달리 세균병인설은 진리로 굳어졌고 우울증에 빠진 81세의 페텐코퍼는 1901년 권총 자살로 삶을 마감한다.

역사는 이런 사실을 무미건조하게 전하거나 그냥 무시하고 만다. 하지만 이 이야기에는 우리가 너무나도 당연히 여기는 과학적 사실이나 이론의 배후에 수많은 논쟁과 갈등이 숨어 있다는 불편한 진실을 품고 있다. 그중에는 자신의 업적을 인정받으려는 인간적 욕심도 있고, 간접적이고 은유적인 차원에서 범죄가 개인의 책임인지 사회 전체가 감당해야 할 문제인지에 대한 정치적 입장의 차이도 있으며, 과학자 사회가 인정하는 객관적 연구 방법의 영향도 있다.

페텐코퍼는 온몸으로 자신의 이론을 증명하려 했고 어떤 점에서는 성공했다고 할 수도 있었지만 결국 과학자와 사회 전체의 인정을 받지는 못했다. 그리고 20세기는 파스퇴르와 코흐가 이뤄낸 연구의 성과가 최대의 힘을 발휘한 시대였다. 1백 년 전만 해도 많은 사람이 감염병으로 죽었고 평균 수명이 40년이 채 안 됐지만, 지금 우리의 대부분은 80년 이상의 생을 누린다. 이는 파스퇴르와 코흐로 대표되는 19세기 미생물학의 성과에 힘입은 결과다. 하지만 병원체 그 자체만이 아니라 환경과의 상호작용과 생태적 균형, 또는 병원체를 배양하는 불합리한 사회 현실 또한 질병과 악의 원인이라는 점도 여전히 진실이다. 질병의 분포와 원인을 연구하는 역학자疫學者들은 최근 페텐코퍼를 다시 평가하기 시작했는데, 이는 무척이나 다행스러운 일이다.

세균과 친해지기

항생제antibiotic라는 말은 잘 알려져 있지만 친생제probiotic라는 용어는 아직 생소하다. 이 말은 사전에도 나오지 않는 신조어로, 균biotic을 물리치는anti 물질이라는 항생제에 대응해 균biotic과 친해진다pro는 뜻으로 만들어낸 용어다. 우리 몸에는 소화액이 분해하지 못하는 섬유질을 분해해 소화를 돕는 균도 있고, 몸속의 다른 균들을 견제하고 그들과 생태적 균형을 이뤄 병을 일으키지 않도록 해주는 균들도 있을 수 있다. 친생제라는 말은 이런 생태적 관점을 수용해 세균을 무조건 죽이지 말고 오히려 우리와 친한 균들을 섭취해 체내 균형을 찾아주자는 뜻을 담고 있다.

백혈구의 식균 작용을 발견해 노벨상을 받은 메치니코프Elie Metchnikoff가 이 운동의 시조쯤 된다. 그는 우리가 늙는 것이 장내 세균이 단백질을 분해할 때 발생하는 독성 물질 때문이라고 생각했고, 우유가 젖산균에 의해 발효할 때 생기는 산이 이런 나쁜 균들의 성장을 억제한다고 믿었다. 발효된 우유를 상시로 섭취하는 불가리아의 농촌 지역 주민이 다른 지역보다 훨씬 더 오래 산다는 사실에 고무된 추론이었다. 이후 발효된 우유인 요구르트가 인기를 끌게 되었다.

그러나 젖산균이 건강 개선 효과를 본다는 과학적 증거는 아직 없다. 설사, 요관 감염, 알레르기 등에 대한 임상시험 결과에서는 아직 뚜렷한 개선 효과를 발견할 수 없었다고 한다.

세균과 인간의 전면전

세균의 집합소를 공격하라!

양지가 있으면 반드시 음지도 있기 마련이며, 얻는 것이 있으면 잃는 것도 있는 게 세상사다. 세균학이 20세기에 이뤄낸 성과는 아무리 강조해도 지나치지 않지만, 어두운 진실을 품고 있는 것도 사실이다. 콜레라와 결핵 등 19세기 최강의 살인자가 실은 콜레라균Vibrio cholerae이나 결핵균Mycobacterium tuberculosis 등의 특정 세균이라는 사실이 알려지자, 아직 그 원인이 밝혀지지 않은 다른 질병들도 무턱대고 세균에서 원인을 찾는 무의식적 확신이 만연한 것이다. 그 결과 대대적인 세균 사냥이 시작되었고 앞서 말한 여러 질병의 원인균들이 발견되었다.

하지만 지나침은 모자람만 못할 때가 많다. 지금은 세균과 아무 상관이 없는 것으로 밝혀진 정신 질환자의 몸을 구석구석 뒤져, 세균이 살 만한 곳을 도려내는 이상한 치료법으로 유명해진 사람의 이야기다. 나도 의학의 역사를 공부하는 사람이지만 이 이야기를 알게 된 것은 최근의 일이다. 각종 영웅들의 성공담이 넘쳐나는 의학사가 애써 감춰왔던 이야기인 셈이다.

국소 감염설은 신체의 작은 부위에 생긴 국소적 감염이 몸 전체로 퍼져 나가 다른 심각한 질병을 일으킨다는 생각을 이론화한 것이다. 관찰 가능한 국소 감염의 가장 흔한 장소는 치아였다. 충치는 아주 흔한 질병이고 치과 의사들은 썩은 부위를 금과 같은 비싼 재료로 수복해주거나 뽑아내고 인공치아로 대치해주는 서비스로 돈을 벌었다. 그런데 국소 감염설로 무장한 내과 의사가 이러한 치과 치료의 관행을 공격했다. 영국의 윌리엄 헌터William Hunter가 선봉에 섰다. 그는 비싼 재료로 잘못 만들어진 보철물이 국소 감염의 온상이며 이것이 빈혈, 위염, 장염, 우울증 등 모든 종류의 정신 질환, 만성 류머티즘, 신장 질환 등을 일으킨다고 주장했다. 이후 치과계에는 조금이라도 문제가 있는 치아는 모두 뽑아내는 발치의 열풍이 분다.

그리고 이 이론을 가장 극단적으로 수용한 사람이 뉴저지 주립 정신병원의 헨리 코튼Henry Cotton이었다. 그는 정신의학을 정신분석과 같은 불확실한 이론에서 탈피시켜 과학의 탄탄한 토대 위에 올려놓기를 원했다. 당시의 첨단 과학이던 세균학이 그의 야망에 불을 붙였다. 세균 감염으로 고열에 시달리는 환자가 환상을 보는 등의 정신병 증세를 보인다는 것이 그 근거였다. 이후 코튼은 정신 질환자의 입속을 뒤져 썩은 치아와 잘못된 보철물을 찾아내 뽑는 일을 시작했다. 그래도 호전이 되지 않으면 편도를 잘라냈고 나중에는 고환, 난소, 담낭, 위, 췌장. 자궁 경부, 대장 등 국소 감염이 의심되는 거의 모든 장기를 들어내는 수술을 감행했다.

그는 수술 결과를 과장해 수술을 받은 환자의 85퍼센트가 치유되었다고 발표했다. 당시에는 치료 효과를 검증하기 위한 통계적 방법이 확립되어 있지도 않았고, 시술자의 주관적 판단이 바로 객관적 성과로 포장될 수 있었기에 가능한 일이었다. 과학적 의학을 믿었던 언론은 그의 업적을 칭송하기에 바빴다. 1925년 피해를 본 환자와 가족의 탄원으로 열린 뉴저지 주 상원의 청문회도 진실을 밝혀내지는 못했다. 청문회에 시달리던 코튼은 스스로를 감염된 치아에 의한 신경쇠약으로 진단하고 원인으로 지목된 치아를 뽑은 다음 이제는 다 나았다고 선언했다는 이야기도 전해진다.

수술을 받은 환자의 45퍼센트가 수술 상처의 감염으로 사망했다는 끔찍한 진실이 밝혀진 것은 한참 후의 일이었다. 조사 보고서는 코튼에 호의적인 주류 정신의학계의 압력으로 완성조차 되지 못했다. 잘못된 이론에 대한 빗나간 확신은 이렇게 무고한 사람들을 죽음으로 몰아갈 수 있다는 역사의 뼈아픈 교훈이다.

입속에도 우주가 있다

정신 질환과는 달리, 충치의 원인은 세균인 것이 사실이다. 그러나 충치가 콜레라나 결핵처럼 단 한 가지 세균에 의해 생긴다는 생각은 오류일 가능성이 크다. 내가 치과 대학에 입학했던 1970년대에는 충치의 원인을 젖산균lactobacillus이라고 배웠다. 충치는 세균이 만들어내는 산acid에 의해 치아가 녹아서 생기는데 젖산균이 바로 그런 산성 물질을 만들어낸다는 것이다. 그런데 본과 3학년이 되었을 때는 이것이 슬그머니 뮤탄스라는 연쇄상구균Streptococcus mutans으로 바뀐다. 우리가 치약과 추잉검 광고에서 한 번쯤 보았던 그 균이다. 이번에는 이 균이 세균막을 치아의 표면에 부착시키는 성질을 갖는다는 사실이 강조된다. 하지만 몇 가지 가설 외에 충치의 원인이 정확히 무엇이고 어떤 메커니즘에 의해 생기는지에 대한 명확한 이론을 배운 기억은 없다.

당시에는 충치의 결정적인 원인이 왜 모호한지에 대해 잘 몰랐지만, 지금에 와서 돌이켜보면 우리가 하나의 질병에는 하나의 원인균이 있을 것이라는 19세기 세균학의 전제를 버리지 못했기 때문이라고 생각한다. 다행히 지금은 입속 환경을 하나의 생태계로 보고 충치를 그 생태계의 변화 때문에 생기는 현상으로 보는 학자가 많아지고 있다. 아마도 충치는 세균막을 치아의 표면에 부착시키는 성질을 갖는 균과 산을 만들어 직접 치아를 부식시키는 세균, 그 밖에 우리가 아직 잘 모르는 성질을 갖는 세균 또는 그 군체colony*가 일으킨 생태적 상호작용의 결과일 것이다. 그러니까 유산균이나 연쇄상구균뿐 아니라 다양한 세균들이 서로 경쟁하고 협동하는 생태계인 치면세균막plaque 전체를 한 단위로 보아야 하며, 충치는 개별 세균이 아니라 그것들의 상호작용이 만들어내는 입속 환경의 산물이 된다.

● 같은 종류의 개체가 여럿이 모여 하나인 듯 살아가는 것으로, 해면, 산호, 곰팡이 등은 공통의 몸을 조직해 살아가고, 꿀벌, 개미 등은 역할 분담을 통해 하나의 집단으로 살아간다.

세균과 인간의 밀고 당김

우리는 세균을 완전히 제거할 수 없다. 코튼이 작은 감염을 제거하려다가 훨씬 큰 감염을 불러왔던 것처럼, 우리가 세균을 제거하려 한다면 오히려 그 세균이 우리를 제거하게 될지도 모른다. 세균을 적으로 여겨 물리치려고만 하기보다는 친구로 여겨 함께 살 방법을 모색해야 한다는 뜻이다. 미국 미생물학회American Society for Microbiology가 제작해서 배포하는 팟캐스트의 선전 구호는 "미생물을 구해서 세상을 구하자!"이다. 그 프로그램에는 어린이들이 따라 부르기 쉬운 경쾌하고 재미있는 노래가 삽입돼 있는

데, 그 가사는 우리 어른들이 가지고 있는 세균 공포증과는 거리가 멀어도 한참 멀다. 여기서 세균은 우리의 삶을 파괴하는 적이 아니라 삶을 완벽하게 해주는 동반자이자 친구다.

우리 잡식동물들은 새로운 먹을거리를 탐색하고 그 먹을거리의 안전을 확보하는 두 가지 일을 동시에 해야만 한다. 세균 감염은 탐색의 비용이고, 탐색의 결과 우리 몸속에 축적된 면역은 그런 모험의 대가로 주어진 상품이다. 그리고 내 몸을 구성하는 세포보다 많은 수의 몸속 세균들은 그런 과정에서 우리와 싸우고 화해한 흔적이다.

이런 비용과 상품은 세대를 이어가며 대가를 주고받기 때문에 당대에는 무척 불공정한 거래로 보일 수 있다. 100년 전에 살았던 조상은 대부분 마흔도 되기 전에 감염을 비롯한 이런저런 병으로 죽었지만 우리는 지금 80년 이상을 산다. 우리는 우리 선조가 지급한 탐색의 비용 덕에 그들보다 건강하고 안전한 삶을 사는 것이다.

삶은 끝없는 투쟁이지만 또한 항상 화해와 공감을 지향해간다. 생명의 역사는 투쟁의 역사이지만 동시에 화해와 공감의 범위를 넓혀온 역사라고도 할 수 있다.

가깝지도 멀지도 않게 不可近不可遠

과학은 많은 실수를 했지만 경로를 수정해가면서 사람과 세균 사이의 올바른 관계를 정립해가고 있다. 이제 과학은 더 이상 자연을 정복하는 무기가 아니라 자연을 제대로 알아가는 앎의 도구라는 자각이 자라고 있다. 코튼의 무자비한 수술, 항생제의 오용과 남용으로 생겨난 슈퍼박테리아가 바로 과학을 자연의 정복자로 잘못 이해한 결과다. 과학은 자연이 정복의 대상이 아니라 우리 몸이 적응해야 할 환경이며 우리의 몸도 그 자연의 일부임을 깨닫는 중이다. 내 몸은 세상을 살아가면서 세상을 배우고 세상의 일부가 된다. 감염에 의한 질병은 몸과 몸 밖에 있는 세균 간의 전쟁이기보다는 몸과 세상 속 세균들의 부적절한 관계다. 그리고 그 관계는 끊임없이 진화한다. 지금 의료계는 의료 종사자들에게 손 씻기를 유난히 강조한다. 손 씻기는 의료인의 손을 통한 감염의 기회를 줄이기도 하지만 세균이 독성을 약화하는 방향으로 진화하도록 유도하기 때문이다. 이제 사람이 아닌 세균의 입장에서 생각해보자.

나는 세균이다. 그러므로 나와 같은 유전자를 가진 후손을 많이 퍼뜨리는 방향으로 행동한다. 의료인들이 손을 씻지 않으면 나는 전혀 힘을 들이지 않고도 많은 사람을 감염시켜 목적을 달성할 수 있다. 그러니 내가 감염시킨 사람이 심하게 앓거나 죽어도 손해될 게 없다. 그 사람이 죽더라도 의료인의 손을 통해 쉽게 다른 사람을 감염시킬 수 있기 때문이다. 하지만 의료인들이 자주 손을 씻는다면 사정이 달라진다. 다른 사람을 감염시킬 기회가 줄어드니 나는 어쩔 수 없이 지금 있는 곳에서 오랫동안 살아가는 길을 모색할 수밖에 없다. 그런데 만약 지금 내가 감염시킨 사람이 죽는다면 나도 죽을 수밖에 없다. 따라서 독성이 약화하는 방향으로 진화하는 편이 내게는 이익이다. 나는 의료인이 손을 자주 씻으면 순해지고 그렇지 않으면 독해진다!

이렇게 세균의 입장을 살피니 한 가지 명확해지는 것이 있다. 손을 씻는 행위는 세균을 밀어내기만 하는 것이 아니라 가깝지도, 멀지도 않게 세균과 공존하는 일이라는 점이다.

항생제에 맞선 세균의 진화, 다제내성결핵과 슈퍼박테리아

결핵을 치료하는 항생제를 충분한 기간에 걸쳐 복용하지 않고 중단하거나 복용량이 충분치 않을 때, 결핵균은 복용했던 약에 대한 저항성을 진화시키게 된다. 결핵이 결핵 약제에 내성을 가지면 내성 결핵이라고 하고, 가장 중요한 2가지 결핵 약인 이소니아지드와 리팜핀에 내성을 가지면 특히 잘 낫지 않으므로 '다제내성결핵Multi-drug-resistant tuberculosis'이라고 부른다. 이 결핵은 내성이 없는 결핵과 똑같이 사람들 사이에 전염되어 심각한 사회문제가 되기도 한다. 2000년 기준으로 세계적으로 새로 진단된 결핵 환자 중 3.2퍼센트인 27만 명이 다제내성결핵을 앓고 있다고 한다. 일단 다제내성결핵에 걸리면 치료가 매우 어렵고, 치료 기간도 오래 걸리며 완치율도 높지 않다.

슈퍼박테리아는 사용 가능한 거의 모든 항생제에 내성을 가지는 세균에 붙여진 이름이다. 세균과 항생제 사이의 전쟁에서는 대개 항생제(인간)가 이기지만 국지적 전투에서는 세균이 이기기도 하는데 인간이 패하는 전투의 적군 전투원이 슈퍼박테리아인 셈이다. 2010년 일본에서는 슈퍼박테리아에 연쇄 감염된 9명이 숨졌고, 2011년 독일에서도 채소를 통해 슈퍼박테리아에 감염된 수십 명이 숨지는 사건이었다. 이처럼 슈퍼박테리아 감염으로 유럽에서는 1년에 2만 5천명, 미국에서는 1만 9천 명가량이 사망하는 것으로 알려졌다. 우리나라의 경우 정확한 통계는 없지만, 결코 이보다 덜하지는 않을 것이라는 게 전문가들의 의견이다. 우리가 효과적인 대책을 세우지 않는다면 세균과의 국지적 전투에서만이 아니라 전쟁 전체에서 패할 수도 있겠다는 공포를 불러일으키는 진단이다.

슈퍼박테리아는 주로 면역력이 약한 중환자가 모여 있는 대형 병원에서 진화한다. 약물 중독으로 사망한 팝의 황제 마이클 잭슨도 얼굴 부위의 성형 도중 코 부위가 슈퍼박테리아에 감염된 사실이 보도되기도 했다.

대책은 네 가지다. 첫째, 항생제의 사용을 대폭 줄여야 한다. 꼭 필요하지 않은 경우에는 면역 세포가 스스로 싸울 수 있도록 격려해야 이후의 전투에서도 그 경험을 살려 승리할 수 있다. 병원에서뿐 아니라 농수축산업에서 사용되는 항생제가 더 큰 문제라는 지적도 있다. 둘째, 병원의 감염 관리가 더 철저해져야 한다. 의료인 손 씻기뿐 아니라 환자가 발생했을 때 신속히 정보를 공유하고 격리하여 더 이상의 전파를 막아야 한다. 셋째, 중장기적으로 슈퍼 항생제를 개발해야 한다. 그러나 이 모든 대책보다 중요한 네 번째 대책은 우리의 사유 구조를 전쟁이 아닌 공생의 틀로 개조해 세균 또한 우리와 싸우고 화해하며 함께 살아야 할 공생의 대상으로 여기는 생태적 사유 양식을 복원하는 것이다.

안 아픈 파커 씨의 발치 대행진

환자가 된 의사의 고통

나는 전직 치과 의사다. 치과에서 완전히 손을 떼기가 벌써 9년이나 지났고 이제는 아무짝에도 쓸모가 없어졌지만 빛바랜 면허증이 법적으로는 아직도 유효하다. 나는 치과 대학을 졸업했지만 지금은 의과대학에서 인문학을 공부하고 가르친다. 그래서 술자리에서는 '20년 동안 이 뽑다가 지금은 이빨 까는 일로 먹고산다'고 농담을 하기도 한다.

그런데 정작 나 자신은 치통으로 크게 고생해본 경험이 없었으므로, 나를 거쳐 간 환자들이 겪었거나 나 자신이 치료라는 이름으로 그들에게 가한 고통이 어떠했으리라 짐작하기가 쉽지 않았다. 그래서 어느 날 문득 그들의 고통을 직접 경험해보아야 한다는 생각이 들었다. 군의관을 마치고 막 전임강사가 된 시점이었는데, 당시 내가 가장 많이 했던 일은 잇몸 밖으로 나오지 못하고 턱뼈 속에 박혀 있는 사랑니를 뽑는 수술이었다. 마침 사랑니를 뽑아야 했던 나는 그 수술을 나에게 수련을 받던 레지던트에게 맡겼다. 보통은 20분이면 끝나는 수술이지만 그 친구는 한 시간이 넘도록 나의 사랑니와 씨름을 했고 나는 이틀이나 출근도 못한 채 끙끙 앓아야 했다. 심하게 붓고 아픈 것도 문제였지만 음식을 씹거나 삼킬 수 없는 것, 그리고 내 환자들보다 훨씬 더 약한 나 자신에 대한 실망 때문에 고통스러웠다. 그 이후로는 적어도 사랑니를 뽑고 나서 고생하는 환자들의 고통에 다소나마 공감할 수 있었다.

하지만 아는 것과 직접 느끼는 것은 전혀 다르다. 고통은 온전히 나의 것일 수밖에 없고 남의 고통을 똑같이 느끼는 것은 불가능하다. 고통은 객관적 지표로 표시할 수 없는 실존의 경험이다. 여러 지표가 있지만 그것도 결국은 환자의 주관적 표현에 따른 것이다. 그래서 과학적으로 확인된 사실에만 의존하는 의학은 환자의 고통을 제대로 이해하지 못하거나 무시하기가 일쑤다. 또는 고통이라는 애매한 속성을 이용해 돈을 벌기도 한다. 고통은 지극히 사적인 경험이지만 무척이나 절박한 느낌을 불러일으키므로, 이것을 공공의 영역에 옮겨놓기만 하면 대중의 정서를 크게 자극할 수도 있기 때문이다.

당신의 이를 안 아프게 뽑아드립니다!

여기 인간의 고통을 이용해 대중을 선동·계몽하여 큰돈을 벌고 현대 치의학을 산업화시키는 데 공헌한 문제적 인간이 있다. '애드가 아프지 않은 파커Edgar R.P. Painless Parker'라는 이상한 이름의 치과 의사다. 그는 뉴욕 치과 대학에 다닐 때부터 기구를 싸들고 집집이 돌아다니며 현란한 말솜씨로 환자들을 현혹해 돈을 벌었고 그 때문에 대학에서 쫓겨난다. 고향(캐나다 뉴 브런스윅)으로 돌아와서도 똑같은 방법으로 학비를 마련한 그

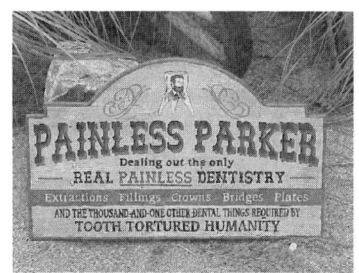

'정말로 아프지 않은 치과', '치통으로 고생하는 인간을 구원' 등의 문구가 쓰인 파커의 광고판

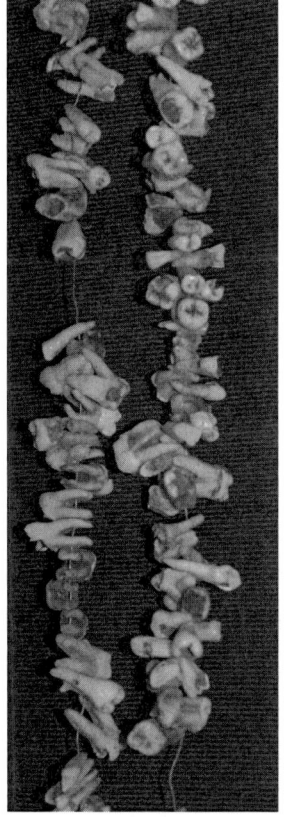

파커가 하루에 뽑았다는 357개의 치아로 만든 목걸이

는 다시 필라델피아 치과 대학(지금의 템플 대학교 치의학 대학원)에 입학해 학위를 받는 데 성공한다. 다시 고향으로 돌아가 제대로 된 치과를 열었지만 찾아오는 환자가 없자 (3개월 동안 75센트를 벌었다고 한다) 거리로 나서기로 작정한다.

요란한 악단과 선동꾼들이 동원되고 구강 위생을 강조하는 대중 연설로 사람들의 관심을 끌어모은 다음 치통을 호소하는 사람들을 무대로 불러올려 하이드로카인이라는 마취제를 투여하고 이를 뽑는다. 치료비는 치아 하나에 50센트이고 만약 통증을 호소하면 5달러를 지급하겠다고 약속한다. 그는 한 장소에서 12명의 환자에게서 33개의 이를 뽑았는데, 일곱 번째 환자부터는 약이 떨어져 마취를 하지 못했는데도 아프다고 소리치는 사람은 아무도 없었다고 고백한 바 있다. 그는 하루에 무려 357개의 이를 뽑은 적도 있었는데, 그것들로 목걸이를 만들어 자랑스레 걸고 다녔다고 한다.

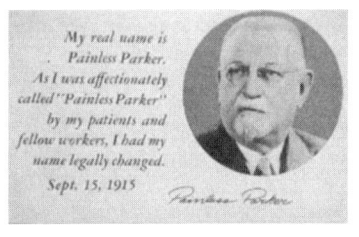

안 아픈 파커(Painless Parker)의 명함

그는 미국과 캐나다 전 지역을 돌아다니며 세기의 발치 쇼를 벌여 돈을 벌었고 뉴욕에 큰 건물을 사들여 '안 아픈 파커Painless Parker'라는 간판을 달고 영업을 하기도 했다. 갑부가 된 그는 34살의 나이에 캘리포니아에 정착했고 수없는 소송에 시달렸지만 떠돌이 치과 행상을 그만두지는 않았다. 오히려 비행기를 동원하고 서커스단을 통째로 사서 공연을 벌이는 등 기상천외한 광고로 환자들을 끌어모으며 동료 치과 의사들의 미움을 샀다. 이에 치과 의사들이 법을 개정해 진짜 이름만으로 개업을 하도록 강제하자 아예 법원에 개명을 신청해 이름을 '안 아픈Painless'으로 바꾼다. 그는 30개의 치과를 열어 70명의 치과 의사를 고용했으며 연간 3백만 달러의 매출을 올리는 기업의 사주가 되었다고 한다.

'안 아픈 파커'는 치통을 앓는 환자의 치유자인가 아니면 환자의 고통을 빌미로 사익을 챙긴 사기꾼인가? 최근 우리나라의 일부 치과 의사들이 네트워크를 만들어 상업적 의료 행위와 의료 기관의 대형화를 부추기고 적극적으로 광고 활동에 나서고 있는 상황과 겹쳐 보면, 안 아픈 파커야말로 상업 의료의 선구자라 할 만하다. 지금 우리나라의 많은 치과 의사들이 윤리적으로는 상업화에 반대하면서도 현실적으로는 그 길을 따라갈 수밖에 없는 상황에 몰려 있다. 이 추세가 계속된다면 의료의 본질이 왜곡되고 환자가 질병을 경험하는 방식도 크게 달라질 것이다.

통증은 작용-반작용이 아니다

의술이 상업화되면 의술이 다루는 고통도 상업화된다. 고통은 지극히 개인적인 경험이지만 그것을 없애주는 대가로 돈을 받게 되면 고통의 경험도 그런 사회구조에 맞게 변한다는 것이다. 고통의 경험이 고통의 유통구조에 의존하게 되는 것인데 이것이 바로 철학자 미셸 푸코와 신학자 이반 일리치가 말했던 개인적 경험의 의료화medicalization다. 우리는 마취도 없이 이를 뽑힌 환자들이 아무도 소리를 지르지 않았다는 증언을 통해 그렇게 의료화한 고통을 이해할 수도 있다. 고통은 물리적 자극에 대한 반사적 반응 이상이라는 말이다. 그렇다면 그들은 정말로 통증을 느끼지 못했을까?

파커 자신도 이에 대해서는 알 수 없다고 얼버무렸고, 지금까지의 정설은 고통스러워하는 환자의 신음이 요란한 나팔소리와 정신을 홀리는 현란한 말솜씨에 묻혀버렸다는 정도이다. 하지만 의학의 역사에서 찾을 수 있는 사례들과 플라세보placebo● 에 관한 최근의 연구 성과를 종합해보면 이들이 정말로 통증을 느끼지 못했을 가능성을 생각해볼 수도 있다.

● 실제로는 아무런 작용이 없는 약으로, 효과가 없는 물질을 환자가 약이라 믿고 복용할 경우 유익한 작용이 나타나기도 하는데 이를 플라세보 효과라 한다.

전쟁터에서 중상을 입은 병사들은 대개 안전한 장소로 피하거나 후송되기 전까지는 통증을 거의 느끼지 못한다고 한다. 중국에서 흔히 행해지고 있다는 침술 마취도 통증이 우리가 생각하는 것처럼 단순한 물리적 자극에 대한 기계적 반응일 수만은 없다는 증거 중 하나다. 밀가루나 설탕을 먹고서도 그것이 강력한 진통제라는 믿음을 가진다면 실제로 통증이 사라지는 플라세보 효과는 주류 의학에서도 반박할 수 없는 사실로 받아들여진다. 이 현상은 최근까지도 과학이 설명할 수 없는 신비한 현상으로 여겨졌지만 뇌 과학의 최신 기법을 동원한 연구를 통해 하나씩 신비의 베일을 벗고 있다.

통증은 물리적 자극의 결과만이 아니라 그 자극에 대한 환자의 무의식적 해석의 결과이기도 하다. 환자의 뇌는 가해진 자극의 강도와 지속 시간 등의 패턴을 이전에 경험했던 유사한 자극과 비교하고, 그것이 자신의 안전에 미치는 영향을 평가한다. 이런 평가는 환자가 의식하지도 못하는 사이에 신경세포들의 활성화 패턴으로 기록되고 이것이 통증 자극에 대한 반응의 방식을 변경한다. 통증은 물리적 자극이 말초에서 중추로 가는 상향 회로와 그것을 해석해 '의미'가 부여된 뇌의 신호가 전달되는 하향 회로가 상호작용한 결과라는 것이다. 이런 관점에서 보면 '안 아픈 파커'의 환자들은 실제로 일종의 최면 상태에서 통증 자극을 적극적으로 회피하는 회로를 작동시키고 있었을지도 모른다.

통증은 이렇게 무의식의 영향을 받는다. 하지만 인체의 작동을 분자 수준에서 시작해서 조직과 기관 그리고 몸 전체로 퍼지는 명확한 인과관계로 엮어진 메커니즘으로 파악하는 주류 의학의 입장에서는 이 사실을 받아들이기가 무척 난감하다. 주류 의학의 체계 속에는 의미나 실존적 경험과 같은 불명확한 요소가 들어갈 여지가 없기 때문이다. 여기서는 '실재'하는 신체가 추상적 '의미'에 반응한다는 플라세보의 설명법이 형용모순이다. 현대 의학이 급성 통증을 없애주는 마취제와 진통제를 발명하여 통증 관리에 획기적 전기를 만들기는 했지만, 오랜 시간 지속되는 만성 통증에는 효율적인 대응책을 내놓지 못하고 있는 이유도 여기에 있다. 통증은 대체로 신체에 해를 끼치는 물리적 자극에 대한 반응이지만, 동시에 물리적 자극의 의미에 대한 몸의 해석이기도 하다는 점을 심각하게 받아들이지 못했던 결과다.

고통을 줄이려면 일차적으로 자극의 강도와 양을 줄여야 하겠지만(상향 신호), 그 자극에 새로운 의미를 부여하는 하향 신호가 만들어지는 과정을 추가해서 생각해본다면 새로운 해결책을 찾을 수도 있을 것이다. 안 아픈 파커가 썼던 마취제는 상향 신호를 차단하는 것이었다. 하지만 마취도 없이 이를 뽑힌 환자가 통증을 느끼지 못했다면 이는 '안 아픈'이라는 이름과 주위 환경의 영향을 받은 뇌가 들어온 통증에 대한 신호를 달리 해석했기 때문이라고 볼 수 있다. 고통은 자극의 의미에 대한 뇌의 해석이기 때문이다.

통증보다 심오한 '아픔'

통증pain은 보통 신체에 해를 끼치는 물리적 자극이 가해졌을 때 그것을 피하도록 하는 동기를 부여한다. 이럴 때 대개 자극의 지속 시간은 짧고 강도는 강하다. 보통은 자극이 사라지면 통증도 사라지지만 중화상을 입은 경우처럼 그 자극으로 인한 손상의 정도가 심할 경우 오래 지속되기도 한다.

아픔suffering은 이러한 신체적 통증이 원인일 경우가 있지만 그렇지 않을 수도 있다. 고통에는 신체적 차원 외에 심리적·사회적·실존적·영적 차원이 있기 때문이다. 물리적 자극이 아니더라도 우리는 얼마든지 아플 수 있다. 사랑하는 사람을 잃었거나 갑자기 해고를 당했을 때, 간절히 바라던 학교의 입학에 실패했을 때 우리는 많이 아파한다. 그 사람의 모든 계획과 희망과 행복이 이런 사건들로 인해 큰 난관에 부딪힌다. 아픔은 그런 어려움 속에서 갈피를 잡지 못하는 상황에서 생긴다. 통증은 원인이 된 자극을 제거함으로써 해소되지만, 아픔은 그 상황을 받아들이고 해결책을 찾아가는 과정에 녹아들어 새로운 나를 만들어낸다.

지금까지의 의학이 주로 통증의 관리에 주력해온 것은 어쩔 수 없는 선택이었다. 통증 속에 들어 있는 아픔의 차원을 이해할 근거가 없었기 때문이다. 하지만 이제 뇌과학과 인지과학을 통해 총체적 경험으로서의 아픔을 이해할 수 있는 과학적 근거가 조금씩 쌓여가고 있다.

나뭇잎 하나 푸르게 하지 못하는 고통

의미 없는 고통을 겪다

통증이 가해진 자극에 부여하는 '의미에 대한 반응'이라면, 어떤 원인과 의미도 찾을 수 없는 고통이 있을 수 있을까? 이에 대해서는 어떻게 반응해야 할까? 기독교에서는 욥이라는 사람에게 발생한 30년 동안의 극심한 고통을 통해 이 난관을 해명하려 시도한다. 욥은 신앙심도 깊고 어떤 잘못도 저지른 적이 없는 착한 사람이다. 그러나 욥은 자식도, 재산도, 건강도 모두 잃는다. 욥은 왜 죄 없는 벌을 받아야 했을까? 기독교적 해명에 따르면, 고통에는 어떠한 세속적 원인이 없을 수도 있다고 한다. 또한 여기에는 신의 선한 의지에 대한 무한한 신뢰, 그리고 이웃 사랑을 통한 극복만이 진정한 신앙이며 해결책이라고 한다. 욥의 고통에는 원인이 없지만 신이 할당하신 것이므로 감당해야만 하며, 그것을 극복해냈을 때 더 큰 행복이 찾아온다는 것이다.

기독교 이전의 서양 문명에서도 세속적 고통은 그 속에 뭔가 숭고한 초

인간에게 불을 가져다준 대가로 산 채로 간을 뜯어 먹히는 프로메테우스

월적 의미가 있는 것으로 해석되는 경우가 많다. 인간에게 불을 가져다준 대가로 독수리에게 끝없이 내장을 쪼아 먹히는 고통을 당해야 했던 프로메테우스의 상징이 대표적이다. 또한 그리스 군대의 목마를 성안에 들이는 것을 반대한 대가로 포세이돈이 보낸 뱀에게 두 아들과 함께 칭칭 감겨 죽어가는 트로이의 신관 라오콘의 모습을 담은 조각상도 있다. 여기에는 아름다움을 뛰어넘는 어떤 숭고함이 담겨 있다. 고통은 플라세보처럼 세속적 의미에 반응할 뿐 아니라 신화와 종교, 예술에서처럼 초월성과 아름다움을 지니기도 하는 것이다. 이 숭고한 고통의 이미지는 인류의 구원을 위해 십자가에 못 박히는 예수의 고통에서도 그대로 재현된다.

옷깃만 스쳐도 죽을 만큼 아픈 병

하지만 지금은 신화도 종교도 아닌 과학의 시대다. 과학으로는 도저히 설명할 수 없을 것 같던 플라세보 반응도 서서히 과학적 분석의 대상이 되

16세기 초에 발견된, 죽어가는 라오콘과 두 아들의 모습을 담은 조각상

어가고 있다. 이에 따라 종교마저도 인간의 진화된 자연적 속성의 결과로 보는 사람이 늘어나고 있다. 타인의 고통을 예술적 감각으로 승화시키는 것과 나에게 직접 닥친 이유를 알 수 없는 고통의 문제를 해결하는 것은 전혀 다른 문제다. 그런 점에서 복합부위통증증후군Complex Regional Pain Syndrome이라는 병으로 인한 정체불명의 극심한 통증은 수수께끼가 아닐 수 없다. 한 배우가 투병 중이라는 보도가 있고 나서 잠시 관심을 끌기도 했던 이 희귀병은, 말 그대로 '옷깃만 스쳐도' 죽을 만큼 아프다고 한다.

하지만 이 병에는 명확한 진단 기준도 없기에 환자들은 보험 혜택도 제대로 받을 수 없는 사회적 고통을 추가로 겪는 경우가 많다. 과학은 아직 이 병의 원인도 의미도 모른다. 자신이 겪고 있는 고통의 이유도 모르고 미래를 예측할 수도 없다는 것은 신체적 고통에 덧붙여지는 실존의 고통이다. 결국은 과학이 이 수수께끼를 풀게 될지도 모르지만, 미래의 가능성이 현재의 고통을 해결해주지는 못한다. 세속의 시대에 종교적 의미 부여가 해결책이 될 것 같지도 않다. 이들은 극심한 통증과 더불어 과학과 종교 사이에서 온몸으로 '의미 없음'의 고통을 받아들이고 있는 것이다.

고통의 문제를 풀기 위해서는 먼저 그 고통에 의미를 부여할 '이야기'가 있어야만 한다. 과거에는 신화와 종교가, 지금은 과학이 그 고통에 빛깔을 입히고 의미를 부여하는 이야기의 줄기 역할을 해왔다. 하지만 복합부위통증증후군은 그 어떤 것으로부터도 의미를 부여받지 못한다. 내가 암에 걸렸다면 평소에 운동도 하지 않고 제대로 가려 먹지 못한 나 자신이나 그 유전자를 물려준 조상, 또는 발암물질을 내뿜었던 공장을 나무랄 수도 있지만 이 병의 환자들은 나무랄 대상이 없다. 고통 끝에 낙이 온다는 고진감래苦盡甘來의 약속도 없다. '네 고통은 나뭇잎 하나 푸르게 하지 못한다'고 아프게 노래한 이성복 시인의 책 제목이 떠오른다. 성경에 나오는 욥은 극심한 고통 끝에 마침내 그 고통의 신성한 의미를 발견했지만 무의미한 고통에는 출구가 없다.

복합부위통증증후군과 정반대라고 할 수 있는 통각상실증(무통증)의 경우는 어떨까? 이 병을 가진 사람은 통증을 느끼지 못한다. 그 결과 다치거나 병든 부위를 보살피지 못해 병을 키우거나 불구가 될 확률이 아주 높다. 통증은 생존을 위해 꼭 필요해서 진화한 속성이기 때문이다.

그렇다면 복합부위통증증후군과 통각상실증 같은 극단적인 사례가 발생하는 이유는 무엇일까? 지금의 과학이 이 물음에 답할 수 있는 유일한 길은 생명 진화의 과정을 살피는 것이다. 문제의 원인을 몸속의 기관-조직-세포-분자에서 찾는 것이 아니라, 그것들이 진화해온 역사(세포로부터 출발하면 수십억 년, 포유동물로부터 출발하면 수천만 년, 사람이 침팬지와의 공동 조상에서 갈라져 나온 시기를 기준으로 하면 수백만 년)에서 찾자는 것이다. 이렇게 하면 고통이 참여하는 이야기의 구조가 달라진다.

통증은 생존의 도구다

고통의 기원은 생존이다. 생존에 유리한 자극은 받아들이고 불리한 자극은 멀리한다는 단순한 생명의 법칙이 고등동물에 와서 쾌락과 통증이라는 감각으로 진화한 것이다. 식욕과 성욕은 생존과 번식에 필수적이기 때문에, 통증은 생존을 위협하는 위해 자극을 피하기 위해 진화한 속성이다. 인간은 날카로운 발톱과 송곳니도 없고 한 번에 한 명의 아이를 낳지만 그 아이도 최소 몇년 간 키워야만 스스로 경제활동을 할 수 있다. 한마디로 생존과 번식에 매우 불리한 신체 조건을 타고난다. 이런 조건에서 통증을 통해 부정적 느낌을 강화하는 고도의 경계 태세를 갖춘 신경계는 생존에 도움이 되었을 것이다. 오래 전부터 통증은 인간에게 최선의 생존 도구였던 것이다.

생명의 모든 속성이 그렇듯이 통증을 느끼는 정도에도 변이(정도의 차이)는 있다. 똑같은 조건에서 태어나 자란 아이라도 키와 몸무게가 다를 수 있는 것이다. 복합부위통증증후군과 통각상실증은 그 변이의 양극단이다. 과학이 이 병들의 자세한 메커니즘을 발견해내고 나면 몸과 조직 수준의 이야기를 새로 구성할 수도 있겠지만 이 이야기도 생명 진화라는 큰 구도 속에 포함될 것이다.

인간의 고통이 접근과 회피라는 생존 법칙에서 유래했다고 해서 그 메커니즘도 단세포 생물에서처럼 단순하기만 한 것은 아니다. 단세포 생물에서 다세포 생물로, 무척추동물에서 척추동물로, 파충류에서 포유류로, 유인원에서 인간으로 진화하면서 생체의 조직 원리는 점점 더 복잡해졌다. 젖을 먹여 새끼를 키우는 포유류부터는 감정을 느끼는 변연계의 진화가 두드러지고 사회생활을 하는 동물들은 다른 개체의 감정을 공유하는 공감 회로를 진화시켰으며, 인간은 생명 유지와 감정을 담당하는 뇌 부위를 통제할 수 있는 전전두엽을 진화시켰다. 사람의 뇌에서는 수천억 개의 신경세포가 무한대에 가까운 수의 활성화 패턴을 만들어내며 그 패턴은 시시각각으로 변한다. 사람의 고통은 이런 복잡한 신경세포의 관계망이 만들어낸다. 스스로 경험하고 있는 지겨운 만성 통증에서 출발해 그 통증을 해석하고 해결하려 한 노력을 기록한 〈통증 연대기〉의 작가 멜러니 선스트럼Melanie Thernstrom의 말처럼 "아픔은 뇌에서 가능한 무수한 상태와 연관된, 거대하고 풍부하고 다양한 인간 경험"이다.

이렇게 구조가 복잡해졌어도 위험한 자극을 피한다는 통증의 진화적 기능은 그대로다. 그 기능을 위해 더 많은 신체 부위의 더 복잡한 상호작용이 동원될 뿐이다. 접근과 회피라는 인류 초기의 단순한 생존 도구에는 감정, 공감과 교류, 그리고 이성의 통제라는 새로운 기능들이 추가되었다. 위험 회피라는 일차적 생명 보존 기능을 했던 통증에 감성과 이성이라는 이차적 속성이 더해지면서 이야기가 복잡해졌고 그 과정에 '의미'라는 요소가 도입된 것이다. 이에 따라 생존을 위한 통증은 감성과 이성의 산물인 문화와 상호작용하여 의미 있는 고통이 된다. 욥은 기나긴 고통의 시간 동안 굳건히 믿음을 지켜내어 마침내 그 고통의 의미를 찾아냈지만, 복합통증증후군과 통각상실증 환자들이 똑같은 방식으로 그 의미를 찾아낼 수 있을 것 같지는 않다. 우리의 생물학적 몸은 거의 변하지 않았지만 그 몸을 둘러싼 문화 환경은 엄청나게 변했기 때문이다.

우리는 지금 고통과 교환할 어떤 초월적 가치와 의미도 없는 세속화된 시대를 살고 있다. 인간에게 불을 가져다주거나 심오한 진리를 발견한 대가로 극심한 고통을 당하는 것과 같은 거래는 없다. 어쩌면 우리는 스스로 자신에게 가해진 고통의 의미를 찾아내도록 진화한 유일한 동물일 것이다. 그리고 지금은 그 의미 찾기의 첫걸음을 떼는 단계다.

물고기도 통증을 느낄까?

통증이 생존의 도구라면 일단 모든 생명은 통증을 느끼거나 적어도 통증과 유사한 위험 회피 반응을 보일 것이라고 가정할 수 있다. 그렇다면 우리가 산채로 토막을 내서 날로 먹기도 하는 물고기는 어떨까? 물고기 역시 위험을 피하고 먹이를 쫓는 '생존 기계'임에는 틀림없지만 그들의 위험 회피 반응에도 통증이 동반한다고 볼 수 있을까? 2009년에 발표된 노르웨이와 미국 과학자들의 연구 결과를 보면 물고기도 통증을 느낀다고 한다.

통증을 주는 방법은 물고기에 작은 재킷을 입히고 그 속에 물을 채운 뒤 그 물의 온도를 목욕물 수준인 38℃까지 높이는 방식이다. 금붕어를 두 집단으로 나눠 한쪽에는 행동에 지장을 주지 않을 정도의 모르핀 진통제를 투여하고, 다른 쪽에는 아무 조치도 취하지 않은 채 수조에 놓아준 다음 재킷의 온도를 높여 통증 자극을 주고 행동을 관찰한다.

당장은 두 집단 모두 몸을 동그랗게 말거나 꼬리를 퍼덕이는 등 달아나려는 반응을 보였고 집단 간의 차이는 없었다. 하지만 원래 살던 수조의 정상적인 환경에 풀어놓은 지 두 시간이 지나자 비로소 차이를 보였다. 진통제 없이 뜨거운 맛을 보았던 금붕어들은 무기력하게 떠도는 등 공포와 관련된 행동을 보였지만 진통제를 투여한 금붕어들은 그렇지 않았던 것이다. 즉 진통제를 투여받지 못한 금붕어들은 나쁜 경험으로 고통을 겪었으며 이를 기억한다는 사실을 보여준 것이다.

하지만 위험한 자극을 받은 지 두 시간 후의 행동을 보고 물고기도 통증을 느낀다고 단정하는 것은 좀 억지스러워 보인다. 연구자들의 말처럼 모르핀이 이런 행동을 경감시켰다는 사실은 두 물고기의 움직임이 단순한 반사 반응이 아니라 중추신경계의 해석을 거친 경험이었음을 시사한다. 하지만 물고기의 중추신경이 반응을 보였다는 관찰만으로 그들이 통증을 느꼈다고 말할 수 있을 것 같지는 않다. 통증보다는 그 통증의 경험이 만들어낸 공포의 회로가 작동하고 있는 것으로 보는 게 옳지 않을까 싶다.

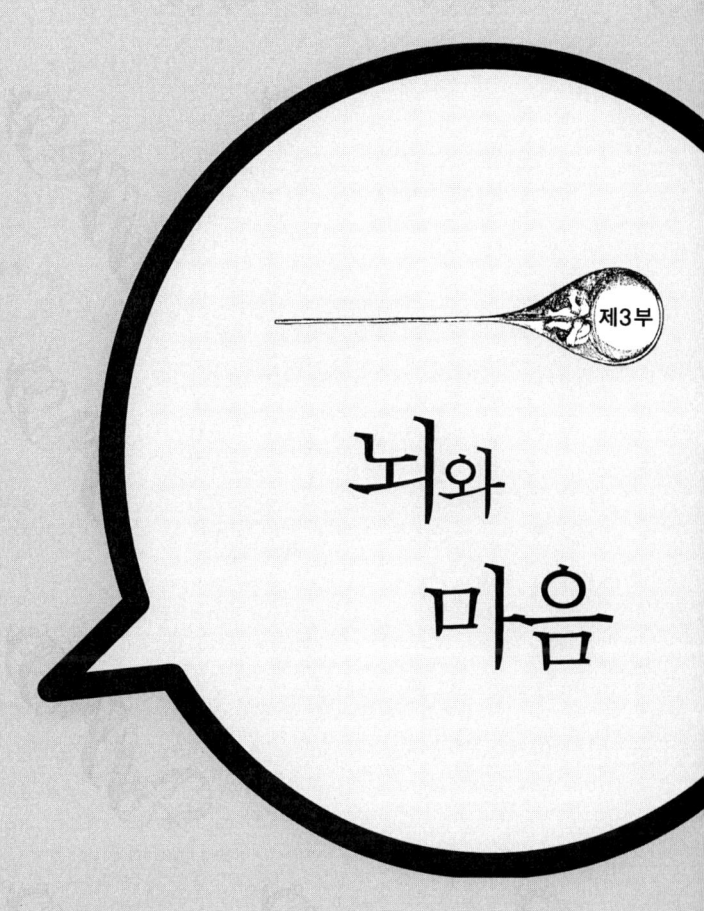

제3부

뇌와 마음

내 속엔 내가 너무도 많아

공명하는 마음과 분열되는 마음

나는 가수 자우림을 좋아한다. 한번은 자우림이 '내 속엔 내가 너무 많다'고 고백하는 노래 〈가시나무〉를 부르는 모습을 본 적 있다. 일찍이 가수 시인과 촌장이 먼저 불렀고 내가 아주 좋아하던 노래였지만, 감동이 그때만큼 진하지는 않았던 것 같다. 노랫가락에 공연자의 마음이 가득 실렸기 때문이기도 하겠지만, 나 자신이 가사와 가락 그리고 감정이 가득 담긴 김윤아의 목소리에 공명할 준비가 되어 있었기 때문이기도 할 것이다. 음악을 통해 마음과 마음이 공명을 일으킨 것이다.

이렇게 합당한 조건이 주어지면 서로 다른 사람의 몸과 마음이 공명을 일으킨다. 시인과 촌장, 그리고 자우림은 나를 꽉 채우고 있는 헛된 바람과 어둠과 슬픔을 노래한다. 내 속의 많은 '나들'이 너와의 소통을 가로막고 있다는 거다. 이 노래는 그런 현실을 고백함으로써 우리를 새로운 소통의 장으로 안내한다.

그런데 이 이야기를 살짝만 비틀어보면 재미있는 상상을 할 수도 있다. 내 속에 가득 들어 있는 '나들'은 너와의 소통을 가로막을 뿐 아니라 때로는 내 속의 '다른 나'와도 다투지 않을까 하는 것이다. 내 속의 어떤 나는 달콤한 초콜릿을 계속 먹으라고 하지만 다른 나는 절대 그래서는 안 된다고 한다. 어떤 나는 스마트폰으로 게임을 계속하라고 하지만 다른 나는 당장 내일까지 제출해야 할 과제를 끝내라고 한다. 나는 어떤 사람을 사랑하는 동시에 미워할 수도 있다. 나는 가끔 예전에 내가 했던 행동을 생각하며 홀로 부끄러워 얼굴을 붉히기도 한다. 어쩌면 내 속의 나는 통일되어 있는 하나의 존재가 아닐지도 모른다.

도서관에서 책을 훔치는 윤리학자

2009년 《철학적 심리학Philosophical Psychology》이라는 잡지에 실린 논문 이야기다. 저자인 슈비츠게벨Schwitzgebel은 영국과 미국에 있는 32개 종합대학 도서관에서 철학 관련 서적의 대출 목록을 조사했다. 그는 대출 기간을 넘겨 반납하지 않았거나 대출 기록도 없이 사라진 책의 목록을 작성한 다음 그것이 철학의 어느 분야에 속하는지 분류해보았다. 놀랍게도 제때에 반납되지 않았거나 도난당한 책이 윤리학 분야의 것일 확률이 다른 분야의 철학책일 확률보다 50퍼센트가 더 높았다고 한다. 윤리학 관련 분야의 책을 대여할 가능성이 가장 큰 사람은 당연히 윤리학 전공자일 것이다. 단 하나의 경험적 연구로 모든 윤리학자를 매도하는 것은 지극히 부당하지만, 적어도 올바른 행동을 연구하는 지식인이 실상 일반인보다 더 올바른 행동을 하는 것은 아니라는 사실이 확인된 셈이다. 윤리학에 억하심정을 품은 좀도둑이 연구가 진행될 것을 미리 알고 골치 아픈 윤리학 전문서적만을 골라서 훔쳤다고 볼 수는 없을 것이기 때문이다.

　심리학자들의 연구에 따르면 사람의 마음에는 두 개의 길이 있다고 한다. 하나는 빠르게, 다른 하나는 느리게 가는 마음의 길이다. 이 두 마음은 덩치가 큰 코끼리와 그 등에 올라타 코끼리를 부리는 사육사에 비유되기도 한다. 코끼리는 본능과 직관에 따라 움직이고 사육사는 일정한 목적에 따라 코끼리의 움직임을 조정한다. 꼭 그런 것은 아니지만 대체로 전자는 감성과 욕망, 후자는 합리적 이성에 비유할 수 있다. 아무리 노련한 사육사라도 며칠을 굶었거나 발정을 일으킨 수컷 코끼리가 먹이나 암컷 코끼리를 지나쳐 묵묵히 일만 하도록 할 수는 없듯이, 차가운 이성이 뜨거운 감성을 다스리기에는 역부족인 경우가 많다. 그렇다고 당장의 이익과 욕망에 따라 행동한 윤리학자들을 용서해야 한다는 뜻은 아니다. 우리 대부분은 빠르게 반응하는 첫 번째 마음에 따라 행동한 다음, 느리게 반응하는 두 번째 마음으로 그 행동을 합리화하는 경향을 보인다는 사실을 보여줄 뿐이다.

　의료계에는 "의사가 하는 대로 하지 말고 의사가 하라는 대로 하라"는 우스갯소리가 있는데 윤리학자에 대해서도 똑같이 말할 수 있을 것이다. 의사와 윤리학자는 각각 몸과 마음의 규범을 다루는 전문가지만 스스로 그 규범을 따르지 않는 경우도 많다. 이성 중심의 전통적 사유 양식으로 보면 올바르게 행동하지 않는 의사와 윤리학자를 비난하면 끝이지만, 두 마음의 관점에서 보면 그리 간단한 문제가 아니다.

빠른 마음 vs 느린 마음

진화심리학자들은 두 마음의 기원을 수십만 년 전 나무에서 내려와 드넓은 평원을 걸었던 인류의 조상이 마주했을 생존 조건에서 찾는다. 이때는 먹이와 잠재적 배우자에게는 가까이 다가가고 독극물이나 포식자로부터는 빠르게 멀어지려는 본능이 생존과 번식의 기본 조건이었다. 그중에서도 위험에서 멀어지려는 본능은 먹이와 배우자에게 접근하려는 본능보다 훨씬 더 중요했을 것이다. 위험에 민감할수록 생존 가능성이 높았을 것이므로, 진짜로 위험한 상황이 아니라도 그럴 가능성이 조금이라도 있다면 우선은 피하고 보려는 본능이 진화했을 것이다. 가까운 숲에서 부스럭거리는 소리가 났다면, 그것이 바람 때문이든 사자의 움직임 때문이든 우선 도망부터 치고 사태를 파악하는 편이 안전했을 것이다. 이렇게 해서 위험 회피의 본능이 빠른 마음에 새겨졌다.

일단 안전을 확보한 다음에는 먹이를 찾고 번식 활동을 해야 했다. 직립보행을 하면서 두 손이 자유로워졌으므로 다양한 먹이를 구할 수 있었고, 도구를 사용하게 되면서 지능도 발달했다. 이렇게 먹이를 얻기 위해 필요한 경험과 지식을 축적해갔는데 이는 시간이 걸리는 일이었다. 독이 있는 먹이와 안전한 먹이를 구분하거나 함께 자손을 생산할 배우자를 선택하려면 신중해야 했다. 특히 양육의 부담을 져야 할 여성의 경우는 건강하고 생존에 유리한 조건을 가진 배우자를 선택해야 건강한 후손을 가지게 될 것이므로, 상대의 조건을 까다롭게 따져보는 습성이 생겼을 것이다. 이렇게 먹이와 배우자 선택을 위해 진화된 습성이 느린 마음의 뿌리이며, 바로 이것이 인류 문명의 토대가 된다.

다음 사례를 통해 고매한 윤리학자와 네 살짜리 아이들의 천진한 마음을 비교해보자. 아무도 없는 방에 테이블과 의자가 놓여 있고 테이블 위에는 마시멜로 한 개가 담긴 접시가 있다. 4살짜리 아이를 데리고 들어간 실험자는 아이를 의자에 앉히고 다음과 같은 조건을 제시한 뒤 방을 나간다.

"이 마시멜로를 너에게 주마. 너는 이것을 당장 먹을 수도 있다. 그런데 만약 내가 돌아올 때까지 먹지 않고 기다린다면 상으로 마시멜로를 하나 더 주마."

이후 실험자가 돌아오기까지의 15분 동안을 몰래카메라로 찍은 영상을 보면 빠른 마음과 느린 마음의 갈등이 적나라하게 드러난다. 심리학자들은 짓궂게도 이 실험을 하고 10여 년이 지난 다음 실험에 참여했던 아이들이 다니는 학교의 기록을 검토해보았다. 놀랍게도 당장의 욕망을 억누르고 마시멜로를 덤으로 받았던 아이들은 그렇지 않았던 아이들보다 대인관계도 원만하고 성적도 좋았다고 한다. 빠른 마음에 대한 느린 마음의 승리라 볼 수도 있겠다.

마음은 스스로 그러하다

느린 마음은 문명의 마음이요, 몸과 마음의 규범을 다루는 의학과 윤리학의 마음이기도 하다. 하지만 느린 마음은 빠른 마음의 토대 위에서만 진가를 발휘한다. 의학과 윤리학의 마음은 느리지만 의사와 윤리학자의 마음은 얼마든지 빠를 수 있다. 의사도 건강에 나쁜 행동을 하고 윤리학자도 비윤리적으로 행동할 수 있다. 지독한 모욕을 당하고도 그것이 나의 건강이나 복지에 미칠 영향을 계산해 평정심을 유지할 수 있는 의사와 윤리학자가 과연 몇이나 될까. 우리 조상들이 배고픔을 느끼지 못하거나 매력적인 이성에 끌리지 않았다면 문명은커녕 우리 자신도 이 자리에 있을 수 없었을 것이다. 빠른 마음 없이는 느린 마음도 없다.

  10여 년 전 의과대학에서 의료윤리 강의를 시작했을 때와 지금의 내 마음은 많이 달라졌다. 처음에는 느리지만 확실하고 합리적인 마음이 학생들의 행동을 바꿀 것이라는 기대로 충만했지만, 지금은 그들의 빠른 마음이 무엇인지를 아는 것이 훨씬 더 중요함을 느낀다. 학생들은 의학과 윤리학의 냉철한 논리를 배우지만 실수도 하고 화도 잘 내는 예비 의사의 마음을 갖고 있음을 인정해야 했던 것이다. 냉철한 논리로 무장한 느린 마음으로 사람의 행동을 바꾸기는 정말 어렵다. TV 토론에서 상대방의 논리에 설복되어 입장을 바꾼 토론자를 본 적이 있는가?

  사람은 누구나 두 마음을 갖고 살아간다. 예전처럼 합리적 이성의 마음이 모든 것을 지배하는 세상은 끝나가고 있는 것 같다. 그렇다고 합리적 이성이 틀렸다는 것은 아니다. 이성이 인류 문명의 원동력이었음을 부정할 수는 없다. 하지만 빠른 마음에 속하는 다양한 감수성이 그 문명의 뿌리였다는 것 역시 잊어서는 안 된다. 지금 우리는 부당하게 억압되거나 무시되었던 빠른 마음에 더 많은 관심을 가질 필요가 있음을 깨닫고 있는 중이다. 이제 윤리학자들은 윤리학의 느리고 확실한 마음과 함께 도서관 대출 기록에 나타난 자신들의 빠른 마음을 공부할 때다.

  마음이 있어서 내가 있는 게 아니라 내가 이 세상을 살아가므로 마음이 생길 수밖에 없는 것이라면, 이렇게 한 몸에 상반되는 두 마음이 함께 살고 있다는 사실을 이해할 수도 있다. 마음은 알 수 없는 초월적 존재가 아니다. 스스로[自] 그러한[然] 하나의 자연(自然)일 뿐이다.

왼손이 하는 일을 오른손이 모르는 '외계인 손 증후군'

외계인 손 증후군Alien Hand Syndrome이란 '내 속의 다른 나'를 증명하는 의학적 사례 중 하나로, 환자의 한쪽 손이 스스로의 마음을 가진 것처럼 움직이는 신경학적 장애를 말한다. 주로 심한 간질로 좌뇌와 우뇌를 잇는 뇌량을 절제한 환자에게 나타나지만 뇌 수술, 뇌졸중, 뇌종양, 특정 퇴행성 뇌 질환, 알츠하이머병의 결과로 나타나기도 한다.

환자들은 겉보기에는 멀쩡한 자신의 손이지만 그것을 본인의 의사로 통제하지 못한다. 자신의 손인데도 다른 사람이나 어떤 초월적 존재에 의해 지배되는 것처럼 행동하는 것이다. 외계인의 손이 자신의 주의를 끌기 전까지는 그것이 혼자서 무엇을 하고 있었는지조차 모르는 경우도 있다. 가령 단추를 채우는 간단한 작업을 시켜보면, 오른손은 단추를 채우려 하지만 왼손은 단추 채우는 것을 도와주지도 않는다. 어떤 때는 마음먹고 방해까지 하는 경우도 있다. 이러다 두 손이 서로 엉켜 싸우기도 한다. 이렇게 두 손이 서로 대립하는 현상을 '양손 간의 대립intermanual conflict'이라 한다.

일반적으로 왼손은 우뇌, 오른손은 좌뇌가 지배한다. 좌뇌에는 논리적인 사고의 능력이 있고 우뇌는 주어진 상황을 직관적으로 인지하는 무의식에 관여한다. 분할 뇌 환자의 경우에는 무의식적으로 움직이는 왼손과 그것을 의식적으로 억제하는 오른손이라는 서로 다른 두 가지 성향의 결과가 동시에 나타나기 때문에 이런 현상이 생길 수 있는 것이다. 왼손은 '무의식의 나'가 시키는 대로 움직이고 오른손은 '의식적 나'의 명령에 따르는데 무의식의 나는 내가 인지할 수 없기 때문에 마치 외계인처럼 느껴지는 것이다.

14 나의 운명은 두개골에 달려 있다?

머리에 구멍을 내는 사람들

서양의학의 아버지라 불리는 히포크라테스는 "인간은 뇌가 있기 때문에, 오직 뇌가 있다는 그 사실 때문에 즐거움과 기쁨, 웃음, 익살을 비롯하여 슬픔, 고통, 고난과 비탄을 느낄 수 있다"고 했다. 마음을 초자연적인 경로가 아닌 '뇌'라는 몸속의 자연이 일으키는 현상으로 파악한 최초의 언급일 것이다. 몸과 마음을 알 수 없는 초자연적 힘의 횡포로부터 해방시켜 우리가 이해할 수 있는 자연현상으로 보기 시작한 것이 그를 서양의학의 아버지로 부르는 중요한 이유 중 하나다.

하지만 어느 분야에서건 선구자는 그가 살았던 시대와 환경의 한계 속에서만 선구적일 수 있다. 의사들이 신주처럼 받들어 모시는 히포크라테스 선서만 해도 그렇다. 이 선서는 2천여 년 전부터 내려오던 것을 20세기 중반의 의사들이 현실에 맞게 바꾼 것인데, 개정 이전의 원문은 본질적으로 여러 신 앞에서의 맹세였다. 신 말고는 규범의 준수를 강제할 권위가 없었던 것이다. 마음을 자연현상으로 받아들이면서도 한편으로는 초자연적 존재에 의지하지 않을 수 없는 역설이다. 이 역설을 절충하여 인간이 두려워하는 초자연적 존재인 신을 '자연의 마음'이라 하자. 그러면 질병, 기근, 전쟁, 가뭄, 사고 등 인간이 겪는 모든 역경을 일으키는 주체가 자연의 마음, 곧 신이 된다. 히포크라테스는 신의 마음을 살짝 엿본 다음 그것을 인간의 마음으로 번역하려 하는데, 그 번역의 매개체가 바로 뇌다. 이 구도는 2천여 년이 지난 지금도 크게 변하지 않았다.

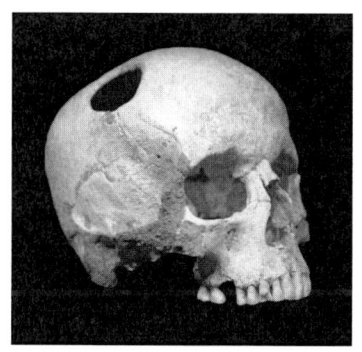

구멍이 뚫린 선사시대 사람의 두개골

지구 곳곳에서 발견되는 선사시대인의 유골 중에는 두개골에 크고 작은 구멍이 난 것들이 꽤 많다. 우리나라 가야 유적지의 유골 중에도 그런 것이 많다고 하는데 마취와 소독 기술, 그리고 그렇게 단단한 뼈를 뚫을 만한 장비를 갖추었을 것 같지 않은 선사시대 사람들이 그런 수술을 했다는 사실이 놀라울 따름이다. 그들이 무슨 이유로, 어떤 방법으로 그런 수술을 했는지 자세히 알 수는 없지만 대략 자연의 마음인 신과의 교류를 도모한 흔적이라고 볼 수는 있다. 선사시대 사람들도 뇌가 몸속의 마음과 자연이라는 신이 만나는 곳이라 생각했을지도 모른다. 딱딱하고 두꺼운 두개골이 둘 사이를 가로막고 있다고 생각했다면 다음 단계는 당연히 그것을 여는 과정이었을 것이다.

프랑스에서 발견된 서기전 6,500년의 것으로 추정되는 유적에서 발굴된 1,200구의 유골 중에서 40구가 이런 수술을 받은 것이었다고 한다. 30명 중 한 명꼴로 수술을 받은 셈인데, 이 비율은 쌍꺼풀 수술을 받은 현대

한국인의 비율보다도 높을 것이다. 첨단 과학의 시대인 지금도 특별한 의학적 이유도 없이 자발적으로 두개골에 구멍을 뚫는 수술을 받는 사람들이 있다고 한다. 그들이 내세우는 표면적 이유는 다양하지만 조상들에게 물려받은, 자연의 마음과 통하려는 무의식적 욕망이 작용한 것일 수도 있지 않을까 싶다.

미래를 읽기 위해 간을 꺼내다

자연의 마음을 읽어내려는 욕구가 체계화되면서 종교가 생겼다. 고대인들은 신전을 짓고 신관神官이라는 직책을 두어 그곳에 살면서 신 또는 자연의 마음을 읽어내 사람들에게 전하도록 했다. 신관들은 자신이 전하는 말이 신의 뜻임을 입증할 객관적 증거가 필요했다. 신에게 바치는 제물은 증거로 삼기에 가장 손쉬운 대상이었다. 신관들은 희생물인 양의 배를 갈라 간을 꺼냈다. 그 간의 크기와 모양, 특정 부위의 변화 양상을 보고 자연의 마음을 읽었다. 하지만 피로 범벅이 된 물컹한 양의 간에서 다양한 정보를 얻기가 쉽지는 않았을 것이다. 그래서 진흙으로 간의 모형을 만들어 자연의 마음을 읽는 경전으로 삼았다. 그 위에는 가로선과 세로선을 그어 위치를 구분할 수 있게 했다. 이제 간의 특정 부위를 신 또는 자연의 특정한 마음 상태나 미래의 운명과 관련지을 수 있게 되었다.

  신관들이 간의 특정 상태를 자연의 어떤 마음으로 읽었는지를 알 방법은 없다. 하지만 출토된 간의 모형을 통해 나름대로의 체계를 갖추어 자연의 마음을 읽는 방법을 마련했다는 사실은 확인할 수 있다. 그리고 그 마음 읽기의 방식이 특정 부위의 변화를 특정 현상과 일대일로 대응시키는 것이었다는 사실도 알 수 있다.

 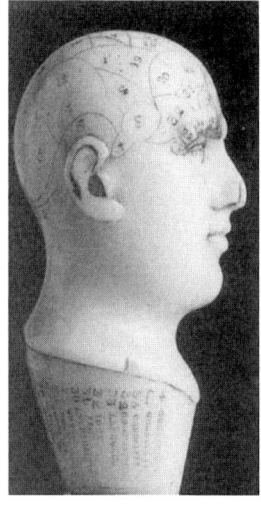 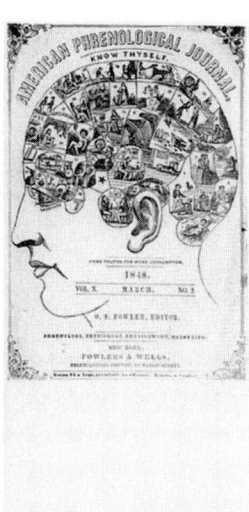

(좌) 기원전 1,900~1,600년에 융성했던 바빌로니아(지금의 남부 이라크) 유적에서 출토된 점토로 만든 양의 간 모형. 영국 대영박물관이 소장 중이다. (중앙) 1848년에 발간된 미국골상학회 잡지의 표지. 두개골의 특정 부위와 다양한 마음의 상태를 표상하는 그림이 그려져 있다. (우) 19세기에 만들어진 사람의 머리 모양 모형. 머리 표면이 다양한 마음의 영역으로 구획되어 있다.

　양의 간에서 자연의 마음을 읽으려 했던 조상들의 생각은 3,500년이나 지난 19세기 초, 두개골의 모양을 보고 그 사람의 마음과 운명을 읽으려 한 골상학骨相學, phrenology으로 이어진다. 양의 간은 종교의 이름으로 분석되었지만 사람의 두개골 분석에는 과학이란 이름이 덧붙여졌다. 대상이 양의 간에서 사람의 두개골로, 읽으려는 마음이 신과 자연의 마음에서 개인의 마음으로 달라졌지만 특정 부위의 변화를 마음의 특정 현상과 관련짓는 방식은 그대로다. 양의 간은 자연의 마음을, 두개골은 사람의 마음을 읽는 텍스트다.

　진흙으로 만든 3,500년 전 양의 간 모형과 돌이나 석고로 만든 2백 년 전 사람 머리 모형 사이의 거리는 멀고도 가깝다. 이제 골상학은 어떤 근거도 없이 두개골의 모양을 특정한 마음의 상태와 연결시킨 사이비 과학의 대명사가 되어버렸다. 하지만 두개골 속에 담긴 뇌의 특정 부위를 특정한 마음의 상태와 연결시켜 설명하는 뇌 과학의 최근 성과에 비춰보면 그 방향 자체가 틀린 것은 아니다. 히포크라테스의 말처럼 뇌 없이는 어떤 마음도 생기지 않는다. 두개골이 뇌의 구조를 반영한다는 가정은 틀렸지만 그 속의 뇌가 마음의 상태와 직접 관련된다는 것은 이제 과학적 사실이다.

현대의 예언서, DNA

20세기 중반 이후에는 유전물질인 DNA가 생명체의 모든 변화를 주재하는 자연의 마음이라고 생각하는 사람이 많아졌다. 1953년에는 이중나선의 모양으로 된 DNA의 물질적 구조가 밝혀졌고, 1970년대에는 그 물질을 중간에 자르기도 하고 다른 것과 이어 붙이기도 하여 구조를 변경시킬 수 있게 되었으며, 새 천년이 시작되던 시점에는 그 이중나선을 구성하는 염기의 모든 서열이 해독되기에 이르렀다. 정말 DNA가 자연의 마음이라면 이제 우리는 실험실에서 그 마음을 알아내기도 하고 임의로 바꿀 수도 있게 될 것이다. 인간 게놈(유전체) 프로젝트가 시작되던 즈음에는 정말 그럴 수 있을지도 모른다는 낙관론이 팽배했다. 당시의 총책임자였던 제임스 왓슨James Watson은 이 사업이 마무리되면 주머니에서 CD 한 장을 꺼내면서 '이것이 바로 나의 운명'이라고 말할 수 있게 될 것이라고 장담했다.

프로젝트가 완성된 후 10년도 더 지났고 자신의 DNA 서열을 모두 아는 사람도 여럿 생겼지만 아직 자신의 운명을 안다는 사람은 본 적이 없다. 무엇보다 DNA는 몸이라는 기계를 조종하는 파일럿이 아니며, 많은 정보를 제공해주기는 해도 여전히 그 정보를 처리하고 해석하는 고대 신전의 신관과 같은 매개체가 필요하기 때문이다. 바빌로니아의 신관들은 양의 간에서 얻은 정보를 미래로 투사하기 위해 정교한 진흙 모형을 만들었고, 과학의 맛을 본 골상학자들은 두개골의 모양으로부터 개인의 마음을 읽으려 했다. 21세기의 유전학자들은 생명체에 관한 엄청난 양의 정보를 확보했고 그 정보를 처리할 기술도 가지고 있다. 하지만 그 정보를 어떤 틀에 담을지에 대해서는 아직 뚜렷한 합의에 이르지 못하고 있다. 인간 게놈 프로젝트가 시작되었을 때에는 'DNA는 나의 운명'이 그 틀이었지만 프로젝트가 끝날 무렵의 책임자였던 크레이그 벤터Craig Venter는 "이제 유전자DNA가 생명의 운명이라는 유전자 결정론은 끝났다"고 선언한다. 유전자가 자연의 마음이고 그것에 대해 많은 정보를 축적했지만, 아직도 그 정보들이 어떤 과정을 거쳐 어떻게 우리의 마음이 되는지에 대해서는 아는 게 별로 없다는 고백이다.

자연의 마음을 읽는 세기적 사업의 두 책임자가 이렇게 정반대의 이야기를 했다는 사실이 놀랍다. 하지만 앞서 이야기한 두 마음의 틀로 보면 이해 못할 일도 아니다. 자연의 마음을 이해하려는 우리의 마음에도 빠른 길과 느린 길이 있는 것이다. 'DNA는 나의 운명'이 빠른 마음이라면 '깨진 결정론'은 느린 마음이다. DNA가 유전물질이라는 사실에서 출발한 과학의 빠른 마음은 급하게 그러나 참을성 있게 그 물질에 담긴 유전정보(30억 쌍에 이르는 염기 서열)를 모두 수집해 인간 게놈 프로젝트를 완성했다. 하지만 사업이 진행되면서 과학의 느린 마음이 작동해 그 정보들을 검토하는 동안 변화가 생기기 시작했다. 사람의 느린 마음은 대개 빠른 마음의 결정을 합리화하는 역할을 하지만, 과학의 느린 마음은 빠른 마음의 결정을 옹호하는 역할 외에도 반복적으로 그 전제를 의심하는 건전한 회의주의자의 역할을 함께 하기 때문이다.

건전한 회의주의적 반성의 결과 이제 DNA는 몸과 마음의 설계도가 아니라 몸과 마음을 요리하기 위해 필요한 요리법 정도로 이해된다. 아무리 완벽한 요리법이라도 요리사 없이는 맛있는 요리를 만들지 못하듯이, DNA도 그것을 담고 있는 세포와 유기체 그리고 그 개체가 살고 있는 환경 없이는 어떤 몸과 마음도 만들지 못한다.

자, 이제 부모로부터 물려받은 DNA로 작성된 요리법을 토대로 조상들의 문화유산, 자연환경 그리고 나 자신이 살아온 삶의 경험을 재료로 아름답고 맛있는 마음을 요리해보자.

현대에도 이루어지는 자발적 천공술

우리 조상들은 초자연적 존재와의 소통을 시도하거나 머릿속에 들어 있는 악령을 제거하기 위해 고통과 위험을 무릅쓰고 머리에 구멍을 뚫었을 것이다. 하지만 조상들이 이 수술을 했던 것이 단지 종교적 이유 때문만은 아니었을 수도 있다. 머리가 몹시 아프거나 정신 상태가 정상이 아니라면 누구라도 머릿속에 무언가 들어 있어서 그렇다고 추론할 수 있다. 그 '무엇'이 혈액과 같은 것인지 악령과 같은 초자연적 존재인지는 그 다음의 문제다. 어쩌면 그들은 악령을 제거하기 위해 머리에 구멍을 뚫었지만, 실은 높아진 뇌 속 압력을 줄임으로써 치료 효과를 보았을 수도 있다. 의학의 역사에는 이렇게 엉뚱한 경로로 효과를 보는 사례가 적지 않다.

그런데 21세기에도 어떤 사람들은 새로운 이유를 만들어가며 자발적 천공술voluntary trephination을 받기도 한다. 갓 태어난 아기들은 머리뼈가 완전히 붙지 않아 머릿속 피의 흐름이 자유롭다는 게 그 이유의 출발이다. 그러니 어른도 갓난아이의 상태로 돌아가기 위해 이런 수술을 해야 한다는 것이다. 과학적 언어를 쓰고 있지만 전혀 과학적이지 않은 설명이다. 또는 이 구멍이 '제3의 눈'이 되어 남들이 보지 못하는 것을 볼 수 있게 된다는 신비한 이유를 대는 사람도 있다. 2000년에는 이런 수술 장면이 미국 ABC TV에 방영되었고 거기서 이 수술을 집도한 할보슨Halvorson은 무면허 의료 행위로 기소되어 유죄판결을 받은 바 있다.

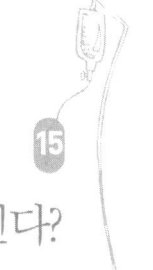

심장을 바꾸면 사람이 달라진다?

사랑, 심장, 마음의 상징체계

사랑은 두근거리는 가슴으로 온다. 그래서 우리는 두 팔을 위로 벌려 오므리거나 양손의 손가락을 구부려 하트 모양을 만들어 사랑을 표현한다. 하트는 사랑을 담은 그림엽서나 연애편지에 가장 자주 등장하는 모양이기도 하다. 그리고 하트는 으레 붉은 계열의 색이다. 붉은 색은 피의 빛깔이기도 하지만 따뜻함과 정열의 상징이기도 하다. 마음을 상징하는 한자인 '心(심)'도 심장의 모양을 본뜬 것이다. 사랑은 마음의 대명사다.

마음이라는 추상적 개념을 눈으로 보고 싶다면 인터넷 검색을 해 보자. '마음'의 검색 결과로는 역시 하트가 가장 많다. 그 다음으로는 촛불이나 명상하는 모습이 보이고, 2006년에 개봉한 영화 〈마음이〉에 나왔던 귀여운 강아지도 나온다. '마음'의 이미지에는 자기 성찰과 함께 살아 있는 생명의 폭신한 느낌도 포함되어 있다는 뜻이다. 아마도 사랑의 마음으로 어떤 행위를 할 때 만나게 되는 상황과 환경이 사랑의 감정과 강한 연관을 맺으면서 그런 상징체계로 진화했을 것이다.

이번에는 마음의 의미를 글자로 찾아보자. 『표준국어대사전』의 첫 번째 정의에 따르면 마음은 '사람이 본래부터 지닌 성격이나 품성'이다. 『고려대 한국어대사전』에는 '감정이나 생각, 기억 따위가 깃들이거나 생겨나는 곳'이라고 되어 있다. 마음은 개인의 심리적 특성(표준국어대사전)이지만 또한 그 특성이 생겨나는 '장소(고려대 한국어대사전)'이기도 한 것이다. 이는 아마도 사랑하는 사람을 안을 때나 어떤 흥분된 상황을 상상하는 것만으로도 심장이 콩닥거리고 얼굴이 붉어지는 경험을 했던 우리 조상들이 만들어낸 상징체계일 것이다. 또는 뭔가 어려운 일이 닥쳤을 때 가슴이 철렁 내려앉는 경험을 했을 수도 있다. 이렇게 보면 두근거림과 따스함을 만들어내고 따뜻한 피를 온몸에 순환시키며, 놀랐을 때 덜컹 내려앉기도 하는 심장이 마음의 '자리'라고 여기는 것이 당연했을 수도 있다.

심장이 바뀐 사람들

중국 송나라 때 편찬된 『태평광기太平廣記』에는 당나라 무의巫醫 진채가 정신 질환자의 심장을 교환하여 그의 마음을 치료하는 이야기가 나온다. 도가 경전 중 하나인 『열자列子』「탕문편湯問篇」에는, 중국의 전설적 의사 편작이 공호와 제영이라는 사람의 심장을 바꾸어 서로에게 부족한 의지와 기氣를 보충해주었다는 이야기도 나온다. 마취주를 마시게 해 두 사람을 3일 동안이나 혼수상태에 빠뜨린 다음 심장을 꺼내 맞교환했다는 설명도 기발하지만, 마취에서 깨어난 두 사람이 각각 새로 얻은 심장의 원래 주인이 살던 집으로 돌아갔다는 이야기 속에는 심장이 마음의 자리라는 당시 사람들의 상식이 고스란히 녹아 있다. 다른 심장을 갖게 된 두 남자는 집뿐만 아니라 사랑하는 마음까지도 원래 심장 주인의 것을 물려받아 서로의 아내를 사랑하게 된다는 이야기도 나온다. 2003년에 방영된 〈여름 향기〉라는 드라마의 주제와도 너무 닮았다. 주인공 혜원은 민우를 사랑했던 여인의 심장을 이식받는다. 그런데 혜원은 민우를 만날 때마다 자신도 모르게 심장이 쿵쾅거리는 소리를 듣게 된다. 그녀는 자신을 사랑하는 정재와 심장이 기억하는 민우 사이에서 갈등한다. 과학적으로 심장은 더 이상 마음의 자리가 아니지만 상식 속에 살아 있는 이야기의 구조는 하나도 변한 게 없다. 마음은 여전히 심장에서 온다!

　첨단 과학의 시대에도 상식과 과학은 이렇게 어긋난다. 상식과 상징 그리고 그에 따라 살아온 우리네 삶의 힘은 과학만큼이나 막강하다. 나는 편작의 수술이나 드라마 〈여름 향기〉에 나오는 것과 별로 다르지 않은 이야기를 하는 흉부외과 의사를 만난 적도 있다. 실제로 수술 후 전혀 다른 사람이 되었다는 보고도 적지 않다. 2011년 방영된 SBS 스페셜 〈심장의 기억〉은 그런 사례를 여럿 보여준다. 운동을 즐기지 않던 사람이 수술 후 철인 3종 경기를 비롯한 각종 스포츠에 탐닉하는 한편 전혀 듣지 않던 가수의 노래를 찾아 듣고는 감동에 젖어 눈물을 흘리게 되었는데, 알고 보니 심장을 준 사람이 그 가수와 운동을 좋아하는 스턴트맨이었다는 등의 사례다.

　하지만 이런 현상에 대한 촌평을 요청받은 전문가는 예외적 사례를 너무 침소봉대하지 말라고 충고한다. 과학과 인문학이 그렇듯이 의학과 일상적 경험은 여전히 평행선을 달리고 있다. 드라마에서는 심장이 기억을 담고 있다는 이야기가 공공연히 인기를 끌지만, 과학자들은 이렇게 주류 과학의 예측과 어긋나는 사례에 대해 연구하거나 언급하기를 꺼린다.

　과학과 일상의 경험이 어긋나는 것은, 과학의 나이는 기껏해야 3백 년이지만 우리의 진화적 조상들이 축적해 우리에게 물려준 경험과 상징의 나이는 적어도 수십만 년이기 때문이다. 우리가 마음의 과학을 건설하려면 투철한 과학적 방법론과 함께 조상들의 오랜 경험과 상징의 세계를 탐구하려는 열린 자세를 가져야 한다. 마음의 문제야말로 과학과 인문학의 상호 탐색을 통하지 않고서는 풀 수 없는 과제다.

마음은 어디에서 오는가?

스페인 사람이 그린 16세기 아즈텍 문명의 인신공양

우리 조상들이 사람이나 동물의 몸에서 심장을 특히 중요시했던 이유는 아마도 그것이 목숨이 끊어진 다음에도 한동안 스스로 박동을 한다는 사실 때문이었을 것이다. 나도 대학 시절 살아 있는 자라의 심장을 떼어내는 실험을 한 적이 있는데, 몸에서 분리된 심장이 생리식염수 속에서 일주일 동안이나 벌떡거리며 박동하는 모습을 지켜보며 신기해했던 기억이 있다. 우리 조상들도 사냥에서 잡은 동물의 몸을 해체하면서 이런 경험을 했을 것이다.

● 아즈텍 문명(Aztecan civilization) : 13세기부터 에스파냐 침입 직전까지 멕시코 중앙 고원에 발달한 문명.

아즈텍● 사람들은 16세기까지도 팔딱거리는 사람의 심장을 태양신에게 바치는 의식을 드물지 않게 치렀다고 한다. 신전에서 내려온 사제가 무딘 돌칼로 제단으로 끌려온 희생자의 가슴을 열고 심장을 꺼낸 다음 시신을 아래로 굴려서 떨어뜨리면 제단 아래의 사람들은 인육을 먹

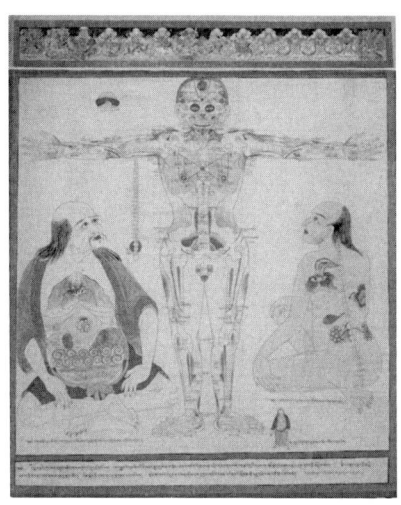
심장을 연꽃처럼 표현한 티베트 의학의 해부도

으며 잔치를 벌였다고 한다.

심장의 상징을 종교와 교묘히 뒤섞은 경우도 있다. 티베트의 의학은 불교와 구분이 불가능할 정도로 종교적이다. 그래서 티베트 불교의 승려는 대부분 의사직을 겸한다고 한다. 그들은 사람 몸의 내부를 상세한 그림으로 표현하고 있는데, 그 중 심장의 모습은 특이하게도 불교의 상징인 연꽃 모양이다.

한국과 중국의 전통 한의학에서도 심장은 마음의 자리다. 하지만 이때 심장이 상징하는 마음은 불교의 성찰하는 마음이 아니라 간, 지라, 허파, 콩팥 등 다른 장기들을 아우르고 조정하는 몸속의 '임금'과 같은 기능을 한다. 그래서 한의학에서는 심장을 가리켜 임금의 기관君主之官이라 한다.

15세기 조선에서 편찬된 『의방유취醫方類聚』라는 의학 책에 그려진 심장은 그냥 평범한 주머니처럼 생겼다. 그런데 재미있는 것은 그 주머니 주변에 형체가 불분명한 귀신, 전설 속의 봉황새와 화려하게 치장을 한 임금의 모습, 그리고 주역의 괘를 함께 그려놓았다. 그런 그림을 그린 이유가 뭔지 정확히 알 수는 없으나 어쨌든 우리가 지금 상식으로 알고 있는 심장과는 달라도 너무 다르다. 심장에는 특별한 귀신이 살고 있는데, 그 귀신의 성질이 봉황 또는 임금과 같다는 정도의 뜻을 담고 있다고 생각하면 될 것 같다.

17세기 동아시아 의학의 금자탑으로 인정받는 『동의보감』에도 허파, 간, 지라, 콩팥과 함께 심장의 모습이 그려져 있는데 웬만한 상상력으로

15세기 조선에서 편찬된 의서 『의방유취』에 그려진 심장의 모습

는 실제 심장의 모습을 추정할 수 없을 정도로 단순하고 조잡하다. 심장 주위로 물결 모양의 동심원이 그려져 있는 것도 뭔가 상징적 의미를 담은 표현이겠지만, 이 역시 실제 심장의 모양과는 관계가 없어 보인다.

인간은 문화를 불문하고 심장을 마음의 자리로 여기는 정서를 공유하지만, 심장과 마음의 관계에 대한 서로 다른 문화권 사이의 인식 차이 또한 엄청나다. 살아 있는 사람의 심장을 제물로 바치는 16세기 이전의 아즈텍 사람들, 부처님의 마음이 담긴 심장을 가지고 살아가는 티베트 사람들, 귀신이 사는 심장을 생각한 조선 초기의 우리 조상들, 그리고 뇌가 마음의 기관이라는 과학적 사실에도 불구하고 심장과 마음의 연결 고리를 끊지 않으려는 현대인까지 몸과 마음의 관계 유형은 무척 복잡하고 다양하다.

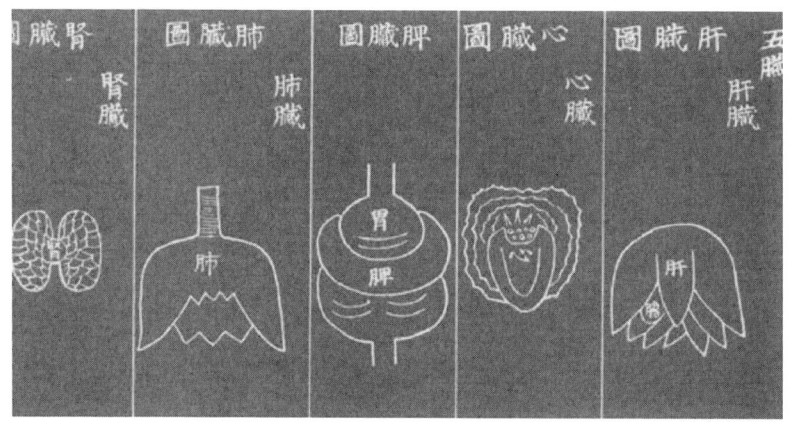

『동의보감』에 실린 다섯 장기의 모습. 우측에서 두 번째가 심장이다.

이런 다양성에도 불구하고 우리는 여전히 사랑하는 여인의 손을 끌어 자신의 머리가 아닌 가슴(심장)에 대면서 '이 속에 너 있다'고 말하는 드라마 속 장면에 감동하고, 민우를 사랑했던 여인의 심장을 이식받은 혜원이 민우를 연민하는 마음에 공감한다. 마음은 정녕 '어디'에 있는가? 마음은 꼭 어딘가에 '있어'야만 하는 것일까?

장기 기증의 필수 조건, 조직적합성

장기이식Organ Transplantation은 제대로 기능하지 못하는 환자의 신장, 심장, 간, 폐, 췌장, 장, 흉선 등을 제거하고 살아 있는 사람 또는 뇌사자의 그것으로 교체하는 수술을 말한다. 이 중 신장 이식이 가장 많이 행해진다.

이때 장기를 기증하려는 사람과 기증받으려는 사람 사이에 조직적합성이 맞지 않으면 거부반응이 일어나 이식된 장기가 죽어버린다. 그래서 이식을 하기 전에 조직적합성을 꼭 확인해야 하는데 이때 검사하는 것이 조직적합성 항원이다. 이는 이식에서 거부반응을 일으키는 주요 인자를 생성하는 면역반응조절 유전자로 HLA(인간 백혈구 항원) 이식항원이라고도 한다. 조직적합성항원은 세포의 표면, 즉 세포막에 있으며 유전적으로 결정된다. 따라서 이 항원은 개개인이 가지고 있는 유전적 배경에 따라 수만 가지의 항원 조합으로 구성되어 있다. 조직적합성항원이 일치할 가능성은 부모와 자식 간에는 50퍼센트, 형제자매 간에는 약 25퍼센트, 혈연관계가 아닌 사람 사이에는 0.00005퍼센트다. 인체 내에 다른 조직이 들어오면 항원이 이 조직을 남의 것으로 인식해 면역반응이나 거부반응을 일으키므로 장기이식에서 조직적합성항원은 대단히 중요하다.

내 머리 속에 있는 거울

어린이 농장, 어린이를 사육하다

앞 장에서 우리는 제물로 바쳐진 양의 간에서 자연의 마음을, 그리고 사람의 두개골 모양에서 그 사람의 마음을 읽으려 했던 고대 바빌로니아와 19세기 유럽 사람들의 마음 읽기에 대해 알아보았다. 거기서 우리는 미신과 과학 사이에는 엄청난 차이가 있지만 또한 비슷한 점도 있다는 것을 알게 되었다. 이번에는 과학의 시대 이후의 마음 읽기 방식들 간에도 생각보다 큰 차이가 있다는 점을 짚어본다. 흔히 과학의 시대로 불리는 19세기에서 20세기까지는 나타났다 사라졌거나 아직도 영향력을 발휘하고 있는 마음에 관한 이론이 많다. 이 중 뚜렷이 대비되는 두 가지에 대해 간단히 알아보자. 먼저 '행동주의 심리학'이다.

차우셰스쿠 공산 독재 정권이 무너진 직후인 1990년, 루마니아의 한 고아원이 세상에 공개됐다. 그곳에서는 수천 명의 아이들이 발가벗은 채 마치 농장에서 사육되는 동물처럼 웅크리고 있었다. 아이들은 웃거나 울지

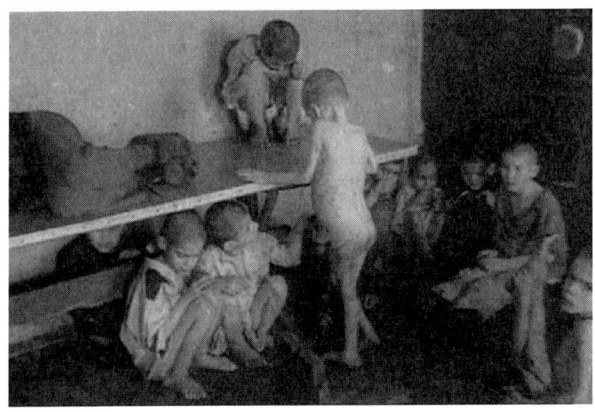

1990년 세상에 공개된 루마니아 고아원의 참혹한 상태

도 못했고 장난감을 가지고 놀지도 못했다. 한 아이는 몸을 끊임없이 흔들어댔고, 다른 아이는 벽에 머리를 쿵쿵대며 박았다. 다른 사람의 존재에 대해서는 신경 쓰지 않는 아이들의 모습이 공개되자 세계는 경악했다.

  루마니아의 고아원은 어째서 이렇게 참담한 곳이 되어버렸을까? 독재 체제가 붕괴되면서 상황이 훨씬 더 악화되기도 했겠지만, 비극의 출발은 '행동주의 심리학'이었다. 이 이론은 먹이를 줄 때마다 종을 울렸더니 나중에는 먹이를 주지 않고 종만 울려도 침을 흘리더라는 파블로프의 개 이야기에서 출발한다. 이 이론에 따르면 우리가 생각하고 느끼는 모든 것이 보상에 의해 강화되고 처벌에 의해 약화되는 행동의 경향이라고 가정한다. 마음은 별도의 작동 방식을 가지는 내적인 상태가 아니라 먹이라는 보상을 얻기 위해 사육사의 지시에 따라 박수를 치고 인사하는 물개처럼, 자극에 대한 반응으로 생기는 생리 현상일 뿐이다. 행동주의에서 마음은 보상과 처벌이라는 자극에 반응하는 생존의 기능 이상도 이하도 아니다. 행동 패턴이나 환경을 변화시키면 그 마음도 얼마든지 변화시킬 수 있다. 마음이라는 것이 있다면 그것은 보상과 처벌이라는 조건에 따라 반응하는 블랙박스일 뿐이다. 이 이론의 창시자인 존 왓슨 John Broadus Watson이 부모의 품에서 떨어진 곳에서 '과학적 원리'에 따라 아이들을 키우는 '어린이 농장baby farm'을 꿈꾸었던 것도 그 때문이다. 물론 그 실험의 결과는 끔찍했다. 안아주지도 얼러주지도 않은 아이들은 훌륭한 영양과 위생 상태에서 자랐더라도 모두 표정도 없는 좀비 같았고 건강 상태도 아주 나빴으며 사망률도 무척 높았다.

행동주의라는 이름의 과학은 '사람[人]이란 서로 기대고 서 있을 수밖에 없는 사이[間]의 존재'라는 오래된 상식에 맞섰다가 무너졌다. 지금도 유튜브에서 볼 수 있는 ABC 뉴스의 당시 보도 영상을 보면, 방문자의 손에 아이가 입을 맞추는 모습, 끔찍한 실태를 목격하고는 눈물을 줄줄 흘리며 보도하는 리포터의 모습이 고스란히 남아 있다. 그리고 우리는 인간이 본질적으로 서로의 고통에 공감하는 '사람들 사이의 존재[人間]'임을 절감할 수 있다.

나 역시 마음의 따뜻함에 대해 짧지만 강한 인상을 받은 경험이 있다. 의과대학에서의 내 임무는 학생들이 의사가 되었을 때 환자와의 따뜻한 인간관계를 잃지 않도록 하는 것이다. 그래서 지역사회에서의 체험 프로그램을 운영하는데 주로 중증 장애인 수용 시설이나 죽음을 앞둔 분을 돌보는 호스피스 병원을 방문해서 그들과 시간을 보내는 일을 한다. 7~8년 전에 이 프로그램을 위해 한 장애인 시설을 방문했을 때의 일이다. 대부분 스스로 움직일 수도 없는 중증 장애인이어서 방문자와의 신체 접촉은 거의 없었다. 그런데 우리 일행이 방에 들어섰을 때 방구석에 쪼그리고 있던 9살쯤 되어 보이는 아이가 벌떡 일어나더니 곧바로 내게로 걸어와 나를 꼭 껴안는 것이 아닌가? 머리가 다른 아이의 두 배는 될 정도로 컸지만 걸음걸이에는 전혀 문제가 없는 아이였다. 전혀 예상치 못했던 사건이었고 나는 무척 당황했지만 이 아이의 체온을 느끼면서 '이 아이도 이런 따스함을 무척 그리워했겠구나'라는 생각이 들었다. 그렇게 30초 정도가 지나자 그곳 선생님이 나에게서 아이를 떼어냈고 그게 이 이야기의 전부다. 불과 30초 사이에 일어난 아주 작은 사건이지만 시간이 흘렀는데도 그 일을 떠올릴 때마다 무언가 가슴을 울리는 이유는 과연 무엇일까? 방문자의 손에 입을 맞추던 루마니아의 고아와 나를 꼭 껴안았던 장애인 시설의 그 아이, 그리고 참혹한 고아원 시설을 보도하면서 눈물을 흘렸던 리포터와 나의 먹먹한 심정이 인간이 자연스럽게 가질 수밖에 없는 '마음'이라는 것 아닐까?

거울 뉴런, 공명하는 개인

동부 유럽에서 마음에 관한 행동주의 이론의 폐해가 드러나던 즈음 유럽의 남쪽인 이탈리아에서는 중요한 과학적 발견이 이루어지고 있었다. 사람도 아닌 원숭이가 어떤 인위적 노력도 없이 자연스럽게 다른 원숭이나 사람의 행동과 감정에 동조한다는 신경학적 증거가 발견된 것이다.

 파르마 대학의 한 연구실에서는 원숭이의 뇌에 가느다란 전극을 꽂은 뒤, 원숭이가 땅콩을 집고 입으로 가져가서 씹는 등의 행동을 할 때 어떤 신경세포가 활성화되는지 실험하고 있었다. 전극의 끝에는 증폭기를 달아 신경세포에서 전기 활동이 감지되면 소리를 내도록 되어 있었다. 어느 날 식사를 마치고 실험실로 돌아온 연구자가 무심코 실험에 쓰던 땅콩을 집어 들었다. 그런데 갑자기 원숭이 뇌에 연결된 전극이 활성화되었을 때 나는 '따다닥' 하는 소리가 들리는 것이었다. 특정한 목적을 가지고 실험을 하는 중이었다면 이 사건을 심각하게 받아들였겠지만, 실험 대상에게 아무런 조작을 가하지 않은 상태에서 벌어진 일이었다. 연구자는 고개를 갸우뚱거렸지만 그 이상의 생각은 할 수 없었다. 모든 개체(개인을 뜻하는 영어 individual은 더 이상 나눌 수 없는 존재라는 뜻을 갖고 있다)는 철저히 독립적이라는 사유의 전통에서는 원숭이의 뇌가 다른 사람의 행동에 반응을 한다는 것은 상상조차 할 수 없었던 일이기 때문이었다.

그러나 같은 경험이 여러 차례 반복되자 생각의 틀을 바꾸지 않을 수 없었다. 특히 비토리오 갈라세Vitorio Gallase라는 연구원의 역할이 컸다. 그는 주체와 객체의 철저한 분리가 아닌 경험 그 자체로부터 본질을 파악하려는 철학 전통인 현상학을 공부한 이력이 있었다. 과학자의 일에는 '월화수목금금금' 또는 '노가다'라 불릴 만큼 지루한 반복이 많지만, 정말로 중요한 발견의 순간에는 이렇게 남과 다른 직관이 중요한 역할을 하는 경우가 많다. 사람이나 동물의 마음이 다른 사람이나 동물의 마음과 분리된 블랙박스일 수는 없다는 직관이다. 사실 조금만 생각해보면 이는 특별한 직관도 아닌 그저 상식일 뿐이다. 루마니아의 고아원에서 눈물을 흘렸던 리포터나 나를 말없이 꼭 껴안은 아이로 인해 마음이 흔들렸던 내가 특별한 직관을 가져서 그렇게 한 것은 아니다. 우리는 피부를 경계로 서로 분리된 개인이지만 동시에 뇌 속의 특정 활동을 통해 서로 공감하도록 진화한 존재인 것이다. 파르마 대학의 연구자들은 이렇게 다른 동물이나 사람의 상태에 동조해서 함께 활성화되는 신경세포를 '거울 뉴런(거울신경세포)'이라 명명했다.

이들이 발견한 거울 뉴런은 마카크 원숭이의 뇌에 F5로 이름 붙여진 부위에 있었다. 지금까지는 뇌 속에서 운동과 감각을 담당하는 부위가 완전히 독립되어 있어서 각각을 지배하는 영역을 별도의 작은 사람homunculus으로 생각할 정도였지만, 연구 결과 이 영역은 감각과 운동 양쪽에 모두 속하는 것처럼 보였다. 감각과 운동이 특정한 '운동 계획'으로 묶여 있다는 것이다. 본다는 것은 이미 보이는 장면을 재연할 준비를 하는 것으로 해석할 수도 있다. 땅콩을 집어 올리는 행위는 그것을 먹는 행위와 연결되어 있고 먹는 행위는 생존과 직결된다. 따라서 집는 것과 먹는 것과 살아남는 것이 하나의 의미를 갖는 운동 계획으로 묶인다. 여기서 감각과 운동의 구별은 아무 의미가 없고, 집고 먹고 사는 게 하나의 의미 구조로 묶인다.

감각과 운동의 구별뿐 아니라 나와 너의 구별도 희미해진다. 자연 상태에서 내 친구가 땅콩을 발견한다면 십중팔구는 나도 땅콩을 함께 먹을 수 있을 것이다. 그래서 친구가 땅콩을 집어 들면 나의 뇌 속에서도 그걸 집어 드는 데 필요한 운동 계획이 활성화된다. 감각과 감정에 대해서도 똑같은 이야기를 할 수 있다. 망치에 손을 찧어 몹시 아파하는 엄마를 본 아이는, 그 아픔이 곧 자신의 아픔일 수 있음을 직감적으로 알아차린다. 이렇게 함께 행동하고 함께 느끼는 것이 궁극적으로 생존과 번영에 유리했을 것이고 그 결과 우리 뇌 속에는 거울 뉴런이라는 구조가 진화하게 되었으리라. 이런 경험이 반복되면서 개인(個人)은 점차 사람[人] 사이[間]에 있는 인간(人間)이 되어간다.

우리는 주변에서 다른 사람과 공감하는 능력이 현저하게 떨어지는 사람을 만나기도 하는데, 그들은 이 거울 뉴런에 어떤 결함을 가지고 있을 가능성이 크다. 현재 반사회적 성향을 보이는 사이코패스와 다른 사람의 관점을 취하지 못하는 자폐증 환자를 대상으로 거울 뉴런의 결함 여부에 대한 연구가 활발히 진행 중이다.

스펀지 같은 마음들

이제 마음은 보상과 처벌로 단련할 수 있는 기계도 아니고 복잡한 계산식에 따라 움직이는 컴퓨터도 아니다. 다른 생명을 흉내 내고 그들과 공감하는 공존의 도구다. 사실 우리는 일상적으로 이런 경험을 한다. 2002년 월드컵 때 붉은 티셔츠를 입고 광장으로 뛰어나간 수많은 인파, 아파하는 엄마의 찡그린 얼굴에 공감해 울음을 터뜨리는 어린 아이, 병든 자식의 고통을 진정 자기 것으로 받아들이는 부모의 뇌는 모두 공감하는 대상과 같은 뇌 부위에서 비슷한 활성 패턴을 보인다. 연인 간의 사랑 역시 두 사람의 뇌 활성 패턴이 공명을 일으키는 작용으로 이해할 수 있다. 우리는 여전히 가슴으로 사랑을 느끼지만, 한편으로는 서로가 서로의 뇌를 자극하고 그렇게 만들어진 뉴런들의 활성 패턴이 공명을 일으킨다. 철학적으로 말하면 마음은 내 속에서 생긴 '또 다른 나'이고 다른 사람과의 관계 속에서 변해가는 '움직이는 나'다. 과학과 문학을 섞어서 이해하면, 마음은 대체로 1천억 개나 되는 뇌 속의 뉴런들이 하나당 1천개 이상의 뉴런과 서로 맞닿으면서 만들어내는 무수한 연속적 활성화의 패턴으로, 이것이 세상에 펼쳐지면서 만들어내는 하나의 이야기며 드라마다.

영화 〈마음이〉의 '마음이'는 부잣집에서 훔쳐 데려와 키운 강아지였지만, 내 '마음'은 내 몸 밖의 어딘가에서 온 무엇이 아니다. 다만 나 자신의 이야기일 뿐이다. 영화 속의 마음이는 결국 가족의 이야기에 참여하여 의미를 생산하는 역할을 해낸다. 어떤 사람은 뇌가 바로 마음이라고 말하기도 하지만, 죽은 아인슈타인의 몸에서 뇌를 훔쳐간 과학자가 그의 마음에 관해 아무것도 밝혀내지 못했던 것처럼 뇌 자체가 마음일 수는 없다. 마음은 있는 것이 아니라 움직이면서 펼쳐지는 것이다. 언젠가 '사랑은 움직이는 거야'라는 광고 카피가 크게 인기를 끌었듯이, 우리의 마음이야말로 본질적으로 움직임일 수밖에 없는 것이다.

20세기의 마음이 밖에서는 절대 알 수 없는 블랙박스이거나 힘을 가하면 튕겨나가는 당구공과 같은 것이었다면, 21세기의 마음은 구멍이 숭숭 뚫려 다른 사람과 통하고 세상으로 열린 스펀지와 같다. 우리는 그 속에 어떤 사람과 어떤 세상을 담을 것인지에 따라 서로 다른 미래를 살게 될 것이다.

자폐증과 부서진 거울 가설

거울 뉴런이 공감에 바탕을 둔 사회생활에 필요한 기능을 제공한다는 사실이 알려지자, 타인과의 교류에 미숙한 자폐증의 경우 거울 뉴런에 문제가 있을 것이라는 가설이 인기를 끌었다. 자폐증의 '부서진 거울 가설'이다. 그래서 뇌파를 이용한 연구와 뇌의 특정 부위의 구조에 관한 정상인과의 비교 연구를 통해 몇 가지 관련성이 밝혀지기도 했다.

하지만 부서진 거울 가설은 지나치게 단순해서 자폐증의 다양한 현상을 설명하지 못할 뿐 아니라 거울 뉴런 이외의 다른 중요한 요인을 무시하게 될 위험이 있다는 지적이 많다. 자폐증 환자 모두가 상대방의 의도와 행동을 전혀 이해하지 못하는 것은 아니라는 지적도 있다. 거울 뉴런은 공감과 사회생활에 관한 인간의 본성을 생물학적 수준에서 보여주는 중요한 발견이지만, 모든 문제를 해결해줄 구세주는 아니라는 말이다. 우리의 뇌와 우리가 살고 있는 세상은 우리가 생각할 수 있는 것보다 훨씬 더 복잡하고 미묘하기 때문이다.

구라마이신, 믿으면 낫는다

천당과 지옥 사이를 오간 남자

라이트 씨는 림프육종으로 입원한 중환자였다. (……) 그는 산소마스크를 착용한 모습으로 진정제를 투여 받고 있었다. 어떤 치료법으로도 그의 몸속에 있는 암세포를 죽이지 못한 터라 담당의는 회복 가능성을 완전히 포기한 상태였다. 그러나 정작 그는 희망을 버리지 않았다. 입원한 병원이 말 혈청에서 유도된 크레비오젠Krebiozen이라는 신약을 평가하는 실험병원으로 선정되었고, 이 약이 기적의 치료약이 되리라는 소식을 접했기 때문이다. (……) 라이트 씨는 정확히 금요일에 크레비오젠을 투여받았다. 아래의 글은 그로부터 사흘이 지난 월요일 오전에 담당의가 라이트 씨를 만났을 때의 광경이다.

마지막으로 보았을 때만 해도 그는 열이 있었고 산소 호흡기를 달았으며 침대에서 일어나지도 못했다. 그런데 월요일 오전 그는 병동을 걸어 다니며 간호사들과 즐겁게 수다를 떨었다. 뿐만 아니라 나을 수 있다는 희망을 품은 사람들에게 용기를 북돋울 수 있는 메시지를 퍼뜨리고 있었다. 나는 서둘러 라이트 씨처럼 금요일에 처음 약을 투여받은 환자들의 상태를 보러 갔다. 하지만 환자들에게선 아무런 변화도 없었으며 있다고 하더라도 오히려 상태가 악화된 경우가 많았다. 병세가 급격히 호전된 환자는 라이트 씨뿐이었다. 종양의 크기는 뜨거운 난로 위의 눈덩이처럼 녹아 며칠 사이에 원래 크기의 절반으로 줄어 있었다!

라이트 씨의 이 놀라운 경과는 크레비오젠이 실제로 효과가 없다는 기사가 신문에 실릴 때까지 지속되었다. 보도 내용을 접한 뒤, 완쾌할 수 있다는 자신감은 곤두박질쳤으며 병세는 다시 악화되었다 상황이 이렇게 되자 담당의는 병세가 그토록 심각한 환자에게는 약간의 편법을 사용해도 무방하리라 생각했다. 담당의는 라이트 씨에게 신문 기사를 믿어서는 안 되며 병세가 악화된 것은 첫 번째 투약의 효과가 떨어졌기 때문이므로 크게 신경 쓸 필요가 없다고 말했다. 그러나 당장은 약이 남아 있지 않기에 며칠 뒤 약효를 개선한 새로운 크레비오젠이 들어오면 가장 먼저 그에게 투약하겠다고 했다. 이 말을 들은 라이트 씨는 노심초사하며 치료제가 도착했다는 소식을 목이 빠져라 기다렸다. 드디어 약이 도착했다는 낭보가 날아들었다. 담당의는 보란 듯이 라이트 씨에게 주사를 놓았다. 그러나 이번에는 크레비오젠을 투약하지 않았다. 라이트 씨에게 투약한 것은 증류수였다.

두 번째 투약 후 라이트 씨의 병세는 첫 번째보다 더욱 극적으로 호전되었다. 종양은 다시 줄어들었고 얼마 지나지 않아 그는 완치 판정을 받고 퇴원했다. 한동안은 모든 일이 순조로웠다. 그러다 일이 터지고 말았다. 미국의 한 의학 협회에서 크레비오젠이 무용지물이라는 성명을 발표한 것이다. 이 기사를 읽고 심한 충격을 받은 라이트 씨는 병세가 다시 악화되어 재입원했으며 결국 이틀 뒤에 사망했다.

● 앤 해링턴 지음, 조윤경 옮김, 『마음은 몸으로 말을 한다』, 살림, 2008. 29~31쪽 중에서

할머니의 약손과 플라세보 효과

이 이야기는 1970년 정신의학 학회지에 보고된 이후 현대 의학의 차가운 합리성에 실망한 사람들이 몸과 마음의 밀접한 상호관계를 강조하기 위해 자주 인용하는 사례. 이렇게까지 극적이지는 않더라도 우리는 일상에서 마음먹기에 따라 달라지는 몸의 변화를 흔히 경험하곤 한다. 많은 이들이 배탈이 나면 할머니 무릎에 누워 '할머니 손은 약손'이라는 처방에 따라 치료를 받았던 경험이 있을 것이다. '할머니 손은 약손~'이라는 운율 섞인 목소리와 함께 배에 와 닿는 거칠지만 따뜻한 손길을 느끼면 정말로 아픔을 잊어버렸던 것 같다. 마치 내 몸이 할머니의 손길과 목소리를 타고 떠다니는 것 같기도 했다. 지금은 아픔을 '잊었다'고 표현하지만 플라세보에 관한 다양한 사례와 실험의 결과를 검토하고 나면 정말로 '나았다'고 말할 수 있을지도 모른다는 생각을 하게 된다.

플라세보는 몸에 나타나는 마음의 '현상'이지만 그 현상을 경험하는 사람의 입장에서 보면 하나의 '이야기'다. 손주를 사랑하는 할머니의 마음이 듬뿍 담긴 노래와 손길이 만나 아픈 배를 낫게 하는 이야기가 구성되고, 이것이 몸에 어떻게든 영향을 미친다는 것이다. 이런 이야기가 내 몸과 공명을 일으키면 치유가 일어나는데 그것이 바로 플라세보 효과다. 만약 그 이야기가 내 몸의 의도와 완전히 상반되면 몸 상태가 악화되기도 하는데 이런 경우는 '노세보Nocebo'라 부른다. 아무런 약효도 없을 것으로 여겨지는 증류수 주사를 맞고도 종양의 크기를 크게 줄였던 라이트 씨의 몸은 플라세보 효과를 톡톡히 보았지만, 그것이 거짓이라는 의학 잡지의 기사로 인해 심각한 노세보 효과가 일어났다. 이 사례는 환자가 몸과 약에 부여하는 '의미'가 어떻게 새로운 '몸의 이야기'를 만들어내는지를 보여주는 한 편의 연극이다.

내가 치과 대학에 다니던 1970년대에는 의사가 한 명도 없는 무의촌이 적지 않았고 예비 의료인인 의과나 치과 대학생들이 그 공백을 메우곤 했다. 무료 진료소를 차리면 많은 환자들이 몰려들었는데 정신없이 진료를 하다보면 준비한 항생제가 바닥이 나는 경우도 많았다. 그러면 노련한 선배가 조용히 말 잘 듣는 후배를 부른다. 그리고 설탕과 밀가루를 잘 섞어 정성스레 포장을 하라고 명령한다. 선배는 항생제가 필요한 환자에게 이 약을 처방했는데 진짜 항생제 못지않은 치료 효과를 보이더라는 이야기다. 우리는 그 약을 '구라마이신'이라 불렀다.

이렇게 플라세보는 가짜이고 거짓이지만 유용한 결과를 낳는 불가사의한 현상이다. 그러니 환자를 돕는 것을 첫째 목적으로 하지만 또한 철저하게 과학적 진실에 입각해야 하는 현대 의학의 입장에서는 받아들일 수도 거부할 수도 없는 뜨거운 감자인 셈이다. 과학적 방법론에 따르면 분명 거짓이지만 동시에 '거짓이기 때문에 유용하다'는 사실을 받아들일 수 없기 때문이다. 하지만 라이트 씨의 사례는 거짓의 유용성과 진실의 해악을 보여주는 부인할 수 없는 증거다.

가끔 치료하고, 자주 도와주며, 항상 위로하라

현대 의학은 일상적으로 플라세보를 경험하면서도 그것의 논리적·인식론적 모순 때문에 지금껏 과학적 탐구의 대상으로 삼지 못했다. 1990년대에 미국에서 조직된 플라세보 관련 국제학술대회에서는 다양한 분야의 학자들이 여러 주장을 펼쳤을 뿐, 이 현상을 설명할 어떤 통일된 전제조차 찾지 못했다. 그러다가 2000년대에 들어서면서 조금씩 상황이 달라지기 시작하는데 그 까닭은 새로운 과학적 발견으로 인한 사유 양식의 변화가 일어났기 때문이다. 이 변화는 주로 진화생물학과 인지과학*에 의해 추동되었다.

> *인간이나 생물의 인식 과정을 대상으로 하여 지식의 표현, 추론 기구, 학습, 시각·청각의 메커니즘 따위를 연구하는 과학.

간단히 요약하면, 플라세보는 병이 들었거나 상처를 입은 가족과 동료를 정성껏 보살피던 우리 진화적 조상들의 몸속에 차려진 천연의 약방이다. 병든 환자를 보살피던 가족과 이웃은 치유 효과가 있는 행위나 약초를 제공하면서 따뜻한 손길과 위로를 건넸을 것이다. 불행한 일을 당한 동료를 보살피고 위로하는 일은 침팬지나 보노보 그리고 돌고래의 사회에서도 흔히 발견된다. 상처를 핥거나 덮어주고 약초를 제공하는 등 치유 효과가 있는 행위와 위로의 행위가 동시에 행해지다 보니 그 두 행위가 조건화된다. 종소리를 들려주면서 먹이를 주는 일이 반복되다 보면 종소리만 울려도 침을 흘리는 파블로프의 개처럼 말이다. 그래서 그 다음에는 위로의 행위만으로도 치유를 얻을 수 있게 조건화되는 것이다.

이 가설은 일부 실험적 증거로 확인된 바 있다. 플라세보 효과를 경험한 환자의 경우 통증을 완화하는 엔도르핀의 분비가 많아진다는 보고가 있다. 이때 엔도르핀의 효과를 억제하는 날록손이라는 약제를 투여하면 플라세보 효과가 사라진다는 보고도 있다. 물론 이는 플라세보를 설명하는 여러 가설 중 하나일 뿐이고 플라세보를 설명하는 이론이 단 하나일 이유도 없다. 그래서 흔치 않은 플라세보 연구자인 이탈리아의 베네데띠Fabrizio Benedetti는 플라세보를 단수가 아닌 복수로 써야 한다고 주장한다. 위에서 설명한 조건화 가설은 플라세보를 설명하는 많은 가설 중 하나일 뿐이라는 것이다.

이제 진화의 거시적인 구도와 인지·면역·내분비(호르몬의 생성) 등의 미시적 메커니즘을 연결하면 플라세보를 설명할 수도 있으리라는 희망이 보이기 시작한다. 진화는 우리의 조상들이 생존과 번식에 유리한 형질을 축적해온 기나긴 과정이다. 그 과정에 몸을 보호하고 유지하는 생체 시스템이 진화했다. 플라세보는 이런 생체 시스템들이 협동하여 만들어낸 생명 유지의 한 경로일 것이다. 이 경로에서 몸과 마음은 지금 우리가 생각하듯이 따로 떨어진 실체가 아니었을 것이다. 플라세보는 먼 조상들의 삶 속에서 생존과 번식에 유리했기 때문에 진화한 '무의식에 새겨진 자동 반응'이다. 플라세보 연구자이며 임상 의사인 하워드 브로디Howard Brody는 이것을 '당신 속의 약방your inner pharmacy'이라 불렀다. 나는 '내 속의 무당'과 협력하는 '진화의 약방'이 더 그럴듯한 이름이라 생각한다. 내 속의 무당은 문화적 현상이고 진화의 약방은 과학적 사실이다. 플라세보는 이 두 가지를 뒤섞어야만 제대로 이해할 수 있는 경험이고 현상이며 사실이다.

의사들 사이에 내려오는 오래된 격언이 있다. "가끔 치료하고 자주 도와주며 항상 위로하라!" 치료는 과학적 행위이고 도와주고 위로하는 것은 사회적이고 인간적인 행위다. 과학적 의학은 그 둘을 잇는 연결 고리를 잃어버린 지 오래다. 어쩌면 플라세보 속에서 잃어버린 연결 고리를 찾을 수 있지 않을까?

플라세보 효과를 막는 '이중 눈가림과 임의통제시험'

제약 회사가 어떤 질병에 효과가 있는 신약을 개발했다고 하자. 그 회사는 그 약이 효과가 있을 뿐 아니라 심각한 부작용이 없음을 증명하는 자료를 제출해야 시판 허가를 받을 수 있다. 그 증거자료를 얻기 위해 실제로 환자에게 투여해보는 임상 시험을 해야 한다. 제약 회사 입장에서는 임상 시험의 결과가 긍정적이기를 바라는 것이 당연하다. 환자의 입장에서도 그 약이 자신의 질병을 더 효과적으로 치료해주기를 바라고 담당 의사도 마찬가지다. 문제는 이런 바람들이 시험 결과에 영향을 미칠 수 있다는 것이다. 그래서 아주 엄격한 규칙을 만든다. 이중 눈가림과 임의통제시험(double-blinded randomized controlled trial)이 그것이다. 이는 약효가 있다고 주장하는 약과 포장만 그럴 듯하게 한 아무 약효도 없는 플라세보를 구별할 수 없을 정도로 똑같이 만든 다음, 처방을 하는 의사도 약을 먹는 환자도 그 약이 어떤 것인지 모른 채 복용하도록 하는 방법이다. 누가 어떤 약을 먹는지는 오직 데이터 통제 센터의 컴퓨터만 알고 있고 시험이 끝나야만 공개된다.

이 방법은 실제의 약효를 플라세보 효과와 비교하기 위한 것인데 나중에 자료를 분석했을 때 플라세보보다 효과가 좋아야 치료 효과를 인정받게 된다. 이 방법은 일단 플라세보의 효과를 인정한다. 그러니 아무 치료를 하지 않은 환자와 비교하지 않고 플라세보와 비교를 하는 것이다. 그 다음 플라세보의 효과를 제거한다. 그래서 치료약의 효과는 전체 효능에서 플라세보의 양만큼을 뺀 것이 된다.

신약의 임상 시험에서도 드러난 것처럼 현대 의학의 입장에서 플라세보는 버릴 수도 취할 수도 없는 골칫거리인 셈이다. 지금 할 수 있는 것은 이 골칫거리를 새로운 과학의 화려한 무대에 올릴 수도 있지 않을까 하는 기대를 가지는 것 정도이다.

마음의 병을 몸으로 앓는 사람들

슬픔에 눈먼 캄보디아 여인들

항상 긍정적인 방향으로만 움직일 수 없는 것이 마음이다. 마음 또는 사회적 관계가 생물학적 몸을 파괴하거나 죽음으로 몰아넣는 사례는 넘칠 정도로 많다. 이를 노세보Nocebo라 하는데 집단적으로 앞을 볼 수 없게 된 캄보디아 여인들의 사례가 가장 극적이다. 다음은 1991년 6월 《뉴욕타임스》에 실린 기사다.

> 캘리포니아에는 모든 안과 검사에서 아무 이상이 없는데도 정신적 충격으로 맹인이 된 독립적 사례가 200여 건이나 있다고 한다. 이들은 모두 캄보디아에서 피난 온 난민 여성들이었는데 공통적으로 가장 가까운 가족이 고문을 받고 죽어가는 모습을 강제로 지켜보아야만 했던 아픈 경험이 있다고 한다. 그들은 "앞을 볼 수 없을 때까지 울었다"고 한다.

'울었다'와 '앞을 볼 수 없다' 사이에 생물학적 인과관계는 없다. 의미의 연관이 있을 뿐이다. 그런데도 200명이나 되는 사람들이 같은 증상을 보이며 같은 이야기를 한다는 것은 이사건이 단순한 생물학적 현상 이상이라는 뜻이다. 이들에게 '울음'과 '봄' 사이에는 깊은 의미의 연관이 만들어졌을 것이다. 사랑하는 사람의 고통과 죽음을 지켜'봄'으로써 야기된 슬픔, 울분, 공포의 '울음'이기 때문이다. 그래서 사랑-고통-죽음을 바라봄과 슬픔-울분-공포의 울음이 쌍으로 엮인다. 그들의 무의식은 '봄'과 '울음' 사이의 연결을 끊으려는 방어기제를 작동시켜 그 끔찍한 장면을 보지 않으려 했을 것이다. 그러나 보지 않을 수 없게 강제된 상황이므로 내면 깊숙한 곳에서 스스로 눈을 멀게 하는 기제를 작동시켰을 것이다.

나는 이 사례에 대해 의학자들이 어떻게 반응했는지 궁금해서 당시의 학술 자료들을 뒤져보았지만 이 사건에 대해 언급한 의학 논문을 단 한 편밖에 찾을 수 없었다. 물론 유일한 논문 속에도 납득할 만한 설명은 없었다. 아직은 우리가 알지 못하는 어떤 내면의 힘이 있을 것이라는 정도로 만족할 수밖에 없을 것 같다.

의사의 조상은 무당

의학이 아직 그럴듯한 설명을 내놓지는 못했지만, 캄보디아의 여인들과 비슷한 사례가 존재한다는 사실은 일찍부터 알고 있었다. 생리학의 선구자로 인정받는 월터 캐넌Walter Bradford Cannon은 1942년 호주의 마오리 부족에서 주술사의 저주가 있거나 전통적으로 내려오던 터부를 위반했을 때 갑자기 죽음에 이르는 사람들의 사례를 보고한 바 있다. 한 여인이 어떤 과일을 먹었는데, 부족이 전통적으로 먹어서는 안 되는 특수 지역에서 가져온 것임을 알게 된 뒤 하루도 지나지 않아서 사망한 사례도 있다. 그 과일에는 생명을 위협하는 어떤 물질이나 미생물도 없었다. 이뿐만이 아니다. 마을의 의사 겸 주술사가 마법의 뼈로 자신을 가리키는 것을 본 젊은이가 죽음을 직감하고 앓아누웠지만, 주술사가 그런 의도가 아님을 알려주자 곧바로 회복되었다는 사례 보고도 있다.

이런 일이 원시 부족에게만 벌어지는 것도 아니다. 의학 잡지에도 이와 비슷한 사례를 겪은 현대인에 대한 보고가 많다. 1964년에는 어머니에게서 심한 욕설과 저주를 들은 직후 천식 발작을 일으켜 갑자기 사망한 아들의 사례가 발표되기도 했고, 1992년에는 암으로 진단된 젊은이가 갑자기 사망했는데 부검을 해보니 그의 암 덩어리는 죽음과 아무런 인과관계가 없을 정도로 작더라는 보고도 있었다. 모두 마음의 상태 또는 사회적 관계가 몸의 생물학적 상태를 극적으로 변화시킨 사례들이다.

현대 의학은 아직도 왜 이런 일이 생기는지에 대해 제대로 설명하지 못한다. 우리 조상들도 모르긴 마찬가지였지만 적어도 그런 경험에 합당한 문화와 담론은 가지고 있었다. 주술과 의술의 뿌리가 같다는 게 그 증거 중 하나다. 동아시아 문명에서 의사[醫]의 조상은 무당[巫]이다. 의술을 뜻하는 한자 '醫(의)' 대신에 '毉(의)'를 쓰기도 한다는 사실은 의사의 조상이 무당이라는 강력한 증거 중 하나다. 이 글자 醫는 화살에 맞고[医] 창에 찔린[殳] 사람을 약의 대명사인 술[酉]로 치료하는 이야기 구조를 담고 있다. 그런데 약[酉] 대신 무당[巫]이 들어가도 같은 뜻의 같은 글자라는 사실은 애초에 질병의 치료에 무속이 포함되어 있었다는 강력한 증거가 아니고 무엇이겠는가. 그러니까 무(巫)에서 의(毉)가 되고, 이것이 다시 의(醫)로 변화해왔다는 이야기다. 플라세보는 이 의(醫 또는 毉) 속에 잠재되어 있던 무(巫)의 요소가 드러나는 것일지도 모른다. 과학을 토대로 한 현대 의학은 의(醫)에서 무(巫)의 요소를 잘라냄으로써 플라세보와 노세보를 설명할 수 있는 가능성을 스스로 차단해버린 셈이다.

몸은 살리나 영혼은 죽이는 '명예 살인'

광화문 네거리에 있는 혜정교 터는 부패한 관리를 끓는 물에 삶아 죽이는 팽형이 행해지던 장소였다.

우리 조상들은 의와 무의 관계를 차단하는 것이 아니라 오히려 적극적으로 활용하기까지 했다. 일부러 환자의 심기를 건드려 화를 내도록 하는 처방이 있었을 정도다. 물론 환자가 황제와 같은 권력자라면 의사의 목숨이 걸린 위험한 처방이지만, 역사는 이런 용감한 의사의 모습을 기록하여 환자뿐 아니라 의사의 몸도 마음과 분리될 수 없는 하나임을 보여준다.

병을 치료할 때뿐 아니라 법이나 규범을 위반한 사람을 처벌하는 방법에도 몸과 마음의 분리 불가능성이 전제되어 있다. 조선 시대에는 범법자를 처형하는 방법이 여럿 있었는데 그 중 가장 약한 것이 끓는 물에 삶아 죽이는 팽형烹刑이었다고 한다. 주로 백성의 재물을 탐한 관리들에게 행해지는 처형 방법이었는데, 생물학적 죽음이 아닌 사회적 존재를 말살하는 공개적 의식이었다.

지금 광화문 네거리에 있던 혜정교라는 다리의 한복판에 커다란 가마솥을 걸고 죄인을 그 속에 집어넣는다. 형의 집행자들은 장작불을 때고 미지근해진 물을 죄인에게 붓는다. 이어서 죄인의 죽음이 선포되고 '살아 있는 시체'는 가마솥에서 상여로 옮겨져 가족에게 인계된다. 이후 죄인은 생물학적으로는 살아 있으되 사회적으로는 완전히 죽은 사람이 된다. 호적에도 죽은 사람으로 등재된다. 그가 만약 아이를 낳는다면 그 아이는 근본이 없는 사생아가 되어 호적에도 올릴 수가 없게 된다. 친척이나 친구도 찾아오지 않고, 죽은 사람이 돌아다닌다는 손가락질이 두려워 집밖에 나서지도 못한다.

팽형을 당한 사람은 생물학적으로만 살아있을 뿐 심리-사회적으로는 죽은 사람이다. 그리고 심리-사회적 죽음은 바로 생물학적 죽음으로 이어지기 마련이어서 심각한 병을 앓거나 스스로 목숨을 끊는 경우가 많았다고 한다. 사형이 선고될 당시 죄인은 스스로 목숨을 끊는 자결과 팽형 중 하나를 선택할 수 있는데 명예를 중시한 조선 시대의 사대부라면 당연히 자결을 선택했을 것이다. 나중에라도 결백이 밝혀진다면 자결을 선택했던 사람은 죽어서도 복권이 되지만 팽형을 당한 사람은 살아 있더라도 복권되지 못했다고 한다.

마음의 상처가 몸으로 번지는 '인격 살인'

조선 시대의 팽형이 죄인의 사회적 권리와 명예를 죽이는 살인이었다면 인터넷에 떠도는 특정인을 향한 악의적으로 왜곡된 정보들은 그 사람의 인격을 말살하는 인격 살인이다. 원시시대에는 의사를 겸한 주술사를 통해 전달되는 초자연적인 힘이 사람을 죽였고, 조선 시대에는 사회적 단절을 통해 죽음보다 더한 고통을 주는 형벌이 가해졌지만, 첨단 정보 통신의 시대에는 익명의 네티즌 또는 정보를 독점한 권력이 만들어내는 가짜 정보와 이미지가 특정인의 인격을 말살해 죽음에 이르게 하는 일이 적지 않다. 인터넷에 떠도는 악성 루머에 시달리다 스스로 목숨을 끊은 여배우 등의 사례가 대표적인 경우다.

이 모든 사례는 우리 몸이 생물-심리-사회적으로 얽혀 있는 복잡한 네트워크임을 보여준다. 앞 장에서 살핀 플라세보가 심리-사회적 몸인 마음의 긍정적 서사가 몸을 일으켜 세우는 이야기였다면 이번 장에서 말한 노세보는 마음의 부정적 서사가 몸을 망가뜨린 사례들이다. 마음은 몸으로 말을 한다. 우리는 몸을 통해 마음의 목소리를 들을 수 있고 들어야 한다. 그것이 새 시대의 새로운 의학이 가야 할 방향일 것이다.

건강을 앓는 건강염려증

"눈물의 출구를 찾지 못한 슬픔은 내장을 울게 한다"라는 말이 있다. 해소되지 못한 욕구나 불만을 스스로 해결할 수 없을 때, 무의식적으로 그 원인을 자신의 몸에서 찾으려 하는 경우를 두고 하는 말이다. 그래서 여기저기 불편한 곳이 생기고 자신이 심각한 질병에 걸렸다고 철석같이 믿어버린다. 그리고 그 진단을 확인하기 위해 끊임없이 여러 병원을 전전하는데, 이런 경우를 '건강염려증hypochondriasis'이라 한다. 엄밀한 의학적 진단에서 아무런 질병의 증거가 발견되지 않는데도 환자는 걱정을 멈추지 않는다. 환자의 몸에는 아무런 이상이 없으므로 그야말로 '건강을 앓는 사람'인 셈이다.

만성적으로 걱정을 하다 보면 정말로 걱정하던 병의 증상을 보일 수도 있다. 기질적으로는 아무 이상이 없지만, 몸은 질병을 찾으려는 무의식과 공모하여 끊임없이 그 병을 시뮬레이션하기 때문이다. 이런 상태가 길어지면 노세보와 거의 같은 과정을 거쳐 기능적 수준을 넘어 기질적 병변으로 넘어갈 가능성도 없지 않다.

19 환상통의 근원을 찾아서

우리 게이지 씨가 달라졌어요!

신경 과학의 역사에는 유명한 의사나 과학자만큼이나 유명한 환자도 많이 등장한다. 그들이 보여준 다양한 증상으로 뇌의 어떤 기능이 손상되었는지 관련지을 수 있게 되었기 때문이다. 그중 가장 유명한 사람이 피니어스 게이지Phineas Gage라는 철도 노동자다. 그는 철도 건설 현장의 십장으로 무척 성실하고 자제력이 강한 25세의 젊은이였다. 어느 날 발파작업을 위해 바위에 구멍을 뚫고 폭약을 넣은 다음 그것을 쇠막대기로 다져서 넣는 작업을 하고 있었다. 그런데 어떤 이유에서인지 작업이 끝나기도 전에 폭약이 터져버리고 말았다. 이 과정에서 폭약을 다지는 데 쓰던 쇠막대기가 날아와 게이지의 머리를 관통했다.

 엄청난 사고였지만 게이지는 기적적으로 회복해 몇 달 뒤 현장에 복귀한다. 그런데 회복된 이후의 게이지는 더 이상 예의바르고 자제력이 강하며 친절한 청년이 아니었다. 충동을 참지 못하고 사사건건 시비를 거는

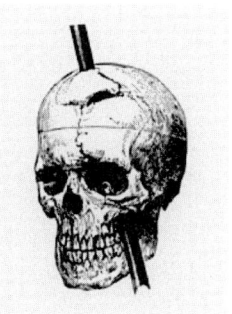

(좌) 사고 이후 회복된 게이지의 모습. 왼 손에 들고 있는 것이 그의 머리를 뚫고 지나간 쇠막대기다. (우) 게이지의 사고를 재현한 두개골의 모습. 게이지의 실제 두개골은 하버드 의학 박물관에 보관되어 있다.

거친 성격을 가지게 된 것이다. 의사들은 이렇게 달라진 마음과 행동의 원인을 쇠막대기가 뚫고 지나면서 날려버린 뇌의 전두엽˙에서 찾았다. 이런 경로를 통해 게이지의 행동은 억제되지 못한 본능으로 상징되고, 전두엽은 그것을 억누르는 사회적 품성을 상징하는 자리가 되었다.

˙ 대뇌의 전방에 있는 부분으로 기억력·사고력 등의 고등행동을 관장한다. 포유류 중에서 고등한 것일수록 잘 발달되어 있고 인간은 특히 현저하게 발달해 있다.

이제 마음이 뇌에서 온다는 사실에는 의문의 여지가 없어졌다. 다만 '어떤' 마음이 뇌의 어떤 부위에서 나오는가의 문제만이 남게 되었다. 골상학이 두개골을 구획했듯이 이제는 기능에 따라 뇌를 구획하기만 하면 될 것 같았다. 마음만이 아니었다. 우리가 하는 행동 하나하나가 뇌에서 나오는 것이었다.

뇌 속에 작은 사람이 들어 있다

마음과 행동의 자리 찾기에서 가장 먼저 이름을 남긴 사람은 폴 브로카 Paul Broca라는 프랑스 의사였다. 그는 의식은 멀쩡하지만 말을 할 수 없었던 실어증 환자의 사후 부검을 통해 지금은 '브로카 영역'으로 알려진 부위의 이상이 실어증의 원인이었음을 밝혔다. 하지만 언어라는 기능은 그렇게 단순하지 않았다. 문장 구조를 인지하고 만들어내는 것과 문장의 뜻을 이해하는 것, 그리고 소리를 만들어내는 것 등 복잡한 기능들이 어우러져야 비로소 말을 할 수 있다. 이후 말은 하되 도무지 뜻을 이해할 수 없는 환자의 경우 '베르니케 영역'이라는 부위에 손상이 있었다는 사실이 발견되었다. 20세기 과학이 유전자 지도를 완성했듯이 19세기 과학자들은 그렇게 뇌의 지도를 그려나가기 시작했다.

이 중에서 가장 극적인 지도가 와일더 펜필드Wilder Penfield의 '뇌 속의 작은 사람Homunculus'이다. 펜필드는 간질 환자를 주로 보던 의사였는데, 간질 발작을 없애려면 먼저 뇌의 어떤 부위에서 그 발작의 신호가 나오는지 알아야 했다. 그리고 신호의 출발점을 찾아내려면 뇌 전체를 뒤져 어떤 부위를 자극했을 때 발작이 시작되는지 찾아내야 했다. 이렇게 뇌를 부위별로 자극하면서 그 반응을 조사하는 과정에서 펜필드의 뇌 지도가 완성되었다.

그는 감각의 지도와 운동의 지도를 각각 그렸다. 운동의 지도는 대뇌의 앞쪽 띠 모양 구조에, 감각의 지도는 바로 뒤쪽에 동일하게 위치한 띠 모양 구조에 들어 있었다. 이 구조의 특정 부위에 자극을 주었을 때 신체 특정 부위에 감각을 느끼거나 움직임이 일어나면 그곳이 해당 신체 부위를 대표하는 뇌 부위가 되었다. 예컨대 A라는 부위를 자극했더니 입술이 실룩거렸다면 그 부위가 운동의 지도에서는 입술이 된다. 그 주위를 계속

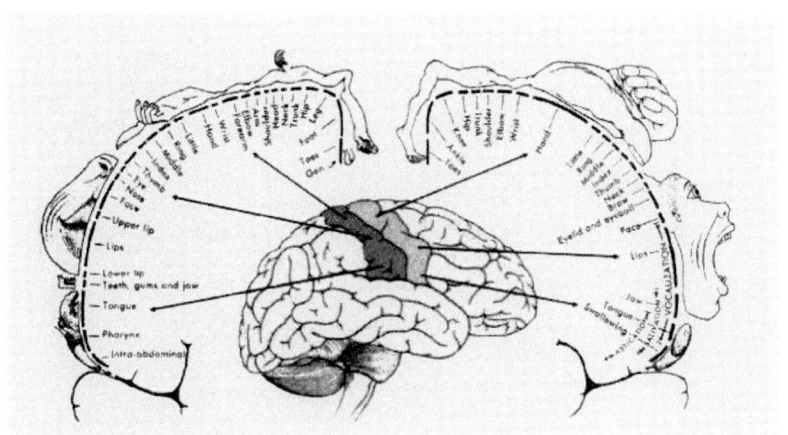

1950년 펜필드가 펴낸 『사람의 대뇌피질』에 실린 뇌 속의 작은 사람. 왼쪽은 감각을 담당하는 뇌 속의 작은 사람(somatosensory homunculus)이고 오른쪽은 운동을 담당하는 뇌 속의 작은 사람(motor homunculus)이다. 대뇌피질의 위치와 넓이를 실제 신체 부위의 크기로 표현했다.

자극했더니 역시 입술이 움직였다면 입술을 움직이게 하는 대뇌피질의 면적만큼 입술을 크게 그린다. 이 지도를 보면 입술, 혀, 손의 감각과 운동을 담당하는 뇌의 면적이 다른 부위에 비해 월등히 넓은 것을 알 수 있다. 손과 입술의 감각과 운동이 다른 부위에 비해 훨씬 정교하니 그런 일을 담당하는 뇌의 부위가 넓은 것이 당연하다.

  이 지도는 우리가 뇌를 이해하는 데 아주 중요한 기여를 했지만, 일상의 다양한 경험과 활동 중에서 오로지 감각과 운동만을 무미건조하게 표상할 뿐, 삶의 깊고 풍부한 경험을 표상하지는 못한다. 예컨대 이 지도에는 왜 생식기처럼 민감하기 이를 데 없는 신체 부위가 빠져 있을까? 이 질문을 화두 삼아 운동과 감각의 일대일 대응으로는 설명할 수 없는 신기한 경험의 사례를 살펴보자.

없어진 손가락이 아파요!

작업 도중 작업복의 소매가 기계로 말려들어가 한쪽 팔을 절단해야만 하는 상황을 상상해보자. 당신은 팔을 제거하는 수술을 받고 수술 상처도 아물어 퇴원을 했다. 이제 의수를 맞추고 사용법을 익히는 등 재활 치료를 받을 차례다. 그런데 사라진 손가락이 되살아난 것처럼 아파온다. 도대체 무슨 일이 생긴 것일까?

본인이 직접 이런 현상을 경험했던 영국의 해군 제독 넬슨은 이것이 바로 영혼의 존재를 증명하는 현상이며, 자신이 그 영혼을 느낄 수 있다는 사실을 자랑스러워했다고 한다. 하지만 팔이나 다리를 절단하는 수술을 받은 사람의 95퍼센트가 사라진 팔다리의 존재를 느낄 뿐 아니라 평생 동안 그 부위가 가렵거나 아픈 증세를 보인다니 별로 자랑스러워할 일은 아니다. 오히려 이렇게 많은 사람들이 상식으로는 이해할 수 없는 경험을 했는데도 과학이 이를 제대로 설명하지 못한다는 점이 문제다. 보이고 만져지는 존재만이 모든 현상의 원인일 수 있다는 오래된 통념 때문이다. 그러니 존재하지도 않는 손가락의 아픔이라는 현상을 이해하지 못한 채로, 몸과는 다른 영역에 속하는 영혼을 끌어들일 수밖에 없는 것이다.

한편 20세기 후반부터 눈부시게 발전하고 있는 신경 과학은 그렇게 분리되었던 몸과 마음을 통합할 새로운 틀을 제공해주고 있다. 뇌는 감각과 운동을 비롯한 다양한 신체 기능의 지도가 들어 있는 몸 전체의 축소판이다. 이 지도들은 몸의 상태에 따라 수시로 업데이트된다. 특히 손가락과 혀처럼 예민한 부위를 담당하는 영역은 수시로 손가락 또는 혀와 소통하면서 필요한 정보를 업로드하고 다운로드한다. 우리가 젓가락으로 음식을 집어 혀로 맛을 느끼면서 식사를 하는 동안에도 혀와 손의 감각신경과 운동신경들은 대응하는 뇌 부위와 끊임없이 신호를 주고받는다. 이렇게 다른 부위보다 정보량이 많다 보니 뇌와 혀, 뇌와 손가락 사이에는 초고속 광케이블이 깔린다. 뇌는 말초에서 올라오는 정보를 그간의 경험으로 형성된 회로와 비교해 현 상황에 필요할 것 같은 신호를 말초로 보낸다. 그런데 말초로부터의 업로드가 갑자기 사라지자 뇌는 정보를 업데이트하지 못하고 이전에 형성된 회로에 따라 신호를 만들어낸다. 하지만 이 신호는 말초로 다운로드되지 않고 중추를 맴돈다. 그것이 잘못된 신호라는 말초로부터의 피드백도 받지 못한다. 그래서 손이 사라진 뒤에도 사라지기 직전의 신호가 뇌에 남아 있게 된다. 손에서 수류탄이 터진 병사는 그 고통스러운 폭발 순간의 신호가 끝없이 반복될 수도 있다. 환상통은 중추와 말초의 소통이 단절되어 중추가 현실과 부합하지 않는 신호를 보내기 때문에 생기는 현상이다.

뇌를 속여 신호를 바로잡는 법

뇌가 잘못된 신호를 만들어낸다면 그 신호를 바로잡으면 된다. 하지만 어떻게 바로잡을 수 있을까? 샌디에고에 있는 캘리포니아 주립대학의 신경학자 라마찬드란Vilayanur Ramachandran 박사는 놀랍도록 간단하면서도 상식적인 해결책을 제시한다. 그것은 바로 거울을 이용한 처방이다. 사고로 왼손을 잃은 환자가 있다. 이 환자의 몸 가운데로 반사면이 오른쪽을 향하도록 거울을 놓는다. 그 거울에 오른손을 비춘다. 거울 속에는 오른손의 상이 맺히지만 내 입장에서 보면 영락없는 왼손이다. 오른손을 이리저리 움직이며 거울 속을 바라본다.

왼손이 움직이고 있다고 느끼는 순간 그 신호가 중추로 전달된다. 막혔던 신호들의 통로가 열리고 통증을 일으켰던 신호도 주변으로 흩어진다.

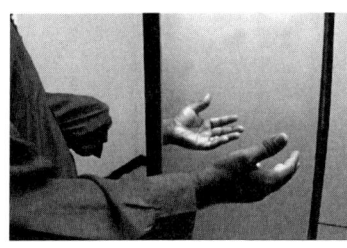
라마찬드란 박사가 고안한 뇌 신호 교정법

뇌를 속여서 안정된 몸과 마음을 얻는 것이다.

뇌라는 기관은 사전에 설계된 길을 만들어가는 토목공사의 시공 기관이 아니다. 뇌는 대체로 유전자에 기록된 계획에 따라 성장하고 발육하지만, 일단 성장이 끝난 다음에는 스스로 길을 개척하는 탐험가가 되어야 한다. 그래야 처음 만나는 상황에서도 새로운 대처법을 찾아낼 수 있다. 길이 막혔으면 돌아가기도 하고 새로운 길을 만들기도 한다. 복잡하고 무질서할 수밖에 없지만 오히려 그렇기 때문에 놀라운 일을 해내기도 한다. 그러니 뇌 활동에 관한 거대한 설계도를 찾기보다는 뇌가 주어진 상황에서 어떻게 임기응변을 하는지 알아내는 것이 실생활에서는 더 유리하다. 라마찬드란의 거울은 바로 그 임기응변의 기술을 이용한 일종의 트릭이다. 뇌는 몸을 지배하는 독재자가 아니라 몸과 환경에서 오는 다양한 신호와 정보를 종합해 새로운 대처 방법을 만들어내는, 그래서 언제나 새로운 이야기를 하는 만담꾼이다.

보고도 모르고, 듣고도 모르는 실인증

사라진 손발이 마치 살아 있는 것처럼 아픈 현상이 환상통이라면, 분명히 보고 듣고 만져본 것에 대해 무엇을 보고 듣고 만졌는지 모르는 것을 실인증失認症, Agnosia이라 한다. 신경계에는 전혀 문제가 없는데도 말이다. 이 중 안면실인증prosopagnosis의 경우 가족이나 친구 심지어는 거울에 비친 자신의 얼굴조차도 알아보지 못한다. 이 증상은 대개 뇌의 특정 부위에 손상을 받아서 생기지만 드물게는 선천적으로 또는 발육 이상으로 생기기도 한다. 주로 방추형이랑fusiform gyrus이라는 부위가 손상되었을 때 생긴다. 우리나라에도 잘 알려진 신경과 의사 올리버 색스Oliver Sacks의 책 『아내를 모자로 착각한 남자』가 바로 그런 환자의 이야기다. 여기 나오는 주인공 Dr.P는 아내를 모자로 착각할 만큼 '보이는 아내'는 전혀 알아보지 못하지만 목소리를 듣고는 금방 아내인 것을 알아차린다.

보이지 않는 손들은 악수를 한다

첫 번째 이야기: 판단할 것인가 느낄 것인가?

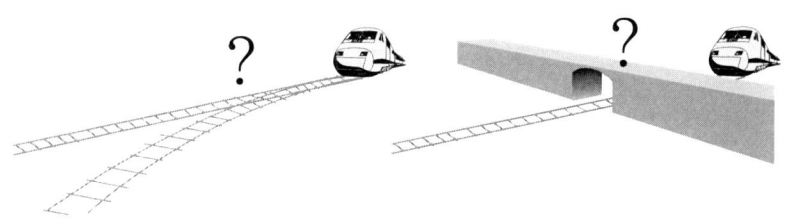

마음을 연구하는 과학자들은 실험을 한다. 가상의 상황을 만들고 사람들에게 그런 상황이라면 어떻게 하겠느냐고 묻는다. 그리고 그 대답 속에서 마음의 경향을 추론한다. 위 그림은 그런 실험 중에서 가장 유명한 사례를 보여준다. 브레이크 풀린 화차가 운전자도 없이 선로를 따라 돌진하고 있다. 그 경로에 다섯 사람의 인부가 작업 중이다. 당신은 우연히 화차의 경로를 바꿀 수 있는 레버 곁에 서 있었는데 반대편 경로를 보니 한 사람의 인부가 일을 하고 있다. 만약 당신이 그 레버를 돌리면 다섯 명을 살리는 대신 반대편 인부 한 명을 죽이게 된다. 당신이라면 이 상황에서 어떻게 하겠는가?

이번에는 상황을 약간만 바꿔본다. 선로를 바꿀 수 있는 레버는 없다. 그 대신 당신은 선로 위에 놓인 다리 위에 서 있다. 당신 곁에는 무척 뚱뚱한 사람이 짐을 진 채로 서 있다. 만약 당신이 그 사람을 밀어 선로에 떨어뜨린다면 그 사람은 희생되겠지만 다섯 명의 인부를 살릴 수 있다. 당신이라면 어떻게 하겠는가?

집단마다 다소 차이는 있지만 첫 번째 경우에는 대부분이 한 사람을 희생시켜 다섯 명을 구하는 결정을 지지한다. 하지만 두 번째 사례에서는 그런 결정을 꺼리는 경향이 뚜렷해진다. 한 사람을 희생시켜 다섯 사람을 구한다는 결과는 똑같지만 그 과정에 희생자에게 직접 해를 가하는 감정이 개입된 행동을 해야 하기 때문이다. 첫 번째 사례에서는 도덕 '판단'이 두 번째에서는 도덕 '감정'이 강하게 작용한 결과다. 하지만 이는 어디까지나 순수한 가정에 근거한 실험일 뿐이다. 실제 상황에서 내가 어떻게 행동할지는 나도 모른다.

두 번째 이야기: 판단이나 느낌보다 빠른 것은?

나는 서울에서 30킬로미터쯤 떨어진 안양이라는 곳에서 태어나 자랐고 지금까지 거기서 살고 있다. 지금이야 인구가 수십만 명이나 되는 큰 도시가 되었지만 1950~1960년대에만 해도 인구가 만 명이 안 되는 작은 읍이었다. 읍내 장터에는 소와 말이 많았다. 우리는 그것들이 싸질러놓은 배설물을 피해서 걸어야 했다. 장터 중심에 있는 읍민관에는 〈외팔이 검객〉이라는 홍콩 영화의 간판이 걸려 있었다. 다양한 표정과 차림새를 한 많은 사람이 오고 갔는데 그들 중에 지금까지도 그 모습이 뚜렷이 떠오르는 한 사람이 있다. 내 기억 속의 그 남자는 10대 후반으로 보이는 잘 생긴 소년이다. 그는 영화 속 주인공이 아닌데도 한쪽 팔과 다리가 없었다. 외팔이에다 외다리였던 것이다. 그런데도 한쪽 팔과 다리로 목발을 이용해 씩씩하게 걷는 모습이 무척 인상적이었던 모양이다. 내가 그를 본 건 기껏해야 두세 번 정도였는데도 반세기가 지난 지금까지 그 기억이 생생하게 살아 있으니 말이다.

하지만 지금도 그 청년이 또렷이 떠오르는 더 중요한 이유는 학교에서 선생님이 들려주신 다음과 같은 이야기에 있었다. 내가 살던 안양에는 채석장이 있었는데 거기서 채취한 돌을 실어 나르기 위한 선로가 부설되어 있었다. 가끔씩 돌을 가득 실은 열차가 천천히 지나갈 때면 아이들이 그 뒤를 졸졸 따라가곤 했다. 기차는 아주 가끔씩만 운행을 했기 때문에 평시에는 그 선로가 아이들의 놀이터였다. 그런데 어느 날 제동장치가 풀린 궤도차 하나가 선로를 따라 흘러내렸다. 예정된 운행이 아니었으므로 아무런 안전조치도 없었고 세 아이가 선로 위에서 놀고 있었다. 우연히 이 장면을 지켜보게 된 일곱 살짜리 소년이 선로에 뛰어들어 어린 아이들을 밖으로 내던졌다. 하지만 자신은 미처 피하지 못한 채 팔과 다리를 절단해야 할 정도로 심한 부상을 입었다는 것이다.

이야기는 여기서 끝나지 않는다. 팔과 다리를 잃은 친구를 위해 평생을 가까이 살면서 그를 도와온 친구가 있는데 그가 2막의 주인공이다. 주인공은 그 소년과 같은 동네에 살던 동갑내기 친구인데 초등학교와 중학교를 졸업할 때까지 몸이 불편한 친구를 등에 업고 함께 통학을 했다는 것이다. 나중에 확인한 사실이지만 그 초등학교와 중학교는 내가 다니던 바

팔다리를 잃은 친구와 평생을 함께하는 이야기를 담은 SBS 〈순간 포착 세상에 이런 일이〉 방송 장면

로 그 학교들이었고 그분들은 나보다 다섯 살 많은 선배였다.

내 기억 속의 외팔이 소년과 선생님이 말씀하신 아이를 구한 소년이 동일 인물이라는 사실을 확인한 것은 세월이 50년이나 지난 다음의 일이었다. SBS의 〈순간 포착 세상에 이런 일이〉라는 프로그램을 통해서였는데 여기서 팔다리를 잃은 소년의 친구는 환갑이 넘은 지금까지도 친구를 업고 안다니는 곳이 없었다. 알고 보니 내가 사는 곳이 바로 그분의 직장 근방이었다. 나는 그 사실을 알게 된 날 저녁에 두 분을 식사에 초대해 좀 더 자세한 이야기를 청했다.

"어떻게 그렇게 어린 나이에 그런 생각을 할 수 있었어요?"

너무도 판에 박힌 질문이 튀어나왔다. 역시 기억에 남는 답은 없었다. 그리고 잠시 후 딱히 답을 할 수 없는 것이 어쩌면 당연하다는 생각이 들었다. 그런 상황에 무슨 '생각'을 할 수 있었겠는가? 내 판에 박힌 질문은 '생각'과 '마음'이 같은 뿌리에서 나온다는 검증되지 않은 전제에서 비롯된 것이었다. 생각은 계산일 수 있지만 마음은 그냥 몸이 시키는 대로의 움직임 아니던가. 그런 상황에서 생각을 해서 결론을 내렸다면 결코 그런 행동을 하지는 못했을 것이다. 답은 말이 아닌 몸과 마음이 하나가 된 그의 행동과 삶 속에 있었다. 그러니 그분들의 삶은 말과 글로 먹고살면서 보이는 것만 있다고 말하는 나 같은 먹물과 비교할 수 있는 삶이 아니다.

보이지 않는 손들의 악수

　첫 번째 이야기는 우리가 어떻게 도덕적 판단을 하는지에 대한 생각을 돕기 위해 만들어낸 가상의 사건이고 두 번째는 지금도 진행 중인 생활 속의 가슴 찡한 이야기다. 첫 번째는 어떤 선택이 옳은지의 판단을 요구하지만 두 번째는 나에게 그런 행동을 일으킨 마음을 느껴보라고 권한다. 첫 번째는 이렇게 하는 게 '맞아?'의 마음이지만 두 번째는 '안 돼!'의 마음이다. 두 번째 사건의 주인공은 위험에 처한 어린 동생들을 보는 순간 아이들을 구할 확률과 자신이 크게 다칠 확률을 계산했을까? 그래서 어떻게 행동하는 것이 옳은지의 판단을 내렸을까? 아니면 순간적으로 고귀한 희생정신이 솟아올랐을까? 그럴 리 없다. 그의 마음은 철길에 뛰어드는 순간 그냥 '안 돼!'를 외쳤을 것이다. 어린 아이들의 위험을 바로 자신의 위험으로 느꼈을 테니 말이다. 그 마음은 합리적 이성이나 거기서 파생된 감정으로 포장할 수 있는 마음이 아니다. 그 순간 그의 몸과 마음은 하나였고 위험에 처한 아이들과도 강하게 연결되어 있었을 것이다.

　첫 번째 이야기에서 우리가 뚱뚱한 사람을 밀어 떨어뜨린다는 생각에 거부감을 느끼는 것도 물리적으로나 심리적으로 가까운 동료를 자신과 동일시하는 무의식적 공감에 그 이유가 있을 것이다. 첫 번째 이야기는 가까이 있는 사람에게 해를 끼치는 것에 대한 거부감을 말하지만 두 번째 이야기는 자신의 위험을 무릅쓰고 동료를 구하는 적극적 행동을 포함한다는 차이가 있을 뿐이다. 소극적이고 적극적인 차이는 있지만 그 진화적 뿌리는 같다. 소규모 집단에서 수렵과 채집을 생계의 수단으로 삼던 석기시대의 조상들에게는 자신뿐 아니라 동료의 위험을 싫어하고 미워하는 마음이 집단 전체의 생존과 번영에 유리했기 때문이다. 그리고 그 협동의 원리는 지금도 우리의 가슴 속에 살아 있다.

지금은 역사상 가장 합리적 경제체제라는 자본주의가 온 세상의 질서가 되면서 이러한 원초적 감성을 무시하는 풍조가 만연하게 되었다. 그리고 각자가 자신의 이익을 위해 행동하다 보면 자연스레 질서가 생긴다는 '보이지 않는 손'의 논리가 진리가 되었다. 하지만 『국부론』에서 보이지 않는 손을 말했던 아담 스미스Adam Smith가 사실은 『도덕감정론』이란 책에서 타인의 기쁨과 고통을 함께하는 동감sympathy과 동류의식fellow-feeling을 유난히도 강조한 도덕철학자란 사실을 아는 사람은 그리 많지 않다. 세상은 눈에 보이는 이해관계와 그것을 조정하는 보이지 않는 손에 의해 질서를 유지할지는 몰라도, 사람들의 마음속에서는 보이지 않는 손들이 계속해서 악수를 하고 있는 것이다.

과학이 들춰낸 이기심과 이타심

리처드 도킨스Richard Dawkins의 책 『이기적 유전자』는 출간 30년이 넘도록 줄곧 세계적 베스트셀러의 자리를 지키고 있는 거의 유일한 20세기의 과학책일 것이다. 이 책은 생존과 번식을 추구하는 생명의 속성을 최대한의 복제품을 만들어 퍼뜨리려는 유전자의 이기적 행동에서 찾는다. 이 구도에서 우리의 세포나 몸은 유전자의 복제품을 실어 나르는 그릇에 불과하다.

도킨스의 책이 이토록 크게 성공한 비결 중 하나는 그 논리가 지극히 간결할 뿐 아니라 상상적으로 유전자에서 인간을 가로질러 사회의 영역까지 확장될 수 있기 때문인 것 같다. 유전자가 이기적으로 행동한다고 말하는 것에 대해서 도덕적 반감을 가지는 사람은 거의 없을 것이다. 하지만 그러니까 인간도 이기적일 수밖에 없다고 말하는 순간 엄청난 비판이 쏟아진다. 그런데 이 책은 그렇게 말하지 않으면서도 사람들의 상상력을 암묵적으로 그런 쪽으로 잡아끄는 힘을 가지고 있다. 경쟁 사회에서 이기적인 행동으로 득을 보면서도 도덕적으로는 면죄부를 받고 싶은 현대인의 무의식에 호소하는 것이다.

그런 점에서 이 책의 성공은 과학을 넘어선 사회적이고 문화적인 현상으로 볼 수도 있다. 이 책은 이기적 유전자가 생명의 속성이니 인간도 이기적일 수밖에 없다고는 절대로 말하지 않는다. 오히려 인간만이 이기적 유전자에 저항할 수 있는 유일한 생명이라고 한다. 하지만 생명의 행동을 유전자의 '이익'이라는 관점에서만 파악함으로써 협동과 상호부조와 같은 상위 수준의 사회현상을 제대로 다루지 못한다는 치명적 문제가 있다.

1902년 러시아의 생물학자 크로포트킨Peter Kropotkin이 쓴 『상호 부조Mutual Aid』—우리나라에서는 『만물은 서로 돕는다』로 번역되었다—는 이와 전혀 다른 관점을 취한다. 그는 생명의 본질이 자기 이익의 극대화가 아닌 상호 협력을 통해 상생하는 데 있다고 한다. 도킨스와 정반대의 입장이다. 하지만 도킨스도 이익의 관점이긴 하지만 생명의 개체들이 서로 돕는 상호이타주의를 말하기도 한다. '내가 너의 등을 긁어줄 테니 너도 내 등을 긁어다오'의 구조다. 어쩌면 두 사람은 같은 동전의 서로 다른 면을 보고 있는지도 모른다. 하지만 그 동전의 어떤 면을 위로 향하게 두는지에 따라, 즉 생명의 주요한 속성을 경쟁으로 볼지 협동으로 볼지에 따라 세상을 살아가는 방식은 크게 달라질 수밖에 없다.

우리는 일상 속에서 대체로 자신의 이익을 극대화하는 방향으로 행동하지만, 본문의 사례에서처럼 무한히 희생적으로 행동할 수도 있다. 둘 중 하나만을 인간의 본성으로 여기는 태도는 바람직하다고 할 수 없을 것이다.

제4부

유전과 진화

21 피는 유전자보다 진하다

내 가슴을 도려내주세요

1997년 막 영국 유학을 시작했을 때의 일이다. 당시의 최우선 과제는 조금이라도 빨리 영어를 잘 알아들어 강의와 세미나에 적극적으로 참여하는 것이었다. 영어 공부의 일환으로 TV를 보다가 우연히 BBC가 만든 다큐멘터리를 보게 되었다. 주인공은 30대 후반의 여성 방송인이다. 다큐멘터리에서는 이 여인의 일상을 1년 이상 추적하는데, 그녀에게 유방암 유전자가 있으며 그녀의 언니와 어머니가 모두 유방암으로 사망한 가족력이 있다. 이 여인은 자신도 어머니나 언니와 같은 운명이라고 확신한다. 그리고 그 운명을 피할 유일한 길은 암이 생기기 전에 양쪽 유방을 모두 잘라내는 것이라고 생각한다.

유전학의 중심 가설에 비춰보면 그녀의 판단은 지극히 합리적이다. 유방암 유전자라는 직접적 원인과 그것을 자신에게 물려주었거나 공유했을 어머니와 언니의 사망이라는 상황적 증거는 모두 자신의 발병과 사망의 가능성을 강력하게 시사한다. 암이 생길 터전을 없애면 발병하지 않으리라는 생각도 상식에 부합한다.

아무튼 그 여인은 자신의 프로젝트를 완성한다. 이제 다큐멘터리의 마지막 장면이다. 양쪽 유방을 모두 절제하고 재건 수술까지 마친 주인공이 속옷 차림으로 거울 앞에 서 있다. 무척 만족스러운 표정이다. 여기서 이야기가 끝났다면 그냥 어떤 유방암 환자의 이야기를 담은 평범한 프로그램이었을 것이다. 그런데 해설자의 마지막 멘트가 이야기의 성격을 확 바꿔놓는다.

"절제된 유방에 대한 정밀한 해부병리학적 검사 결과 그녀의 유방 조직에서는 어떤 암세포도 발견되지 않았다."

사실 당연한 결과지만, 시청자의 상식은 '아니, 그렇다면 왜 가슴을 잘라낸 거지?'라고 묻는다. 그녀의 수술은 암 조직을 제거하기 위한 것이 아니라 암의 발생을 예방하기 위한 것이었으니 암세포가 없는 것이 당연하다. 만약에 암세포가 발견되었더라도 '그것 봐 수술하기를 너무 잘했잖아!'라면서 기뻐했을 것이다. 그러니 우리가 해설자의 마지막 멘트에 불편해할 이유는 없다.

그런데도 왠지 개운치 않은 것은 유전자와 암의 관계에 관한 나와 시청자의 직관이 이야기 속 주인공과 다르기 때문일 것이다. 유방암 유전자라는 것은 무엇인가? 유방암은 유방에 있는 것인가 유전자에 있는 것인가, 아니면 가족력 속에 있는 것인가? 그것도 아니라면 환자의 마음속 또는 통계적 확률 속에 있는 것인가? 의문이 꼬리를 문다. 그리고 그 의문들은 지금까지도 생명을 이해하고 공부하는 데 무척 중요한 자극제가 되고 있다.

때로는 아는 게 병이다

지금까지 밝혀진 유방암 관련 유전자에는 BRCA1과 BRCA2가 있다. 이 유전자에는 수백 가지의 변이가 있는데 그중 몇 가지가 유방암과 관련이 있는 것으로 알려져 있다. 이 변이들은 가족 중에 여러 명의 유방암 환자가 있는 가계의 구성원에게서 발견된 것인데, 가족력도 있고 이 변이도 있는 사람의 85퍼센트가 유방암에 걸린다. 이런 확률이 바로 다큐멘터리의 주인공이 수술을 결정한 이유다.

하지만 이보다 더 중요한 것은, 유방암 유전자도 있고 가족력도 있는 유방암 환자는 전체 유방암 환자의 5~10퍼센트에 불과하다는 사실이다. 유방암 환자의 90~95퍼센트는 이 유전자와 상관없이 암에 걸린다. 그러니까 이 유전자는 '유방암 가족력이 있는 사람의 유방암 관련 인자'라 부르는 편이 옳다. 아무런 수식어 없이 '유방암 유전자'라고 하면 이 유전자가 모든 유방암의 직접적 원인이라는 잘못된 상식을 퍼뜨릴 수 있기 때문이다.

하지만 이 유전자의 검사법에 대한 특허를 가지고 있는 회사는 가족력이 있는 사람뿐만 아니라 모든 여성이 이 검사를 받기를 원한다. 그래서 모든 여성이 이 검사를 받을 수 있도록 적극적 마케팅에 나선다. 한때 우리나라의 유전자 검사 업체가 '머리카락 한 올에 우리 아이의 미래가!'라는 구호를 달고 영업을 한 적도 있다. 그 업체의 유전자 검사 항목에는 틀림없이 유방암 유전자도 포함되어 있었을 것이다. 당신의 딸이 검사 결과 유방암 유전자인 BRCA의 변이를 가지고 있다는 사실을 알게 되었다면 어떤 느낌일지 상상해보자. 당신의 가계에 유방암 환자가 많았다면 걱정의 이유가 되겠지만 그렇지 않다면 이런 정보는 거의 쓸모가 없다. 하지만 이런 사실을 안다 하더라도 불안한 마음이 생기는 것은 어쩔 수 없을 것이다. 우리는 알게 모르게 유전자가 우리의 미래를 결정한다는 환상을 가지고 있기 때문이다.

나를 충격에 빠뜨린 다큐가 방송된 지 15년이 지난 지금 인터넷에 '예방적 유방절제술'을 검색해보면 이 수술이 상당히 광범하게 행해지고 있다는 것을 알 수 있다. 하지만 이런 과격한 수술에 대한 비판도 만만치 않다. 지금 행해지고 있는 예방적 유방절제술의 95퍼센트가 불필요한 것이라는 주장도 있다. 다큐멘터리에 나왔던 여인은 이 수술이 정말로 필요했던 5퍼센트에 속할 가능성이 크다. 하지만 BRCA라는 유전자의 특정 변이가 모든 여성에게서 유방암을 일으킨다는 잘못된 가정에 근거한 수술도 적지 않을 것이다. 흔히 아는 게 힘이라고 하지만 유전학에서는 아는 게 병인 경우도 많다.

나는 곧 유전자다?

21세기는 이른바 인간유전체연구사업 Human Genome Project의 완성과 더불어 시작되었다. A, T, G, C로 표현되는 네 개의 염기*가 연결되어 만들어진 이중나선의 구조를 거의 다 밝혀낸 것이다. 더 정확히 말하면, 우리 몸을 구성하는 모든 세포의 핵 속 46개의 염색체에 조밀하게 꼬인 채로 들어 있는 DNA의 정보가 모두 밝혀진 것이다. 그 정보는 A-T, 또는 G-C가 쌍을 이룬 채로 배열된 30억 염기의 순서다. 유전학의 중심 가설에 따르면 그 속에 생명의 모든 정보가 들어 있다. 1990년 시작된 이 사업의 책임자는 DNA 이중나선 구조의 발견자이기도 한 제임스 왓슨이었다. 그는 이 사업이 끝나면 우리는 주머니에서 CD 한 장을 꺼내면서 '이게 바로 나'라고

● DNA나 RNA를 구성하는 성분인 질소를 함유한 유기화합물

말할 수 있을 것이라 공언했다.

하지만 사업이 끝났을 때의 상황은 그의 예상과 전혀 달랐다. 역설적이게도 이 사업을 통해 밝혀진 많은 사실이 유전체가 CD-ROM에 담긴 불변의 정보일 수 없다는 증거가 되었기 때문이다. 형질의 최종 발현자인 단백질을 만드는 염기의 서열은 전체의 1.1퍼센트에 불과하고, 염기의 95퍼센트는 아무런 기능도 밝혀지지 않은 이른바 '쓰레기' DNA인 것으로 드러났다. 게다가 단백질을 만드는 유전자의 수는 2만 5천개에 지나지 않았다. 모든 인간이 99.9퍼센트의 유전정보를 공유한다는 사실도 유전자가 모든 것을 결정한다는 이론과 잘 어울리지 않는다. 0.1퍼센트가 이렇게 다양한 차이를 만들어낸다면 99.9퍼센트나 되는 공통 요소에 대해서는 왜 관심을 기울이지 않는지 물을 수도 있다. 그래서 사업이 끝날 때의 책임자였던 크레이그 벤터는 이제 유전자가 모든 것을 결정한다는 생각은 버려야 한다고 선언할 수밖에 없었다. 이 사업이 잘못된 가정에서 출발했다는 것을 시인한 셈이다. '유전자가 나'라는 전제에서 출발한 사업의 결론이 '나는 유전자가 아니다' 또는 '나는 유전자 이상의 존재다'로 끝난 것이다.

유전자가 모든 것을 말해주지는 않지만 우리의 미래에 중대한 영향을 주는 것 또한 사실이다. 유전학은 형질의 유전에 관한 새로운 사실을 많이 밝혀냈으므로 그 성과를 깎아내릴 필요는 없다. 연구의 방향이 개별 유전자와 특정 형질의 상관관계를 찾아내는 유전자 사냥의 틀에서 벗어나 더 큰 그림을 그리는 쪽으로 바뀐다면 그것만으로도 큰 성과라 할 수 있다.

유전자는 낱말, 인생은 대하소설

1909년에 유전자gene라는 말을 처음 만들어낸 빌헬름 요한센Wilhelm Johansen은 그것이 이중나선의 구조로 되어 있는 것도 몰랐지만 유전자가 생명의 미래를 결정하는 기계적 결정 인자일 수는 없다는 점을 정확히 꿰뚫고 있었다. 그는 '유전자는 다른 것과 쉽게 결합할 뿐 아니라 다양하게 응용할 수 있는 하나의 작은 낱말'이라고 했다. 유전자는 낱말이고 유전체는 그 낱말들이 모인 사전이며, 단백질은 그 낱말들로 이루어진 문장이다. 그리고 단백질이 발현하는 형질은 그 문장들로 구성된 단편소설에 비유할 수 있다. 그렇다면 우리의 인생은 수많은 단편소설이 모인 한 편의 대하소설이다. 이 소설의 주인공이 유전자라 하더라도 그 유전자의 이야기는 세포 속에서 유전자를 둘러싸고 있는 단백질, 세포 안팎의 다양한 생체 환경, 그리고 유전자의 주인이 살아가는 자연환경과 사회관계 속에서만 만들어진다. 평생을 좁은 방에 갇혀서 살아온 사람과 온 세상을 돌아다니며 살았던 사람이 할 수 있는 이야기가 어떻게 다를지 생각해보면 된다.

이제 우리는 인생이라는 소설을 쓰는 데 필요한 많은 낱말을 가지게 되었다. 멀지 않은 미래에 그 낱말들을 모은 방대한 사전이 완성될 것이고 그 낱말들로 쓴 문장들도 쌓여갈 것이다. 하지만 다행스럽게도 그 낱말과 문장들로 어떤 이야기를 쓰게 될지는 아직 아무도 모른다. 그것을 다 안다면 인생이 얼마나 재미없어질까?

후성유전, 유전자가 모든 것을 결정하지는 않는다

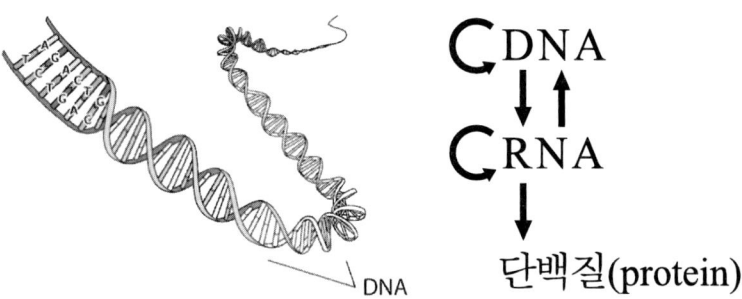

분자생물학의 중심원리Central Dogma는 DNA의 이중나선 구조를 밝힌 프란시스 크릭이 1958년 언급한 유전정보의 흐름에 관한 가설이다. 유전정보는 DNA에서 RNA*로 전사된 다음 여기서 단백질로 번역되어 유전형질을 발현하며, 유전정보가 반대 방향으로 흐르는 일은 없다고 한다. 하지만 이후 RNA에서 DNA로의 역전사, RNA에서 RNA로의 복사, DNA가 바로 단백질로 번역되는 등의 예외 현상들이 발견되었다. 중심원리는 흔히 유전자가 모든 생명의 계획을 담고 있는 형질발현의 청사진이라는 유전자 결정론을 대변하는 원리로 여겨진다.

● DNA의 유전정보를 세포질로 옮기고 세포질 속에서 리보솜의 주요 성분을 이룬다.

이후 유전자 자체의 변화 없이도 세포의 유형에 따라 형질이 달리 발현되고 그 형질이 후손에까지 전달되는 현상이 발견되었는데 이를 후성유전Epigenetics이라 한다. DNA 배열의 변화 없이도 유전자와 환경의 상호작용에 따라 활성화되는 유전자가 달라져 다양한 기능을 발현하는 현상이다. DNA에 메틸이 추가되거나 DNA를 둘러싸고 있는 단백질인 히스톤이 변화되어 형질발현이 달라지는 메커니즘도 알려져 있다. 이런 변화는 세포가 분열되는 동안 지속되고 세대를 통해 전해지기도 한다. 대개 유전자 결정론을 반박하는 증거로 인용된다.

쓰레기 DNA에서 찾은 열쇠

줄기세포의 마법에 걸린 대한민국

"과학에는 국경이 없지만 과학자에게는 국적이 있습니다."
2005년 말 온 국민의 희망이었던 맞춤형 줄기세포*를 만들었다는 과학자가 한 말이다.

"과학이 아니라 마술 같습니다."
이건 당시의 대통령이 그 과학자의 연구실을 방문해서 한 말이다. 이 두 문장 속에는 줄기세포와 과학에 대한 당시 대한민국의 지식과 정서가 고스란히 담겨 있다.

사건의 개요를 간단히 정리하면 다음과 같다. 1997년 영국의 이언 윌머트Ian Wilmut는 어른 양의 세포 하나를 떼어 그 세포의 핵을 분리했다. 그리고 다른 암양의 난자에서 핵을 제거한 다음, 이렇게 분리한 핵을 그 속에 집어넣고 자궁에 착상시켜 건강한 새끼 양을 출산시켰다. 그 유명한 복제 양 돌리가 탄생한 것이다. 이로써 성체와 똑같은 유전자를 가진 개체를

● 아직 분화하지 않은 세포로, 여러 종류의 신체 조직으로 분화할 수 있다. 손상된 신체 조직의 재생 치료 등에 응용하기 위한 연구가 진행되고 있다.

2005년에 발행된 인간복제배아줄기세포배양성공 기념우표

인공적으로 복제할 수 있음이 확인되었다. 1999년에는 우리나라에서 같은 방식으로 복제 소 영롱이를 탄생시켰다는 보도가 있었고 다른 포유동물에서도 성공했다는 소식이 잇따랐다.

이보다 앞서 1998년 12월에 이미 국내의 한 의과대학에서는 동물이 아닌 인간의 난자에 다른 사람의 세포핵을 이식하는 실험을 했고, 그 세포가 4세포기까지 분열하는 것을 확인했다는 보도가 있었다. 이 사건이 중요한 이유는 두 가지 가능성 때문이다. 첫째는 복제 인간의 가능성이고, 둘째는 태아로 성장하기 이전의 배아 상태에서 줄기세포를 추출해 세포를 공여한 사람에게 다시 주입하면, 거부반응 없이도 손상된 조직을 재생시켜 수많은 불치병을 치료할 수 있다는 가능성이었다. 전자는 윤리적 문제고 후자는 과학적 가능성의 문제다. 그러나 두 사건 모두 동료들의 심사를 받는 과학 논문으로 발표된 것이 아니라, 흥분한 언론이 어느 과학자의 말만 듣고 받아쓴 기사로서 알려졌다는 데 문제가 있었다.

그로부터 5년 후인 2004년 사람의 난자에 사람의 체세포 핵을 이식해서 배양한 다음 여기서 줄기세포를 추출하는 데 성공했다는 보도가 나온다. 이번에는 세계 최고의 과학 잡지인 《사이언스》에 정식으로 출판된 논문을 통해서였다. 이듬해에는 같은 잡지에 환자 맞춤형 줄기세포를 만들었다는 논문이 게재되었고 과학계는 물론 대한민국 전체가 흥분하기 시작했다. 흥분의 주된 이유는 '우리가 해냈다!'였다. 이 흥분은 2002년 월드컵에서 4강 신화를 썼던 기억과 교묘히 겹쳐졌다. 과학에는 국경이 없어도 과학자에게는 국적이 있다는 주인공의 말이 정확히 그 정서를 대변한다.

논문이 조작되었다는 사실이 밝혀지기 이전의 논쟁은 주로 '국익과 윤리 중 무엇이 우선이냐'의 구도였다. 물론 기대에 들뜬 여론은 국익 우선의 정서가 대세였다. 당시 나는 한국생명윤리학회의 부회장 자격으로 논쟁에 참여했는데, 이 연구에 사용된 난자의 출처에 관한 문제를 제기했다가 네티즌의 호된 공격을 받았다. 국익 앞에서는 난자의 추출과 같은 '사소한 불편'은 감수해야 한다는 반응이 대부분이었다. 자발적으로 난자를 기증하겠다는 여성도 수천 명을 넘나들 정도였다.

인위적 실수가 빚어낸 스캔들

그러던 중 《사이언스》에 발표된 논문의 데이터가 조작되었다는 〈PD 수첩〉의 보도가 나온다. 이후 사건은 드라마보다도 훨씬 더 극적인 반전을 거듭한 끝에 두 논문 모두 결과가 조작된 것으로 밝혀진다. 온 국민은 패닉 상태에 빠졌지만 이 기술의 가능성에 대한 기대를 버리지는 못했다. 과학적으로 사실관계가 확인되고 법적으로 책임의 소재가 분명해진 다음에도 사람들은 줄기세포의 영웅에 대한 신뢰를 버리지 못했다. 그가 뛰어난 과학자여서가 아니라 기대를 모으던 한국인이기 때문이었다. 그리고 줄기세포가 우리의 밥줄이라고 굳게 믿었기 때문이었다. 그래서인지 논문에 발표된 줄기세포의 진위에 대한 의혹이 점차 커지고 있던 시점에 '대한민국의 희망'이라는 광고문이 시내버스에 붙어 있었다는 사실이 별로 놀랍지 않다. 의혹이 커질수록 진실이라고 믿고 싶은 마음과, 그 마음을 지키려는 의지는 더 강해지기 마련이다. 데이터가 조작된 것이든, 연구에 사용된 난자가 불법적으로 채취된 것이든, 이 기술이 우리의 미래라면 반드시 지켜야 한다는 논리다. 이후 나는 자주 TV 토론 프로그램에 불려나갔고 덕분에 인터넷에서 나를 비난하거나 직접 전화를 걸어 욕을 하는 사람도 많아졌다.

시내버스의 광고가 국적 있는 과학자에 대한 무한한 신뢰를 보여준다면, 줄기세포 기념우표는 과학을 마술로 보았던 당시 대통령을 비롯한 국민의 정서를 대변한다. 이 우표는 대중에게 과학에 대한 근거 없는 환상을 불러일으키기 충분하다. 결국은 조작된 것으로 밝혀졌지만 정말 줄기세포를 배양했다 하더라도 우표에 보이는 마술과 같은 일이 벌어질 가능성은 거의 없다. 우표의 그림은 순전히 유전자가 같으면 이식했을 때 거부반응이 없을 뿐 아니라 원하는 조직으로 성장할 것이라는 확인되지 않은 이론적 가능성이 담겨 있다. 하지만 우리는 아직 줄기세포를 어떻게 특정 세포로 분화시킬 수 있는지에 대해서도 아는 게 거의 없고, 정말로 아무런 거부반응이 없는지에 대해서도 확인한 적이 없다. 그런데도 우표는 마치 줄기세포를 주기만 하면 척추가 마비되었던 사람이 휠체어를 박차고 뛰어나갈 수 있다는 환상을 심어준다.

줄기세포 파동은 단순한 연구 윤리 위반이나 데이터 조작 이상의 사건이다. 과학에 대한 '조직적' 오해가 아니라면 있을 수 없는 일이었다. 줄기세포라는 과학적 사실을 연구의 당사자, 정부, 언론, 같은 분야의 연구자가 모두 암묵적이거나 의도적으로 오해한 잘못된 과학 문화의 산물이다. 우리의 영웅은 이것을 '인위적 실수'라 불렀다. 그는 자신의 행위를 변호하기 위해 이런 모순 어법을 사용했겠지만, 이 사건 전체의 성격을 가장 일목요연하게 보여주는 표현이기도 하다. 이 사건은 우리 모두의 '인위적 실수'가 빚어낸 과학 스캔들이다. 그리고 그가 행한 인위적 실수는 유전자가 거의 모든 것을 결정한다는 과학적 오해에서 출발한 것이다.

유전공학자의 역사 찾기

생물학자 제임스 샤피로의 말처럼 유전자는 읽기만 하는 기억장치CD-ROM가 아니라 읽고-쓰는 기억-기록 장치CD-RW다. 유전은 유전자에 씌어 있는 명령이 일방적으로 실행되는 과정이 아니라 거의 모든 수준에서 반대 방향의 되먹임이 있는 복잡한 구조로 되어 있다는 것이다. 그는 이렇게 읽고 쓰는 유전자의 기능을 '자연의 유전공학Natural Genetic Engineering'이라 부른다. 생명은 유전정보의 일방적 펼쳐짐이 아니라 수시로 자연의 조정과 감시를 받는 복잡계라는 것이다. 이 구조에 따르면 유전정보는 고정되어 있지 않다. 유전은 세포 내외의 환경에 따라 그 구조와 기능을 수시로 바꾸는 역동적 시스템이다. 이를 '생애사 기반의 통제life-history based control'라고도 한다. 이런 설명은 우리가 99.9퍼센트의 유전정보를 공유한다는 사실과도 잘 부합한다. 모든 인간이 99.9퍼센트의 유전정보를 공유한다면 분명 공통된 요소 속에서 다양성을 만들어내는 구조가 있다고 보아야 하기 때문이다.

이 이론에 따르면 체세포의 핵을 이식해서 만든 줄기세포는 그 세포의 공여자와 같은 유전정보를 가졌더라도 전혀 다른 생애의 역사를 가지므로 행동의 양태도 크게 다를 것으로 예측된다. 유전자가 같다는 사실에만 의존해 그것을 이식했을 때 아무 문제없이 망가진 조직을 재생시켜줄 것이라 철석같이 믿는 것은 과학적 태도가 아니다.

● 유전자에 의해 정해지는 형질이 발현하는 것으로, 유전정보 중에는 평생 발현하지 않거나 일정 시기에만 발현하는 것도 있다.

형질발현●에 관여하는 단백질과 아무 관계가 없다고 해서 DNA 염기 서열의 95퍼센트를 '쓰레기'라고 부를 수 있는가 하는 의문도 있다. 기능을 모른다고 그런 이름을 붙이는 것은 자연에 대한 불경이며 오만이다. 아직 구체적 증거는 부족하지만 그 부분이 유전자의 발현을 조절하는 역할을 한다는 주장도 있고, 생명 진화의 이력이 담긴 귀중한 기록이라는 주장도 있다. 생명을 전체 유전체의 5퍼센트 속에 들어 있는 유전자를 중심으로 파헤치다 보니 나머지 95퍼센트를 어떤 관점에서 어떻게 연구해야 할지를 모르게 된 것일 수도 있다. 줄기세포에 대한 환상은 그 5퍼센트의 가능성을 100퍼센트로 부풀려 오해한 끝에 생긴 현상이다.

한 주정뱅이가 가로등 밑에서 열쇠를 찾고 있다. 열쇠를 어디서 잃어버렸냐고 물으니 모른다고 한다. 그런데 왜 여기서 찾고 있느냐고 물으니 여기서는 그나마 주변을 볼 수가 있지만 다른 곳에서는 아무것도 볼 수가 없기 때문이란다. 이 이야기의 주정뱅이처럼, 혹시 우리가 찾아온 유전자는 가로등 밑에서 찾아낸 생명의 한 단면에 불과한 것 아닐까?

유방암과 관련된 유전자의 변이가 가족력이라는 조건과 짝이 되지 않을 경우 별 의미가 없다면, 우리가 아직 찾지 못한 유방암 관련 유전자가 많이 남아 있다는 뜻이다. 가족은 유전으로 맺어진 관계이기 때문이다. 그러니 관련된 유전자를 더 많이 찾아내다 보면 유방암의 발병을 더 정확히 예측할 수도 있을 것이다. 아직 가로등 밑에서 찾아야 할 것이 많다는 뜻이다. 또한 가로등의 성능을 높여 조명 범위가 넓고 더 밝은 빛을 비춰 보면 생명의 새로운 국면이 드러날 수 있을 것이다.

그 빛으로 유전체의 95퍼센트에 해당하는 '쓰레기' DNA를 비춰보면 어떨까? 우리 집에서 배출되는 쓰레기를 분석하면 우리 가족이 어떻게 살았는지를 대충 알 수 있듯이 그 속에는 우리 인간이라는 종이 진화해온 기나긴 생명의 이력이 담겨 있는 것 아닐까? 그렇다면 유전체는 생명의 설계도라기보다는 생명의 역사책이라고 해야 하는 것 아닐까? 이제 생물학자는 생명의 미래를 점치는 점쟁이가 아니라 생명의 과거를 탐구하는 역사학자가 되어야 하는 것 아닐까?

이데올로기에 오염된 뤼셍코의 유전학

구소련의 생물학자 뤼셍코Trofim Denisovich Lysenko는 과학을 이데올로기와 뒤섞어 퇴보시킨 나쁜 과학자의 대표로 알려져 있다. 하지만 그는 1930년대 중반에서 1960년대 중반까지 무려 30년 동안이나 구소련의 과학 연구와 농업 정책을 좌지우지한 최고 권위자였다.

뤼셍코가 반대자들을 숙청하면서 권력을 유지할 수 있었던 것은, 분산되어 있던 소농들을 강제 이주시켜 집단농장을 건설했던 스탈린의 농업정책과 깊은 관련이 있었다. 식량 증산에 고심하던 공산 정부에 대해 뤼셍코는, 습기를 높이고 온도를 낮추는 춘화春化, vernalization 현상을 이용하면 농업 생산량을 3~4배 높일 수 있다고 주장한다. 사실상 이 기술은 이미 1854년부터 알려져 있었으며 그다지 유용한 것이 아니라는 사실 또한 과학자들 사이에 잘 알려져 있었지만, 소비에트의 언론은 그를 혁명적 기술을 발명한 천재로 치켜세운다.

당시 소련은 현장의 농부들이 스스로 문제 해결의 방법을 제시하도록 권장함으로써 계급적 위상을 높이는 정책을 쓰고 있었는데 그의 제안은 그런 이데올로기에 적합했다. 또한 타고난 본성이 아닌 환경을 개조해 세상을 바꾼다는 사회주의 혁명의 정신과도 잘 어울렸다. 그는 유전학적으로 품종을 개량해 증산을 이루어야 한다고 주장하는 유전학자들을 타고난 본성을 강조하는 부르주아 과학자로 몰아붙여 처형하거나 강제노동형에 처한다. 급기야 1948년에는 유전학을 부르주아 계급의 사이비 과학으로 공식 선언하기에 이른다. 하지만 지금 이 사건은 과학이 이데올로기에 오염돼 심각하게 퇴행했던 최악의 사례로 기록되어 있다.

이 아이가 게이일까요?

성전환의 시대

1980년대 중반 나는 전방의 한 야전병원에 근무하는 치과 군의관이었다. 당시 나에게 주어진 임무 중 가장 기억에 남는 일은 입영 대상자인 대한민국 19세 남자의 신체를 검사하는 것이었다. 내과, 외과, 안과, 이비인후과, 치과의 군의관이 각 한 명씩 팀을 이루어 강원도와 제주 지역을 돌아다녔는데, 우리는 대상자의 몸이 군 생활에 적합한지를 검사하고 판단하는 일을 맡았다. 당시 30대 초반이었지만 세상 경험이 별로 없던 나로서는 스무 살도 안 된 젊은이들이 참 다양한 삶을 살고 있다는 것을 알고 놀랐던 기억이 있다. 어린 나이에 조직폭력배가 된 문신투성이의 젊은이, 입영 신체검사에서 부모가 물려준 선천성 매독에 걸려 있다는 사실을 처음 알고 어쩔 줄 몰라하던 젊은이, 젊은 나이에 어금니를 전부 잃어 틀니를 해야만 하는 친구도 있었다.

그런데 그 중에서도 가장 기억에 남는 사람은 생물학적으로는 분명히 남자이기 때문에 입영 신체검사의 대상이지만 외모나 사회적으로는 분명 여자인 '장정(입영 대상자인 남자를 일컫는 공식 명칭)'이었다. 이후 나이가 들면서 성 정체성이나 취향이라는 것이 사람마다 다양할 수 있음을 알게 되었지만, 당시로서는 생물학적 남자가 사회·문화적으로는 여성의 정체성을 가진다는 사실이 무척 충격적이었다. 이후 우리 사회는 성 정체성에 대해 많이 너그러워져 자신이 동성애자라는 사실을 당당히 밝히는 연예인이 있는가 하면, 성전환 수술로 여자가 된 사례도 있다.

역사를 돌이켜봐도 동성애는 드물지 않았던 것 같다. 지금 의사들이 귀감으로 삼는 히포크라테스 선서는 2천5백 년 전의 문서고 그 원문은 지금의 선서와 많이 다르다. 그래서 선서 원문의 행간을 읽으면 당시의 사회상을 읽을 수도 있다. 그중에 '환자의 처소에 들었을 때 환자나 그 가족 또는 그 집에 속한 노예와 성적 접촉을 하지 않겠다'는 구절이 있다. 그런데 그 구절의 앞에 '그가 남자이든 여자이든' 이라는 관형구가 들어가 있다는 것이 핵심이다. 그러니까 당시의 의사는 100퍼센트 남자였다는 사실과 '남자이든 여자이든'이라는 구절을 관련시켜 보면 동성애가 드물지 않았음을 추론할 수 있는 것이다.

동성애의 삼촌 가설

동성애의 존재는 진화생물학자에게 골치 아픈 문제가 아닐 수 없다. 모든 형질을 생존과 번식에 유리해서 살아남은 유전적 특질, 즉 적응으로 보는 원칙에 위배되는 현상이기 때문이다. 동성애는 사랑의 결과가 번식으로 이어지지 않는다. 번식을 하지 않는다면 그 형질을 물려줄 수도 없다. 그런데 동성애라는 형질은 어떻게 살아남았을까?

문제에 대한 잠정적인 해답은 이 형질이 동성애자 본인이 아닌 여성 쪽 친족의 번식에 도움을 준다는 점이다. 통계에 따르면 남성 동성애자의 여자 형제들은 이성애자인 오빠나 남동생을 둔 여성보다 더 많은 자식을 낳을 수 있다. 그러니까 남성 동성애자는 자신의 번식을 희생하는 대신 유전자를 반씩 나눈 누이의 번식을 도움으로써 그 유전자를 계속 퍼뜨릴 수 있다는 얘기다. 이것을 동성애에 관한 '삼촌 가설'이라 부르자. 여성 동성애에 대해서는 이모 또는 고모 가설이 있을 수도 있다. 물론 이것은 아직 덜 익은 '가설'이고 유전자 이외의 영향을 강조하는 가설과 경쟁 관계에 있다.

물론 성적 취향이라는 형질이 유전자에 의해 결정된다는 전제에서 출발한 동성애 연구도 결론을 미리 정해놓고 꿰어 맞춰가는 이야기일 수 있다. '게이 유전자'라는 말을 쓰는 순간 우리는 동성애 성향이 유전적으로 결정된다고 암묵적으로 전제해버리고 다른 가능성에는 문을 닫게 되기 때문이다.

게이 유전자는 없다

1992년 2월 시사주간지 《뉴스위크》의 표지 모델은 한 살쯤 되어 보이는 남자아이다. 천진난만한 모습의 아이 얼굴을 클로즈업해 보여주고는 '이 아이가 게이gay일까요?'라는 엉뚱한 제목을 달아놓았다. 성적 취향이 유전되는지에 대한 논쟁을 바라보는 대중의 정서를 잘 보여주는 이미지다.

과학자들은 성적 취향을 결정하는 요인을 알아내기 위해 유전자를 공유하는 쌍둥이를 대상으로 연구했다. '게이 유전자'라는 것이 있다면 그래서 이 유전자를 가진 아이는 무조건 동성애자가 된다면, 유전자를 100

퍼센트 공유하는 일란성 쌍둥이 형제 중 한 아이가 동성애자일 경우 다른 아이도 당연히 동성애자여야 할 것이다. 그런데 실제로 연구한 결과를 보면 그 일치율이 생각보다 훨씬 낮을 뿐 아니라 연구가 거듭될수록 더 낮아진다는 것을 알 수 있다. 1991년에 행해진 연구에서는 일란성 쌍둥이의 동성애 일치율이 52퍼센트였지만, 2000년 호주에서 시행된 연구에서는 각각 30퍼센트(남자)와 24퍼센트(여자)로 낮아졌고, 2002년 연구에서는 7.7퍼센트(남자)와 5.3퍼센트(여자)까지 떨어졌다. 혈연관계가 전혀 없는 사람보다는 일치할 확률이 높지만 그들이 공유한 가정과 사회 환경의 영향을 감안하면 유전자의 영향은 그리 대단한 정도가 아니라는 말이다. 연구가 거듭될수록 일란성 쌍둥이의 동성애 일치율이 떨어지는 것도 시간이 갈수록 과거에는 무시되었던 유전 이외의 요소들을 충분히 고려되었기 때문이다. 동성애 성향에 영향을 주는 유전적 요인이 있을 수는 있다. 하지만 그것을 '게이 유전자'라고 부르는 것은 부적절하다.

유전과 뇌의 통섭

유전이 모든 것을 결정하지 않는다면 다음으로 의심해볼 수 있는 것은 '뇌'다. 물론 뇌도 결국은 유전자의 영향 속에서 성장하고 발육하지만 유전보다는 더 직접적으로 우리의 몸과 마음에 관여한다. 어떤 사람이 동성애의 성향을 보인다는 것은 뇌로부터 동성 선호의 신호가 나온다는 뜻이기도 하다. 뇌는 유전의 물질적 메커니즘과 삶의 다양한 경험을 이어주는 징검다리다.

그렇다면 유전적 요소가 뇌의 몇몇 부위를 특별한 패턴으로 바꾸고 그로 인해 동성애를 비롯한 삶의 취향을 가지게 된다고 가정할 수 있다. 우리가 살아가는 삶의 경향이 뇌를 구성하는 신경세포와 거기서 분비되는 신경전달물질, 그리고 그 물질의 분비를 조절하는 유전자의 영향을 받는 것은 분명하다.

그러나 인간은 생존과 본능에 충실한 원시적 뇌뿐 아니라 주어진 환경을 맥락에 맞게 해석하는 커다란 전두엽, 그리고 뇌와 전두엽을 연결하는 소통의 구조를 진화시켰다. 뇌는 천억 개에 달하는 신경세포의 연결망이 만들어내는 무수히 다양한 활성화의 패턴을 통해 기능한다. 이성이 아닌 동성에 끌리는 마음도 그런 활성의 패턴 중 어떤 것이 만들어내는 경향성일 것이다. 이론적으로 신경세포 연결망의 활성 패턴은 무한에 가까울 만큼 다양하다. 뇌졸중으로 몸의 반쪽이 마비된 환자가 꾸준한 물리치료로 그 기능을 일부나마 회복할 수 있는 것도, 뇌가 새로운 패턴을 활성화시켜 손상된 부위의 기능을 대체할 수 있기 때문이다. 뇌 조직의 80퍼센트 정도가 손상되었는데도 일상생활에 거의 지장이 없었던 사례가 보고되기도 했다. 뇌가 모든 것을 가능하게 하지는 못하지만 무한한 잠재력을 가진 것은 사실이다.

유전자가 주로 생물학적 결정의 구조라면 뇌는 유전생물학의 경향성을 따르면서도 맥락에 따라 다양한 삶을 살게 해주는 이야기꾼이다. 그래서 동성애를 연구하는 대부분의 학자들은 동성애가 유전적으로 결정된다는 주장을 단호하게 거부한다. 동성애는 심리적·사회적·생물학적 요소의 상호작용이 만들어내는 성적 행동의 패턴일 뿐이다. 뇌는 그 행동 패턴의 보다 직접적인 원인이지만, 사회와 문화의 입력을 받아들여 그 회로를 재조직하는 되먹임의 구조로 되어 있기도 하다.

유전자는 미래를 예측하기 위한 과학의 도구 중 하나다. 유전이 과학인 것은 미신이나 사이비 과학과는 달리 다양한 검증과 반증의 가능성이 열려 있기 때문이다. 검증과 반증은 도그마에 빠지지 않는 건전한 회의주의를 통해 작동하는데, 알려진 사실이라도 반복해서 의심하고 확인하는 과정으로 구성된다. 우리를 새로운 통찰로 이끌기도 하는 건전한 회의주의는 뇌 과학과 유전학처럼 서로 다른 연구 분야가 서로를 의심하면서도 소통하는 과정에서 싹튼다.

앨런 튜링과 독이 든 사과

새크빌 공원에 세워진 앨런 튜링의 동상. 한 손에는 그가 베어 먹고 자살했다고 알려진 사과를 들고 있다.

독일군의 암호를 푸는 기계를 발명해 제2차 세계대전에서 연합군이 승리하는 데 크게 기여한 영국의 천재 수학자 앨런 튜링도 동성애자였다. 그는 전쟁의 영웅이었지만 전쟁이 끝난 후 동성애자라는 사실이 알려지면서 체포된다. 당시 영국에서 동성애는 범죄였던 것이다. 감옥살이와 화학적 거세 중에서 하나를 선택해야 했던 그는 1년 간이나 에스트로겐 주사를 맞으며 여성화되다가 결국은 독이 든 사과를 한 입 베어 물고 자살했다. 나는 이 사실이 매킨토시와 아이폰을 만든 애플사의 로고와 관련이 있을 줄 알았는데, 스티브 잡스의 전기를 읽어보니 아니었다. 하지만 사람들이 애플사의 로고와 튜링의 사과를 연관짓는 것을 싫어하지는 않는 듯하다. 오히려 남다른 성 정체성을 관용하지 못했던 시대의 조급함이 튜링의 천재성을 앗아간 것을 아쉬워하는 이들이 더 많다.

진보와 보수의 심리학

학대받은 개를 치유하는 방법

9·11테러와 같이 큰 사건을 처음 접했을 때 무슨 일을 하고 있었는지 떠올려보라. 삼풍 백화점이 무너졌을 때를 생각해도 좋다. 아마 대부분은 당시 누구와 함께 있었고 무슨 일을 하고 있었는지를 어렵지 않게 기억해 낼 것이다. 하지만 그 사건이 일어난 해가 언제인지를 알아맞히려 하면 금세 난감해진다. 우리가 신문 기사나 역사책에 기록되는 방식으로 사건을 경험하지는 않기 때문이다. 다음은 신경과학의 여러 가설 중 하나다.

"함께 활성화된 신경세포는 서로 연결된다Fire together, wire together."

이는 서로 다른 사건이나 기억이 동시에 경험되고 그것이 반복되거나 각별한 의미를 지닌다면, 각각을 관장하는 신경세포가 서로 연결되어 하나의 경험 구조가 된다는 뜻이다.

두드러진 사건과 함께 했던 경험은 무의식에 기록되어 삶의 지표가 되는데, 이는 추상화하여 의식에 떠올리는 개념보다 훨씬 더 강력하게 우리의 삶을 지배한다. 가령 어려서부터 학대를 받으며 자란 아이들의 경우 공포와 증오의 회로가 과도하게 활성화되는데 그런 경험이 반복되면서 뇌의 물리적 구조마저 그렇게 굳어진다. 이 구조는 학대의 순간과 유사한 상황이 도래할 때마다 다시 활성화되어 공격적인 행동을 유발한다. 반복되는 학대로 인해 몹시 공격적으로 변한 개를 치유하는 장면을 담은 TV 프로그램은 이 가설이 단순한 가설 이상임을 시사한다. 학대로 인한 공포와 보호 본능으로 인한 공격성의 연결 고리를 끊고, 그 자리를 따뜻한 보살핌으로 대체하는 과정에서 사나운 개는 점차 안정을 찾게 된다. 이를 보더라도 건강과 행복은 합리적 판단이 아닌 정서적 경험을 통해 찾아온다는 것을 알 수 있다.

인지언어학*을 연구하는 조지 레이코프는 이것이 바로 은유적 사유의 신경학적 기초라고 말한다. 우리는 물리적 실체가 없는 시간을 '날아가는 화살'이나 '흐르는 물'이라는 실체를 통해 이해하는데, 이때 우리 뇌는 실제로 화살이나 물을 떠올린다. '따뜻한 보살핌'이라는 것도 그렇다. 보살핌은 대개 따뜻한 체온을 나누는 과정 속에서 이루어지므로 '따뜻함'과 '보살핌'의 두 가지 요소가 연결되어 뇌와 언어 속에 구조화된다.

> ● 언어의 구조가 사람의 지식, 경험 등과 연관되어 있다고 보며 기존의 구조주의, 생성주의 언어학에 비해 개방적인 시각을 보인다.

엄한 아버지와 자애로운 부모의 은유

인지언어학이 밝혀낸 사실들은 우리의 정치 지형을 이해하는 데도 유용하다. 레이코프George Lakoff는 『도덕, 정치를 말하다』 등의 저서에서 우리가 은유를 통해 구조화된 사유의 틀에 비춰 도덕과 정치를 바라본다고 주장한다. 진보와 보수로 분류되는 사람들은 서로 다른 은유의 구조를 가지고 있기 때문에 동일한 사안을 다르게 인식한다는 것이다.

먼저 그는 우리가 도덕과 정치를 '가정'의 틀을 통해 이해하고 있음을 강조한다. '국가는 곧 가정'이라는 은유다. 인류 진화의 전 과정을 통해 가정은 가장 기본적인 생존 단위였고 씨족, 부족, 국가, 지구촌으로 그 단위가 확대되는 동안에도 여전히 기본적 단위로 남아 있다. 따라서 확대된 삶의 단위(국가)를 가정이라는 체화된 경험의 속성에 빗대어 이해하는 것은 지극히 자연스럽다.

문제는 가정과 그 우두머리의 기본 속성을 무엇으로 보는가 하는 점이다. 레이코프에 따르면 엄한 아버지와 복종하는 가솔을 강조하는 생각의 틀은 보수가 되고, 자녀와 정서적으로 교감하는 자애로운 부모의 역할을 강조하는 생각의 틀은 진보가 된다. 엄한 아버지는 치열한 경쟁을 통해 돈을 벌어 가족을 먹여 살리는 대신 절대적 권위를 누리며, 자식들 역시 스스로 경쟁에서 살아남도록 교육한다. 이 틀에 따르면 세상은 약육강식의 각축장이고 교육은 경쟁에서 이기는 법을 가르치는 것이다. 이들에게 복지는 경쟁의 의지를 꺾는 독약이며 전면 급식은 의존적 성품을 기르는 잘못된 교육이다. 이들은 아버지가 돈을 많이 벌면 자연히 자식들에게도 그 혜택이 돌아간다는 경험적 사실을, 부자의 세금을 깎아주어 돈을 더 벌게 해주면 그 돈이 가난한 사람에게도 흘러들어간다고 확대해석한다.

자애로운 부모의 은유에서는 경쟁에서 살아남는 능력보다는 자녀(국민)의 건강과 행복이 우선이다. 여기서는 공감empathy과 책무responsibility라는 가치가 중심이다. 경쟁보다는 소통과 연대를 소중히 여기며 사회적 소수자를 관용과 배려로 대하려 한다. 물론 이 은유를 받아들인다고 모두 천사가 되는 것도 아니고 우리의 사회 현실이 경쟁의 가치를 과소평가할 만큼 아름답기만 한 것도 아니다.

지나친 단순화일 수 있으나 대체로 보수는 아주 오래 전에 진화한 경쟁의 본능을, 진보는 비교적 최근에 진화한 협동의 가치를 중시한다고 할 수 있다.

보수는 부패로, 진보는 분열로 망한다

조금 더 복잡한 설명도 있다. 뉴욕 대학의 심리학자 조나단 하이트Jonathan Haidt는 사람들의 정치적 마음을 다섯 개의 조각으로 나누고 이것을 진보와 보수가 추구하는 가치와 관련지어 설명한다. 진보는 다른 사람에 대한 배려와 공정성을 중시한다. 반면 보수는 기존 질서와 권위에의 복종, 자신이 속한 집단에 대한 충성, 순수성 등의 가치를 더 강조한다.

진보는 소외 계층에 대한 배려의 가치를 담은 전면 급식에는 적극 찬동하지만, 가진 자를 더 배불림으로써 공정성의 가치를 훼손한다고 느껴지는 부자감세에는 혐오감을 나타낸다. 배려와 공정성에 관한 진보의 시각은 "왜 가난한 사람을 돕는 것은 비용이라 하고 부자를 돕는 것은 투자라 하는가?"라는 브라질 전 대통령 룰라의 말속에 고스란히 담겨 있다.

소속 집단에 대한 충성과 결속의 가치는 "진보는 분열로 망하고 보수는 부패로 망한다"는 말로 잘 표현된다. 진보는 소속 집단에 대한 충성의 정도가 보수보다 못해 자주 분열하고, 보수는 내부 결속력은 강하고 일사불란하지만 그 때문에 상호 감시와 도덕적 자정작용이 약해져 부패할 수밖에 없다는 것이다. 물론 생판 모르는 사람이나 집단보다 친밀한 개인과 집단의 편을 드는 것이 인지상정이고 진화의 결과이기도 하다. 그래서 도덕 심리학자들은 우리의 도덕 감정이 집단 내의 결속력은 높이지만 다른 집단은 경계하는 심리 상태로부터 진화했다고 한다. 도덕은 '우리'를 결속시키지만 또한 '너희'에게는 눈을 멀게 한다Morality binds and blinds는 것이다.

내 마음은 호수가 아니다

진보와 보수의 가치 체계에서 드러나는 중요한 특징 중 하나는, 진보가 다섯 가지 가치에 차등을 두어 배려와 공정의 가치를 특별히 강조하는 반면, 보수는 선호하는 가치들 사이의 불균형이 진보만큼 심하지는 않다는 사실이다. 하이트는 이것이 유권자의 정서에 호소하는 선거에서 보수가 유리할 수밖에 없는 이유라고 한다. 진보는 두 가지 가치만 강조하지만 보수는 다섯 가지 가치를 두루 활용해 유권자에게 어필한다. 예컨대 미국의 공화당은 선거 때마다 낙태에 반대하고 가정의 가치를 강조하여 유권자의 일상적 도덕 감정에 호소하는데, 민주당은 주로 감성보다는 합리적 이성에 호소하기 때문에 사람들의 마음을 움직이는 데 실패한다는 얘기다.

흔히 정치와 선거는 정책 대결이어야 한다고 하지만 합리적으로 설명된 정책이 유권자의 정치적 마음을 움직이기는 어렵다는 게 하이트를 비롯한 정치심리학자들의 결론이다. 굶주리는 아프리카 어린이를 위한 모금에 사용되는 유니세프UNICEF의 포스터에는 식량난이나 사망률에 관한 통계 숫자가 부각되지 않는다. 고통스러워하는 아이의 눈망울을 보여주는 편이 사람의 마음을 움직이는 데 훨씬 효과적이란 것을 알기 때문이다. 이것이 진화가 우리에게 준 마음이다. 따라서 선거운동에서도 합리적 정책과 더불어 유권자의 내면에 있는 도덕 감정을 끌어내는 것이 관건이다. 이는 정략이기도 하지만 다른 한편으로는 과학이고 현실이다.

이 세상에 완벽한 마음은 없다. 정치는 이런 불완전한 마음을 대상으로 한 권력의 게임이다. 과학은 내 마음이 호수도 갈대도 아닌 누더기일 뿐이라는 생각을 불러일으킨다. 하지만 이런 생각이 모순투성이인 내게는 오히려 큰 위안이 된다.

뇌를 스캔하면 정치 성향이 보인다?

2010년 12월 28일 《가디언》의 보도에 따르면 스스로를 보수 또는 진보라고 밝힌 런던 대학교 학생 90명을 대상으로 뇌를 스캔했더니 보수 성향의 학생들은 편도체가, 진보 성향의 학생들은 전측 대상회 부분이 두터운 경향이 뚜렷했다고 한다. 편도체가 주로 공포를 담당하고 전측 대상회는 외부 정보의 수용과 학습을 담당하므로 다음과 같은 설명이 가능하다.

보수는 생존의 일차적 조건에 민감하다. 그들에게서 발달된 편도체는 맹수나 이웃 집단의 공격 또는 자연재해와 같은 위험이 만연했던 시기에 진화했다. 낯선 상황에는 일단 공포를 느껴 도망가거나 증오를 불태워 맞서 싸우는 것이 생존에 유리했기 때문이다. 소수가 다수를 지배하는 공포정치 체제에서도 마찬가지였을 것이고, 아직도 군대와 같은 조직에서는 필요한 속성이다.

진보는 변화하는 환경에 더 민감하다. 주어진 조건에 반사적으로 반응해 방어와 공격의 날을 세우기보다는 탐색을 통해 그 조건을 이해하고 변화시키려 한다. 전측 대상회가 바로 그런 기능을 담당하는 부위다. 외부 정보를 받아들이고 환경에서 무언가 배우려면 먼저 자신이 수용하는 태도를 취해야 하지만, 일단 학습이 끝난 다음에는 그 환경을 바꾸려 한다. 그래서 그들은 호기심이 많지만 주어진 조건에 불만도 많다.

이런 설명은 분명 지나친 일반화일 것이다. 결론을 내리기에는 아직 과학적 증거가 많이 부족하다. 하지만 우리의 정치적 경험에 비추어 상당히 그럴듯한 설명인 것도 사실이다. 과학은 언제나 가설에서 출발했고 앞으로도 계속 그럴 것이다. 진보와 보수의 마음에 관한 편도체와 전측 대상회를 이용한 설명도 그런 유력한 가설 중 하나일 뿐이다.

세포들의 내밀한 사회생활

신의 그림자를 지우다

현대 과학은 17세기의 유럽 사람들이 물질세계에서 신의 그림자를 지우면서부터 시작되었다. "나는 생각한다. 고로 존재한다"라는 데카르트의 명제가 그 출발점이다. 여기서는 생각(마음)이 있기 때문에 존재(몸)가 있다. 하지만 당시에는 둘 사이의 관계를 명확히 보여줄 수가 없었기 때문에 편리한 대로 마음은 종교의 관리 대상으로, 몸은 과학의 탐구 대상으로 삼았다. 이로써 과학은 자연에 깃든 신의 근엄한 표정을 지우고 세속적 유용성을 탐구할 수 있게 되었다. 사람의 몸 역시 그 속 어딘가에 영혼이 살고 있기는 해도 일종의 기계로서 파악하게 되었다.

17세기를 전후로 인체의 구조를 알아내는 해부학이 크게 성행한 것도 이런 세계관과 무관하지 않다. 해부학이 발전하면서 몸의 골격과 장기에 대해 자세히 알게 되었고 그런 지식이 질병을 설명하는 근거가 되었다. 먼저 죽은 몸을 열어서 직접 확인할 수 있는 심장, 간, 허파, 위장과 같은 장기organ가 관심의 대상이었다. 이후 현미경이 발명되고 하나의 장기도 혈관, 신경, 결합조직 등 다양한 조직tissue으로 구성된다는 사실이 알려지면서 장기를 구성하는 조직에 초점이 맞춰진다. 그리고 드디어 그 조직을 구성하는 세포cell를 생명의 기본단위로 보는 세포생물학이 자리를 잡아 오늘에 이른다.

물론 이후에도 세포의 핵 속에 들어 있는 유전자가 생명의 구성단위라는 생각이 꽃을 피워 그 정보의 서열을 모두 밝히는 유전체 사업이 완성되지만, 실제 생명의 기능적 단위는 여전히 세포일 수밖에 없다. DNA가 모든 세포에 존재하는 생명의 지령이라면, 세포는 그 지령을 받지만 필요에 따라 애드리브를 구사하기도 하는 살림살이의 기본단위다.

세포들의 민주공화국

17세기 네덜란드의 부유한 직물상이었던 레벤후크Antonie van Leeuwenhoek는 당시로서는 아주 귀한 물건이던 유리를 잘 다루는 기술자이기도 했다. 그는 직물의 직조 상태를 평가하기 위해 금과 유리로 된 현미경을 여러 개 만들었는데, 나중에는 이것을 이용해 연못의 물, 침 속에 들어 있는 생명체들을 관찰하고 이것들을 극미동물animalcules이라 불렀다. 그는 이 현미경으로 자신의 정액 속에서 살아 움직이는 정자를 관찰하기도 했는데, 지금이야 아무렇지도 않지만 당시로서는 무척 충격적인 광경이었을 것이다. 내 속에 살아 있는 작은 '나'가 그렇게 많다는 증거인데 당시의 상식으로는 받아들이기 힘든 사실이었다. 하지만 이후에는 우리의 몸 안팎이 살아 있는 수많은 세포로 이루어져 있다는 사실이 점차 상식이 된다.

세포는 독립적으로 살아 있기도 하지만 집단을 이루어 새로운 기능과

 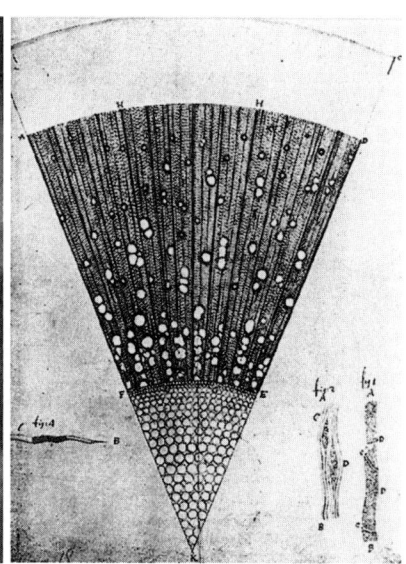

현미경을 만든 레벤후크의 초상화　　　레벤후크가 현미경으로 관찰한 나무줄기의 모습

성질을 나타내기도 한다. 동료들과 함께 열심히 일하는 개미 한 마리를 집어다가 아무도 없는 잔디밭에 두고 관찰을 해본 사람이라면 잘 안다. 혼자가 된 개미는 방향을 찾지 못하고 같은 곳을 여러 번씩 헤맨다. 개미는 집단의 일원일 때만 진정한 의미의 생명일 수 있는 것이다. 세포도 마찬가지다. 아직 정확한 이유는 모르지만, 정액 속에 정자(세포)의 수가 너무 적으면 불임이 된다고 한다. 난자의 벽을 뚫고 들어가 수정에 성공하는 정자는 단 하나뿐인데 정자 수가 적어서 수정이 안 된다면, 개별 정자가 아닌 사정된 정액 전체가 수정의 기능을 수행한다고 해야 할 것이다. 정자들은 겉으로는 치열하게 경쟁하는 것처럼 보이지만 내면적으로는 서로 협력하여 공동의 목적을 달성하는 기제가 작동하는 셈이다.

　하나의 몸은 지구상에 살고 있는 사람 수의 1천 배나 되는 수십 조의 세포들이 건설한 민주공화국이다. 그리고 그 안팎에는 몸을 구성하는 세포의 수보다 훨씬 더 많은 미생물들이 살고 있다. 우리의 몸은 똑같은 유전자를 가진 세포들의 민주공화국이고 수많은 다른 세포들을 비롯해 나와 비슷한 다른 공화국들에 둘러싸여 살아간다. 이처럼 우리 몸을 세포들의 공화국으로 비유한 사람은 앞에서도 여러 번 등장했던 세포병리학과 사회의학의 아버지 루돌프 피르코다.

그의 말에 따르면 몸은 '각각의 세포가 시민인 세포들의 국가'이고 질병은 '몸이라는 국가를 구성하는 시민(세포)들 사이의 투쟁'이다. 피르코 자신의 성향과 당시의 정치적 상황도 그의 과학에 특별한 표정을 부여했을 것이다. 그는 당시의 철혈재상 비스마르크●가 결투를 신청할 만큼 과격한 자유주의자였다. 그는 무력의 사용을 반대했고, 정부의 공식 문서에 전염병의 원인이 지역 주민들에게 충분한 정치적 자유가 주어지지 않은 때문이라고 쓸 만큼 질병의 사회적 원인을 강조한 최초의 사회의학자였다. 그의 정치사상은 수많은 세포들이 연대하고 경쟁하는 생물학적 몸과 비유적으로 연결된다.

● 독일을 통일하고 독일 제국의 초대 수상이 된 정치가

과학이 표정을 잃다

이처럼 19세기의 과학에는 과학자의 다양한 표정과 가치가 들어 있는 경우가 많았다. 하지만 20세기에 들어서면서 과학은 발랄하고 다양한 이야기와 표정을 잃고 무뚝뚝하고 냉랭한 표정을 짓기 시작했다. 지식들은 파편화되었고 우리는 우리의 경험을 통합할 줄거리를 잃어버렸다. 과학사학자 이블린 켈러Evelyn Fox Keller의 말처럼 20세기는 '유전자의 세기'였다. 유전자는 이야기를 하기보다는 명령을 내렸고 세포는 그 명령의 수행자였다.

하지만 그 명령이 절대적인 것은 아니었다. 유전자가 절대적으로 지켜져야 하는 작업의 지침이라면 똑같은 유전자를 가진 세포가 뼈가 되기도 하고 간이 되기도 하는 현상을 설명할 수 없다. 20세기의 유전학은 네 문자(A, T, G, C)로 되어 있는 명령문을 찾아내는 데 바쳐졌다. 이제는 그 명령문을 토대로 고유한 구조와 기능을 만들어내는 세포들의 다양한 해석과 표현에 주목해야 하는 시대다. 가수들도 흘러간 명곡을 리메이크하는 과정에서 단순한 반복이 아닌 시대에 따른 재해석을 우선시한다. 원곡의 악보가 유전자라면 그 음악을 새롭게 해석해 연주하는 밴드와 가수는 그 명령을 수행하는 세포들이다. 사람들을 울고 웃게 하는 것은 악보가 아닌 연주자들인 것처럼, 우리의 일상을 만드는 것은 생명의 기획서인 유전체이기보다는 그것을 실행하는 세포들이다.

내 몸속의 세포는 모두 똑같은 유전자를 가졌지만 주어진 맥락에 따라 저마다의 모양과 기능이 다르다. 혈액이나 체액 속을 떠다니는 적혈구와 백혈구 또는 림프구 같은 것도 있고, 기다란 섬유 모양을 한 근육이나 신경세포도 있다. 하나의 세포(수정란)에서 시작한 생명이 이렇게 다양한 모양과 기능을 갖는 세포로 분화하는 메커니즘에 대해서는 아직 알려진 게 별로 없다. 하지만 면역계와 신경계의 세포들이 특정한 기능으로 분화하는 과정에 대해서는 몇 가지 이론이 있다. 하나는 진화의 기본 원리인 '변이와 선택'이고 다른 하나는 세포들 사이의 '관계와 패턴'이다. 내 몸속의 세포들은 이런 과정을 통해 여러 수준의 공동체를 구성한다. 변이와 선택의 과정에서는 경쟁이, 관계와 패턴 형성의 과정에서는 협력이 세포들의 조직 원리다.

세포들의 사회생활: 변이와 선택

> ● 백혈구의 일종으로 면역반응에 직접 작용하며 림프세포라고도 한다.

면역의 기능을 담당하는 림프구●들은 만들어지자마자 흉선이라는 곳으로 가는데 거기서 90퍼센트 이상이 파괴된다고 한다. 흉선은 면역 세포들의 혹독한 훈련장인 셈인데 거기서 파괴되는 세포는 주로 자기 자신을 공격하는 것들이라고 한다. 그러니까 흉선은 아군에게 총구를 돌릴 만한 병사를 찾아내어 미리 제거하는 곳이다. 그렇다면 어째서 우리 몸은 이 많은 면역 세포를 만들었다가 제거하는 소모적인 일을 반복하는 걸까? 애초에 자신의 세포를 공격하는 면역 세포를 만들지 않으면 되었을 것을 왜 이렇게 복잡한 과정을 거칠까?

이 물음에 대한 답은 우리 몸이 기계가 아니라는 말속에 들어 있다. 우리 몸이 누군가의 설계에 따라 만들어진 기계라면 이렇게 비효율적이지는 않을 것이다. 우리 몸은 장구한 시간 속에서 진화해왔고 그때그때의 필요에 따라 구조와 기능을 고치거나 덧붙이는 식으로 변해온 누더기와 같기 때문에 본질적으로 완벽할 수 없는 것이다. 하지만 완벽하지 않기에 오히려 다양한 환경에 적응할 수 있다.

우리 면역 세포는 유전자를 뒤섞어 무작위로 다양성을 만들어낸다. 그래서 한 번도 경험해보지 못한 항원을 만나더라도 그것을 인지하고 처리할 수 있는 소량의 림프구는 항상 대기하고 있다. 일단 특정 항원과 결합한 림프구는 증식을 거듭해 그 항원의 처리에 특화된 응원군을 충원한다. 즉, 미리 다양성을 준비해놓고 있다가 그중 하나의 상황을 만나면 림프구의 조성을 거기에 맞게 빠르게 조정한다는 말이다. 모든 가능한 상황을 설계해 구체적으로 대응하는 것보다 정확성은 떨어지지만, 전체 생명의 관점에서 보면 훨씬 효율적인 전략이다. 하지만 이처럼 무작위로 다양성을 만들다보니 공격해서는 안 될 자신의 세포를 공격하는 림프구도 생기게 되었고 그런 세포를 제거하기 위해 흉선이라는 혹독한 훈련소가 생기게 된 것이다.

이런 일련의 변이와 선택은 모든 생명의 진화를 지배하는 법칙이기도 하다. 여기에 모든 정보를 갖춘 상태에서 모든 상황을 관리하는 중앙 통제소는 없다. 무한한 다양성과 경쟁, 그리고 그것을 통한 선택이 적응을 만들어낸다. 신경세포들에 대해서도 같은 이야기를 할 수 있다. 노벨상 수상자인 제럴드 에덜만Gerald Maurice Edelman의 신경다윈주의Neural Darwinism 역시 신경세포들의 연결망이 조직화하여 특정 기능을 발휘하는 과정을 변이와 선택으로 설명한다. 여기서는 개별 세포가 아닌 세포들의 연결망, 다시 말해서 세포들의 관계와 패턴이 선택의 단위가 된다는 차이는 있지만, 변이와 선택의 구도는 같다.

세포들의 사회생활: 관계와 패턴

우리 몸의 모든 세포들이 서로 경쟁만 하는 것은 아니다. 신경다윈주의에서도 선택의 단위는 단일 세포가 아니라 그것들의 연결망이다. 여러 개의 신경세포가 동시에 활성화된다면 그것들이 서로 관계를 맺어 하나의 연결망을 구성한다. 이것이 바로 "함께 활성화되면 함께 묶인다Fire together wire together"는 헵의 법칙이다. 이렇게 해서 우리의 뇌 속에는 다양한 경험을 부호화한 다양한 연결체connectome가 있게 된다. 비슷한 경험이 반복되면 이 연결망이 강화될 것이고 그렇지 않으면 약화되거나 없어질 것이다. 이렇게 우리는 과거의 경험을 신경세포들의 연결망 속에 부호화하고 이를 실행하며 실행의 결과를 다시 입력하는 사이클을 반복한다. 이렇게 보면 나는 뇌 신경세포의 연결망이 변화하는 패턴이라고 볼 수 있다.

우리 몸의 면역계도 신경계와 비슷한 방식으로 경험을 부호화하고 실행하며 다시 입력한다. 신경계에서는 신경세포들을 이어주는 시냅스를 통한 연결망이지만 면역의 경우는 다양한 화학적 신호들의 연결망이라는 차이가 있을 뿐이다. 이제 면역은 나와 나 아닌 것을 구분하고 이질적인 것을 공격하는 방어의 기제이기보다는, 나 아닌 것에 대한 경험을 기록하는 나 자신의 거울이라는 이미지로 변해가고 있다. 갖가지 경험을 간직한 면역 세포들의 연결망은 내가 살아온 '삶의 거울'이다. 면역 세포들은 침입자를 물리치는 병사이기보다는 내가 만난 세상의 경험을 담는 작은 기억의 창고들이다.

이를 통해서 추론할 수 있는 나는 무엇일까? 나는, 내 속에서 경쟁하고 협력하는 세포들의 시장이고 전장이며 국회의사당인 셈이다.

신경다위니즘

우리 뇌 속에는 대략 1천억 개의 뉴런이 있고 각각의 뉴런은 대략 1천 개의 인접 뉴런과 시냅스를 통해 서로 연결되어 있다. 이 뉴런들의 연결이 만들어내는 연결망 패턴의 수는 무한대에 가깝다. 이 패턴에 따라 우리의 정서, 감각, 행동, 기억, 의지의 방향이 달라진다. 이때 어떤 상황에서 특정 활성화 패턴이 선택되는 방식이 변이와 선택으로 구성된 진화의 법칙을 따른다는 주장을 신경다위니즘Neural Darwinism이라 한다. 즉, 주어진 상황에서 생존과 번식에 가장 유리한 패턴이 선택된다는 것이다. 맛있는 음식의 냄새를 맡았을 때는 식욕을 돋우는 신경망이 활성화되고 멋진 이성을 보았을 때는 호감이 가도록 하는 신경망이 활성화된다. 각 상황에서 해당 신경망이 가장 적응성이 높기 때문이다. 이 방식은 이렇게 직접적이지 않은 다양한 상황에서도 그대로 적용될 수 있다고 한다.

헵의 법칙

뇌 속의 뉴런들이 학습을 통해 조직화되는 방식에 관한 신경생물학의 이론이다. 뉴런들의 연결인 시냅스는 학습에 의해 강화되기도 하고 약화되기도 하는데, 반복적으로 연결되어 자극을 전달하면 강화되고 그렇지 못하면 약화된다. 이때 여러 뉴런이 동시에 활성화되는데 그렇게 같이 활성화된 뉴런끼리는 서로 연결된다는 것이 헵의 법칙Hebbian Rule이다. 파블로프의 개 실험에서 종소리를 들려주면서 먹이를 주는 행동을 계속하면, 종소리를 들었을 때 활성화되는 신경망과 먹이를 먹을 때 활성화되는 신경망이 물리적으로 연결되어서, 나중에는 종소리만 들려주어도 음식을 먹을 때 활성화되었던 신경망이 자동으로 활성화되는데, 이런 조건반사 현상도 헵의 법칙으로 설명할 수 있다.

불멸의 세포를 가진 여인

버려지는 몸

우리는 매순간 몸의 일부를 조금씩 내버린다. 얼굴과 이를 닦고 머리를 감고 배설을 할 때마다 머리카락과 피부와 내장에서 빠져나온 많은 수의 세포가 하수구를 통해 어디론가 흩어진다. 목욕탕에 가서는 거친 수건으로 피부를 빡빡 문질러 몸의 일부를 제거하면서 희열을 느끼기도 하는데 그때 제거되는 '때'는 바로 우리 피부를 구성하던 세포들이다. 그렇게 버려지는 세포를 내 몸의 일부라고 하는 이유는, 그것이 몸의 물질적 구성 요소이기 때문이 아니라, 그 속에 나만의 유전정보가 담겨 있기 때문이다.

히포크라테스 이후 18세기 이전까지의 서양의학에서 가장 흔한 질병 치료법은 피를 뽑아내는 것, 즉 사혈瀉血이었다. 그들은 우리 몸이 혈액을 포함한 네 가지 액체로 구성되어 있다고 믿었는데, 이 중 혈액은 뜨거운 성질을 대표한다. 따라서 열이 나는 증상이 있으면 뜨거운 성질의 피가 지나치게 많기 때문이라 여겨 상당한 양의 피를 뽑았던 것이다. 미국의 초대 대통령 조지 워싱턴과 음악가 쇼팽 등 유명인의 죽음은 지나친 사혈이 주요 원인이라는 것이 정설이다. 지금 우리 농촌의 노인들이 봄이면 링거액(수액) 주사를 맞아 기력을 회복하려 하듯이, 중세 유럽인들은 한두 병의 피를 뽑는 것으로 봄맞이를 했다고 한다. 물론 그렇게 버려지는 피 속에도 적혈구와 백혈구 등 수많은 세포들이 들어 있다.

상품과 선물 사이의 장기

피가 온몸을 순환하며 산소를 공급한다는 사실이 알려지면서부터 피는 버려야 할 몸의 여분이 아니라 지켜야 할 몸의 자원이 된다. 이제 피를 뽑아내는 것이 아니라 다른 사람의 피를 내 몸으로 옮기는 수혈이 중요한 치료 수단이 된다. 그리하여 피를 사고파는 매매혈賣買血이 성행했고 이것이 의료 산업의 주요 수입원이 된다. 1970년대 후반부터는 피를 사고파는 것이 금지되고 자발적 헌혈로 혈액의 수요량을 충당하는 제도가 정착되었다. 이제 피는 상품이 아닌 자발적으로 주고받는 생명의 선물이라는 인식이 자리를 잡아가고 있다. 또한 이식 의학이 발전하여 망가진 신장이나 간을 다른 사람의 장기로 대체할 수 있게 되면서, 몸의 일부가 귀중한 생명의 선물이라는 인식은 더욱 확산되었다.

하지만 고속도로 휴게소의 화장실에는 여전히 장기를 사고판다는 불법 광고가 붙어 있다. 아직도 많은 사람이 장기를 무슨 수를 써서라도 확보해야만 하는 값비싼 상품으로 여기고 있다는 증거다. 급한 경우에는 우리보다 생활수준이 낮은 중국이나 동남아 국가로 날아가 매매된 장기나 처형된 죄수의 장기를 이식받는 일도 적지 않다고 한다. 여기서 몸의 일부인 장기는 생명의 기계적 대체물이다. 하지만 지금처럼 장기이식이 일반화될 수 있었던 것은 장기를 기계적으로 대체하는 수술법만이 아니라 장기의 본래 주인과 새 주인 사이에 일어나는 면역반응을 다루는 지식과 기술이 있었기 때문이다.

존 무어의 돈이 되는 세포

내 몸의 일부가 나의 것인 이유는 그것이 내 몸속에서 일정한 기능을 수행할 뿐 아니라 나를 구성하는 나머지 세포들과 똑같은 유전정보를 공유하기 때문이다. 일란성 쌍둥이가 아니라면 이 유전정보는 이 세상의 다른 누구와도 같지 않다. 모든 사람은 자기만의 유전정보를 갖고 있고 그것이 생물학적 정체성의 근거가 된다. 그런데 때로는 그 생물학적 정체성이 엄청난 지적재산이 되기도 한다. 내가 희귀한 질병을 앓고 있다면 그 정보의 가치는 더 커진다. 그리고 상당한 양의 생체 정보가 중세 서양인이 건강상의 이유로 뽑아서 버리던 피에서 온다. 피, 조직, 장기 등의 생체 물질은 그 자체로도 귀중한 자원이지만 그 속에 들어 있는 정보는 그보다 훨씬 더 많은 잠재적 가치를 가지며 거액을 다투는 소송의 대상이 되기도 한다.

● 전체 백혈병 중 약 2퍼센트를 차지하는 희귀 백혈병으로, 골수 세포에 털처럼 미세한 섬유가 나타난다.

미국 시애틀의 사업가 존 무어는 털세포 백혈병hairy cell leukemia ● 이라는 희귀병을 앓는 환자였다. 그는 로스앤젤레스 캘리포니아 대학의 최고 전문가를 찾아 진료를 받았고 완치되었다. 하지만 이후 7년 동안 의사들은 검사를 이유로 그를 계속 로스앤젤레스로 불러 혈액, 골수, 피부, 정액 등의 샘플을 채취했고, 환자의 피 속에 있던 특이한 화학물질에 대해서는 특허를 출원했다. 스위스의 제약회사인 산도즈가 무어에게서 뽑아낸 세포주*를 개발하는 대가로 1천5백만 달러를 지불했다는 얘기도 있었다. 뒤늦게 이런 사실을 눈치챈 무어가 소송을 제기했지만, 캘리포니아 주 대법원은 부가가치를 생산한 신체 조직의 소유권이 조직의 제공자인 자신에게 있다는 무어의 주장을 받아들이지 않고, 발생한 모든 수익은 의사와 생명공학회사에 귀속된다고 판결했다(1990년). 내 세포가 남의 재산이 된 것이다.

● 세포 배양을 하면 계속해서 분열과 증식으로 대를 이을 수 있는 배양 세포의 클론을 지칭한다.

50년 전 죽은 엄마의 세포가 살아 있다!

내 몸의 일부는 나도 모르는 사이에 살아남아 의학 연구의 귀중한 자료가 되기도 하고 누군가에게 엄청난 이익을 안겨주기도 한다. 헬라(HeLa)라 이름 붙여진 자궁경부암 세포주는 인간에게서 최초로 확립된 불멸의 세포주이다. 이것은 헨리에타 랙스Henrietta Lacks라는 젊은 흑인 여성 환자의 암세포에서 유래한 것인데, 이 세포는 1951년에 채취된 이후 수도 없이 배양되고 증식되어 전 세계의 실험실은 물론 우주 공간의 인공위성으로까지 퍼져나갔다. 정상적인 세포는 50~60번 분열하면 증식을 멈추지만 이 세포는 그렇지 않았기 때문에 다양한 조작을 가하고 지속적으로 관찰할 수 있었다. 이런 연구의 일환으로 전 세계에 퍼져 있는 그녀의 세포를 무게로 따지면 20톤에 이를 것이라는 추산도 있다. 이 세포는 무중력 상태에서의 변화를 보기 위해 우주선에 실려가기도 했고 소아마비 백신의 개발에도 참여했으며, 1만 천여 건의 관련 특허를 생산했다.

이 과정에서 훌륭한 과학적 성과를 내고 유명해지거나 돈을 번 사람도 많지만, 정작 헬라 세포의 주인이었던 환자와 가족에게 그 과정을 설명하거나 동의를 구한 사람은 아무도 없었다. 자식들이 어머니의 세포가 계속 증식하고 있다는 사실을 처음 알게 된 것도 어머니가 죽고 25년이나 지난 다음의 일이었다. 이 사실은 과학자들이 유전정보를 비교하기 위해 가족들에게 피를 제공해줄 것을 요청하면서 세상에 알려졌다. 그 후로도 환자의 가족은 병원과 기업 또는 국가로부터 어떠한 지원도 없이, 심지어 의료보험에도 가입하지 못한 채 고단한 말년을 살아간다.

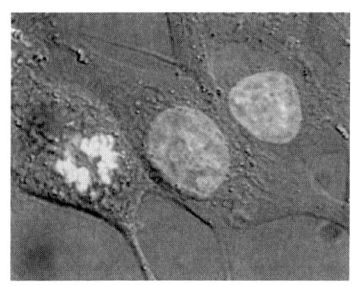

자궁경부암으로 죽은 헨리에타 랙스에게서 추출되어 지금도 전 세계에서 증식되고 있는 헬라 세포

환자의 자궁에서 떨어져 나온 몸의 일부는 과학자들이 제공하는 영양분을 섭취하며 본래의 주인과는 아무 상관없는 생명을 살아간다. 그리고 본래 주인이 살았던 기간(30년)보다 훨씬 긴 60년 이상을 살고 있는데, 과학자들의 지원이 멈추지 않는 한 그 생명은 영원히 지속될 것이다. 버려진 몸의 일부가 나름대로의 삶을 살아가며 새로운 이야기를 만들고 있는 것이다. 문제는 몸의 일부가 만들어내는 과학 이야기와 그 몸의 주인이 살아온 인간적 삶의 이야기가 서로를 소외시킨다는 점이다. 과학자는 세포를 제공한 '사람'에는 아무 관심이 없다. 세포를 제공한 환자나 가족 역시 '불멸의 세포'라는 은유적 표현 뒤에 숨은 과학의 의미와 내용을 온전히 이해하기란 어려운 일이다.

헬라 세포의 영원한 삶

10년 동안이나 헨리에타의 가족을 밀착 취재한 다음 그 이야기를 책으로 엮어낸 작가 레베카 스클루트Rebecca Skloot는, 헨리에타의 딸 데보라가 죽은 어머니의 세포가 불멸한다는 말을 이해하는 데 얼마나 큰 어려움을 겪는지를 차분하게 보여준다. 데보라에게는 어머니의 삶과 죽음, 그녀의 세포가 만들어내고 있는 과학적 성과, 그리고 그것을 둘러싸고 벌어지는 명분과 이권의 다툼 등을 자신의 삶과 관련하여 어떻게 이해하고 의미를 부여해야 하는지가 가장 큰 과제다. 그녀는 작가의 도움을 받아 그 과제를 수행한다. 그리고 담배 농장 노동자였던 어머니와 가족이 살았던 삶의 맥락에서 그녀가 과학과 맺은 인연을 조명하려고 한다. 첫 목표는 그녀의 고향에 작은 기념관을 짓는 일이었다. 그리고 말년에는 어머니와 관련된 이야기를 보다 잘 이해하기 위해 과학을 공부하겠다는 열망을 불태운다.

이 책의 이야기는 어머니가 죽은 지 50년도 훨씬 지난 시점에서 그 자식들이 과학자와 만나 시험관에 담긴 어머니의 세포를 직접 대면하는 장면에서 정점에 이른다. 죽은 어머니에게서 나온 세포의 실물(과학 연구의 직접 대상)과 그것을 가지고 중요한 연구를 하는 과학자(연구의 주체), 그리고 죽은 어머니와 많은 유전정보를 공유하는 자식들(과학 연구의 인간적 맥락)이 한자리에 모인 것이다. 이제 50년 동안 추상적 과학과 넓고 깊은 삶의 맥락 사이의 소통을 막았던 불통不通의 벽에 작은 균열이 생기는 것을 본다. 과학의 이야기와 삶의 이야기가 만나 제3의 이야기를 준비하고 있는 것이다.

헤이플릭 한계와 텔로미어

정상적인 인간 세포가 분열을 멈출 때까지 반복할 수 있는 세포분열 횟수의 한계를 헤이플릭 한계Hayflick Limit라 한다. 세포가 분열을 거듭하면 각각의 세포 속에 들어 있는 DNA의 끝에 붙어 있는 텔로미어telomere가 조금씩 짧아져서 더 이상 분열할 수 없는 시점에 이르게 된다. 헤이플릭Leonard Hayflick은 1961년 정상적인 인간의 태아 세포를 배양하면 40~60회 이상은 분열하지 않으며 이후 세포는 노화 과정에 들어간다는 사실을 확인했다. 텔로미어가 짧아져 더 이상 분열하지 않는 것은 세포가 분열을 계속할수록 유전체의 안정성이 깨지고 변이가 일어나 암으로 발전할 가능성이 크기 때문인 것으로 설명된다.

암세포에서는 텔로미어가 짧아지는 것을 방지하는 텔로머레즈라는 효소가 분비되기 때문에 헤이플릭 한계가 없다. 따라서 이론적으로는 이 효소를 억제하는 물질을 투여해 암세포에게도 헤이플릭 한계를 부여해 무한 증식을 막는 치료법을 구상해볼 수 있다. 반대로 면역 세포에 텔로머레즈를 처치해 수명을 연장함으로써 암세포의 발생을 막거나 퇴치할 수 있는 치료법도 생각할 수 있다.

암컷과 수컷의 사랑 이야기

바람둥이 형질의 진화

〈남자는 배 여자는 항구〉는 1970년대 대학가요제 출신의 트로트 가수 심수봉이 1984년에 발표해 크게 인기를 끈 노래다. 여기서 떠나는 사람인 남자(배)는 이별에 눈물을 보이지만 돌아서면 잊어버리고, 쓸쓸한 표정을 짓지만 곧바로 웃어버리며, 아주 가면서도 돌아오겠다고 약속하는 거짓말쟁이다. 그리고 각 절은 '남자는 다 그래'로 끝이 난다. 반면 보내주는 사람인 여자(항구)는 말도 없이 바다만 바라보다 눈물을 지우며 돌아오는 힘없는 존재다.

심수봉은 바람기 있는 남자와 지조를 지키는 여자라는 정형화된 성 이미지를 구성진 가락과 오묘한 목소리에 담아 재현해냈다. 이 노래가 그렇게 큰 인기를 얻을 수 있었던 것은, 가슴을 울리는 가락과 음성 그리고 그것과 어우러진 가사의 내용이 우리 마음속에 깔려 있던 정서와 공명을 일으켰기 때문일 것이다.

남자와 여자가 다른 이유를 모두 생물학적 차이로 설명할 수는 없겠지만, 그것을 제대로 이해하지도 못한 채 남녀 관계를 논할 수도 없다. 진화생물학과 거기서 파생된 진화심리학은 남녀의 차이뿐 아니라 정형화된 인간 행동의 대부분을 진화의 역사로 설명한다. 진화의 추동력인 자연선택은 변이, 유전, 선택의 과정으로 구성된다. 먼저 개별 생명체들은 같은 종에 속하더라도 모두 조금씩 또는 많이 다르다(변이). 그 다름은 후손에 전해진다(유전). 그렇게 다른 형질 중에서 생존과 번식에 유리한 것만 살아남아 후손에 전해진다(선택).

지금 우리가 가지고 있는 행동의 특성들은 그런 과정을 거쳐 자연선택된 것들이다. 바람둥이가 대체로 남성이고 지조를 지키는 주체가 여성인 이유도 그런 남녀의 차별적 속성이 자연에 의해 선택되었기 때문이다. 진화의 관점에서 보면 남녀 간의 사랑도 결국은 후손을 많이 남기기 위해 선택된 심리적 형질이다. 하지만 그 목적만을 위해서라면 일부일처제보다는 일부다처제가 더 효율적이다. 남자는 다량의 씨를 뿌리고 여자는 그것을 거두는 분업을 한다면 더 많은 후손을 남길 수 있다. 여기서는 사랑도 남녀의 역할에 따라 다를 수밖에 없다. 결국 일부일처제하에서의 사랑은 서로를 끌어당기는 처음 단계에서는 유용하지만 생존과 번식의 효율이라는 진화의 관점에서는 여분의 형질인 셈이다.

사랑은 치열한 군비경쟁

생물학의 더 낮은 수준으로 내려가면 남녀 관계의 사정은 달라진다. '남자는 배 여자는 항구'의 도식이 그렇게 큰 위력을 발휘하지 못하는 것이다. 여자는 더 이상 말없이 눈물만 흘리는 수동적인 존재가 아니다. 사랑의 결실인 임신의 과정에서도 여자의 몸은 자신을 지키기 위해 남자가 뿌린 씨앗의 전횡에 저항한다. 태아는 주로 엄마와 아빠의 유전정보를 절반씩 물려받지만, 어떤 유전자는 온전히 엄마 혹은 아빠의 것이 그대로 전해진다. 이런 유전자를 '각인 유전자Imprinted gene'라고 한다. 이 경우 상대 부모에게서 온 해당 유전자는 침묵한다. 아빠에게서 온 각인 유전자는 엄마의 몸에서 태아가 크고 빠르게 자라는데 필요한 조건을 만들고 엄마에게서 온 각인 유전자는 태반과 태아의 성장을 억제하는 조건을 만든다. 각인 유전자는 각각 엄마와 아빠의 이익을 관철시키는 생물학적 대변자인 셈이다.

지금은 대부분의 임신이 행복한 출산으로 이어지지만 우리의 조상에게 임신은 진화적으로 필수인, 그러나 현실적으로는 위험한 과정이었다. 임신이 된 몸은 이러한 위험 속에서 서로 많은 복사본을 후손에 전하려는 엄마와 아빠의 유전적 이익이 충돌하는 곳이다. 물론 그들의 '의도'가 반영되어 이렇게 되는 것은 절대 아니다. 생물학적 결과가 그렇게 해석될 수 있다는 것뿐이다. 예컨대 아빠의 몸에서 온 각인 유전자가 지나치게 강하게 발현되면 융모막암choriocarcinoma이 되고, 엄마의 각인 유전자가 지나치게 강하면 유산이 된다. 아빠의 유전자는 아이를 크게 키우려 하고 엄마의 유전자는 그것을 거부하려 하기 때문이다.

● 융모막이란 태아의 발생 과정에서 태아를 감싸고 있는 가장 바깥쪽의 막으로, 처음에는 두꺼운 세포층이었다가 나중에는 하나의 막과 태반으로 변한다. 이 융모막을 이루는 세포가 악성 변화를 일으킬 경우 융모막암이 된다.

수명이 며칠밖에 안 되는 초파리를 대상으로 한 윌리엄 라이스Willam R. Rice의 실험 결과는 훨씬 더 극적이다. 초파리는 다처다부의 습성에 따라 번식한다. 암컷은 많은 수컷과 교미를 하므로 동시에 여러 수컷의 정자를 간직하고 있다. 암컷의 몸속에서는 그 정자들이 암컷의 난자와 수정을 하기 위해 치열한 경쟁을 벌인다. 이런 방식에 따라 40세대 정도 번식을 계속하면 수컷의 정자는 다른 수컷의 정자를 죽이는 독소를 진화시킨다고 한다. 그 독소는 어미의 몸에도 해롭지만 암컷은 세대가 거듭되면서 그 독소에 대한 해독제를 진화시키므로 번식에 부담이 되지는 않는다. 수컷과 수컷, 수컷과 암컷 사이의 치열한 군비경쟁이 아닐 수 없다.

이제 무리에서 몇 마리의 암컷을 분리한다. 수컷은 계속 위와 같은 번식 방법을 유지하고 암컷은 일부일처의 방식으로 번식시켜 정자의 독소 해독과 관련된 진화를 억제시킨다. 40세대가 지난 다음 가장 강한 독소를 진화시켜 가장 많은 후손을 거느린 가계의 수컷과 진화가 억제된 가계의 암컷을 교미시킨다. 그 결과는 진화가 억제된 암컷의 현저한 수명 감소로 나타났다고 한다. 한동안 일부일처의 환경에 익숙해진 암컷은 수컷이 진화시킨 독소에 대한 항독소를 진화시킬 필요가 없었기 때문이다. 이제 다시 수명이 단축된 암컷을 다처다부의 경쟁 상황 속에서 40세대쯤 진화시켰더니, 암컷은 단축되기 이전의 수명을 회복했다고 한다.

번식 이상의 사랑

위에서 말한 사람과 초파리의 사례에서 어떤 일반적인 결론을 이끌어낼 수 있을까? 혹시 남자는 바람둥이일 수밖에 없는 진화적 운명을 타고났다고 해석할 수 있을까? 그래서 이 땅의 카사노바와 성범죄자들에게 면죄부를 줄 수 있을까? 그렇다면 그런 본능적 욕망을 억제하라고 가르치는 윤리와 도덕은 어떻게 할 것인가?

이 물음들에 답하려면, 애초에 우리의 인지구조가 추상적 개념이나 일반화된 논리가 아닌 생존과 번식에 유리한 방향으로 진화되었다는 사실로부터 출발하는 편이 좋을 것이다. 동물의 배설물에 불결이라는 관념이 부여되기 훨씬 전부터 우리는 본능적으로 그것을 피해왔다. 무서운 포식동물에게서 나는 냄새와 소리는 공포와 불안이라는 개념이 만들어지기 전에 이미 우리를 그 자리에 얼어붙거나 재빨리 도망치도록 한다. 마찬가지로 우리는 누가 시키지 않아도 동성보다는 이성에 매력을 느끼고 서로를 끌어당긴다.

지구촌 곳곳에는 생각보다 복혼polygamy이 많고 어떤 문화권에서건 많은 성적 상대를 갖는 쪽이 주로 남성이라는 사실은 '다 그런' 남자들의 자연적 경향성을 말해준다. 남자와 여자가 서로 다른 진화적 압력을 받으며 살아온 결과다. 우선은 이 사실을 인정해야 한다. 남성과 여성은 화성 남자와 금성 여자로 표현될 만큼 서로 다른 진화적 경험을 갖고 있다. 그런 진화적 경험의 간극을 이어주는 것이 사랑이다. 사랑은 번식을 위해 진화했지만 번식보다 위대한 일을 해낸다. 새의 깃털이 체온을 조절하기 위해 진화했지만 하늘을 나는 엄청난 기능을 수행하게 된 것과 비슷하다.

● 일부다처, 일처다부, 다부다처 등 배우자가 여럿인 결혼 형태

사랑은 남녀 간의 유전적 이익의 차이를 극복하기 위해 진화했지만 이제는 그 차이를 초월한 새로운 문화적 진화의 영역을 열어놓았다. '차이를 알면 사랑이 보인다'는 연애 교과서의 조언은 이렇게 진화의 역사로 확장되고, 생물과 문화는 서로를 끌어당겨 새로운 생물-문화적 현실을 만든다. 앞에서 이야기한 것처럼, 인간은 직립보행으로 인해 좁아진 산도와 커진 뇌의 문제를 해결하기 위해 성숙되지 않은 채로 아이를 낳아야 했다. 따라서 뇌의 발달 과정에 문화의 영향을 크게 받을 수밖에 없었고 그 결과 지금과 같은 문명을 이룰 수 있었다. 그래서 이제는 진화의 산물인 우리가 거꾸로 진화의 과정을 설명하고 해석하며 일부는 수정할 수도 있게 되었다. 생물학적 충동에서 비롯된 사랑을 문화적으로 향유할 수 있는 것도 우리가 그렇게 진화해온 생물-문화적 존재이기 때문일 것이다.

초파리의 일부일처제

위에서 살펴본 초파리 실험에서 이번에는 생식을 통한 군비경쟁 대신 일부일처가 강제되는 상황을 만들어본다면 어떻게 될까? 모든 개체는 하나의 파트너하고만 짝을 짓고 그렇게 태어난 후손들도 일부일처의 방식으로만 번식을 하도록 한다. 이렇게 40세대가 지난 다음 확인해보면 어떤 암컷과 수컷도 독소와 항독소를 만들지 않게 진화되어 있다고 한다. 이제 다른 수컷의 정자를 죽이는 독소는 적응이 아니라 장애가 된다. 더욱 놀라운 점은 이렇게 진화한 가계의 개체들은 무한경쟁을 통해 독소와 항독소를 진화시킨 개체보다 더 많은 자손을 남기는 진화적 적응을 보인다는 것이다. 다른 개체와의 경쟁에 쓰던 자원을 모두 생존과 번식에 쏟을 수 있었기에 가능한 일이다. 경쟁만이 살 길이라 외치는 자본과 권력이 새겨보아야 할 과학적 사실이다.

남과 여의 차이는 진화적 이해관계의 충돌에서 비롯되었다. 그러나 그 차이를 알면 더 큰 사랑이 보인다. 사랑은 진화의 산물이지만 진화가 우리의 운명은 아니기 때문이다.

옥시토신, 일부일처 호르몬?

옥시토신oxytocin은 포유류에서 출산 전후에 분비되는 생식 관련 호르몬이다. 분만 시에 자궁 경부와 자궁이 확장되면 다량의 옥시토신이 분비되어 자궁을 수축시켜 분만을 촉진시키고, 어미와 새끼 사이의 유대를 강화하며 모유가 분비되도록 한다. 최근에는 이 호르몬이 오르가슴, 사회적 유대, 부부간의 금슬, 어미와 자식 간의 관계 등을 증진시키는 것으로 알려져 사랑의 호르몬으로 불리기도 한다. 유전적으로 이 호르몬의 수용체에 이상이 있는 경우 사회 적응에 어려움을 겪는다는 보고도 있다.

이 호르몬은 1980년대 말 초원에 사는 들쥐와 산악 지역에 사는 들쥐를 대상으로 한 연구로 유명해졌다. 초원의 들쥐는 부부가 함께 살면서 여러 주 동안 새끼들을 함께 돌보지만, 산악 지역의 들쥐 부부는 짝짓기 후 곧바로 헤어지고 암컷 혼자 새끼를 기르다 몇 주 뒤에 독립시킨다. 연구 결과 초원 들쥐의 뇌에는 옥시토신에 반응하는 수용체가 산악 들쥐보다 많았다. 이 쥐들에게 옥시토신을 주사하면 자기 짝을 강하게 선호하고 다른 쥐들에게는 공격성을 보였지만, 산악 들쥐는 주사를 맞고도 별다른 변화를 보이지 않았다고 한다. 연구자들에 따르면, 초원 들쥐의 일부일처제는 그들이 옥시토신에 더 잘 반응하기 때문이라고 한다.

2012년 11월 발행된 《신경과학저널 The Journal of Neuroscience》에 실린 르네 휠만 René Hurlemann 교수 팀의 논문에 따르면, 옥시토신은 일부일처 관계를 유지하는 남편들의 배우자에 대한 충성도를 높인다고 한다. 젊고 건강한 일부일처 남성 피험자의 코에 옥시토신을 뿌리고 45분이 지났을 때 아내가 아닌 매력적인 여성 실험자가 방에 들어온다. 방 안에서 피험자에게 가까이 다가가기도 하고 멀리 떨어지기도 한 후에, 피험자에게 여성이 어떤 거리에 있을 때 가장 편안하고 얼마나 가까이 다가왔을 때 다소 불편해지는지를 묻는다. 이들은 대개 70센티미터 내외의 거리를 편안하다고 느낀 반면, 혼자인 남성이나 증류수를 뿌린 일부일처 남성들은 50~60센티미터의 거리가 편안하다고 답했다고 한다. 연구자들은 이것을 옥시토신이 배우자에 대한 애착을 증가시킨 결과라고 해석했다. 들쥐에 대한 실험과 일치하는 결과라는 것이다.

우리는 아직 옥시토신을 사랑의 호르몬으로 부를 만큼 이 호르몬과 사랑의 관계에 대해 많이 알지 못한다. 하지만 사랑이란 것이 모든 물질적 조건을 초월한 형이상학적인 감정만은 아니라는 점은 분명한 사실인 것 같다.

병자생존, 아파야 산다

완전한 몸은 없다

요즘 서점을 기웃거리다 보면 재미있는 제목의 책을 많이 만난다. 대체로 부정적으로 받아들여지던 현상의 긍정적 측면을 보려는 것들이다. 불편, 욕망, 아픔, 불안 등 누구나 피하고 싶거나 피해야 한다고 배운 것들에 대해 '괜찮아'라는 위로를 하기도 하고, 아예 그렇게 아프고 불안한 것이 바로 인생이고 청춘이라고 설파하기도 한다.

샤론 모알렘Sharon Moalem이라는 미국인 의사가 쓴 『아파야 산다』는 여기서 한 발 더 나가 아픔이 생존의 조건이라고 말한다. 아파도 괜찮은 게 아니라 아예 아파야만 산단다. 여기서 아픔은 심리적 고통보다는 심신의 질병을 뜻한다. 이 책의 원래 제목은 '병자생존病者生存, Survival of the Sickest'이다. 진화의 법칙이라고 알려진 적자생존適者生存, Survival of the Fittest의 개념을 뒤집은 것이다. 하지만 '아파야 산다'라는 번역은 원제목보다 훨씬 강력하게 우리의 정서를 자극한다. 병자생존이 기계적이고 중립적이라면 '아파야 산다'라는 표현은 생생한 삶의 맥락은 물론 인간 실존의 깊숙한 곳을 자극하기 때문이다.

  한편 사회적인 맥락에서 이러한 책들이 주목을 받는 이유는 우리 대부분이 편안함과 완전함을 추구하도록 길들여졌기 때문이다. 내가 중학교 시절 즐겨 보던 참고서 중에는 '완전정복'이라는 시리즈가 있었다. 지금 생각해보면 공부를 전쟁하듯 그것도 완전히 '정복'하라는 뜻을 담고 있어 씁쓸한 느낌이 들지만, 당시로서는 무척 매력적인 제목이었던 것 같다. 공부는 즐기는 것이 아니라 고통을 참아내는 것이었고 국어, 영어, 수학 등의 과목은 자연스럽게 익혀야 할 삶의 지혜이기보다는 굴복시켜야 할 정복의 대상이었다. 아는 것에 모자라거나 흠이 있어서도 안 되었다. 100점이라는 시험 점수가 바로 그 완벽의 상징이었다. 이 점수에 근접한 순서로 완전한 학생과 그렇지 못한 학생을 구분하는 방식은 지금도 변하지 않았다.

  모든 것에서 완벽을 추구하다보니 몸의 상태에 대해서도 이런 기준이 적용된다. 교과서에서 배우는 건강은 단순히 질병이 없는 상태가 아닌 '신체적·정신적·사회적 안녕 상태'이지만, 기업과 언론이 퍼뜨리고 상식이 받아들이는 건강은 대체로 몸에 대한 완전한 정복이다. 여자의 몸매는 에스 라인이어야 하고, 초콜릿 복근을 가져야 건강하고 완전한 남자 취급을 받는다. 이런 몸매는 피땀 어린 노력으로 내 몸을 정복함으로써 쟁취하는 것이다. 소중한 사람이라는 주관적 판단에 대해서까지 완전이라는 수식어를 붙일 만큼(완소남, 완소녀) 우리는 여전히 부족함 없는 완전을 최고의 가치로 삼고 있다.

종 디자인의 청사진

완전한 몸은 대체로 공장에서 갓 출고된 자동차에 비유된다. 자동차의 완전성을 판단하는 기준은 사전에 디자인한 설계도다. 그렇다면 내 몸의 완전성을 판단하는 기준 역시 인간이라는 종을 만드는 설계도인 유전체가 된다. 의학을 연구하는 철학자 부어스Richard C. Boorse는 이것을 종 디자인species design이라고 칭하는데, 21세기가 시작될 즈음에 공개된 인간 유전체 연구 계획의 결과가 바로 종 디자인의 청사진이다. 이로써 개인에 따른 유전정보의 차이를 드러낼 표준적 염기의 서열, 다시 말해 완전성의 기준이 완성됐다고 생각할 수 있다.

하지만 표준이란 것이 처음부터 완전한 형태로 존재할 수는 없다. 이 사업에서 그려낸 유전정보는 수많은 사람들 중에서 임의로 선택된 한 사람의 것이다. 따라서 그것이 모든 유전정보의 기준일 수는 없다. 표준은 수많은 '차이'를 통해서만 드러난다. 유전적 표준은 거기서 벗어난 차이의 상태를 충분히 알아야 비로소 정해질 수 있기 때문이다. 유전적 완전성은 미리 정해져 있는 것이 아니라 불완전성들을 통해 드러나는 과정적 상태일 뿐이다. 우리의 건강도 마찬가지다. 완전한 정상상태인 종 디자인과 그것을 기준으로 하는 완전한 건강은 없다. 정상과 건강은 작은 차이들이 펼쳐지는 과정에서 나타나는 임시적 안정 상태일 뿐이다.

우생학의 기원

그런데도 우리는 여전히 완벽한 몸과 완전한 건강을 추구한다. 범람하는 다이어트 상품들, 보양 식품의 소비 증가, 몸짱과 얼짱, 웰빙의 열풍은 모두 질병의 퇴치를 넘어 완전한 건강을 얻으려는 몸부림이다.

완전한 몸에 대한 집착이 확대되면 완전한 민족이라는 허상을 추구하는 일이 벌어진다. 역사상 완전함에 대한 집착이 가장 극적으로 드러난 현상이 바로 인간 종을 개조하려는 우생학●의 유행이다. 우생학은 흔히 유대인과 같은 이민족의 말살을 도모했던 나치 독일의 악명과 함께 기억되지만, 사실은 미국과 유럽 여러 나라에서 유행하던 과학이며 시대적 조류였다. 식민지 조선에도 조선우생협회(1933년)가 결성되어 민족의 개조를 외쳤는데, 그 발기인의 면면을 보면 당시의 지도적 지식인이 거의 모두 망라되어 있음을 알게 된다. 실제로 미국과 북유럽에서는 수십만 명의 정신지체자, 장애인, 마약중독자, 매독 환자 등 신체적·정신적·윤리적으로 열등하다고 분류된 사람들이 강제로 불임수술을 받았다. 완전한 건강과 완전한 민족이라는 구도에서 이들은 솎아내야 할 불량품이었던 것이다. 이렇게 완전에 대한 갈망은 불완전에 대한 불신이 되고 억압이 된다.

● 유전 법칙을 통해 인간의 종족적 개선을 꾀하려던 학문

이제 우생학의 공포는 흘러간 옛이야기가 되었지만 강제와 억압을 뺀 자발적 우생학은 여전히 우리 속에 남아 있다. 우리의 모자보건법은 우생학적 이유가 있을 경우 낙태를 허용하고 있고, 산전 진단을 통해 기형과 질병의 유무를 알아내는 기술이 발달함에 따라 선택적으로 아이를 낙태할 수 있는 가능성은 점점 더 커지고 있다. 부모의 취향에 따라 아이의 형질을 조절하고 사회의 필요에 따라 기능적으로 특화된 인간을 만들어내는 영화 〈가타카〉의 세상이 그리 멀지 않다는 전망도 있다. 매일 유전자가 조작된 동식물로 만든 음식을 먹고, 똑같은 유전자를 가진 복제 동물을 탄생시키거나 배아 줄기세포로 손상된 조직을 재생하는 기술이 개발되는 상황에서 이런 미래를 예측하는 것은 어쩌면 당연한 일이다.

아파야 산다

과학은 어디까지 발전할 수 있을까? 가까운 미래에 우리는 완벽한 몸을 가질 수 있을까? 아무래도 쉽게 이루어질 것 같지는 않다. 우리의 유전자는 수십억 년이라는 생명의 진화 과정에서 다양한 환경과의 상호 적응을 통해 형성되어온 것이다. 기껏해야 수만 년에 불과한 인간 지성의 역사가 수십억 년 동안 진화해온 생명의 지혜를 극복할 수 있을지 확신이 서지 않는다. 우리의 지성은 단순한 추론에는 강하지만 수없이 많은 생명의 상호작용과 이들이 다양한 환경에 적응해온 복잡한 생태적 관계를 파악하는 데에는 아직 약하다.

　산소를 운반하는 혈액 속 적혈구가 초승달 모양으로 찌그러져 빈혈을 일으키는 겸상적혈구빈혈은 생태적 관계의 복잡성을 보여주는 가장 간단한 사례다. 자연선택의 원리에 따르면 이 병을 가진 사람은 대개 사춘기 이전에 사망할 것이므로 후손을 남길 가능성이 적고, 따라서 이 병을 전하는 유전자도 점차 사라져야 한다. 하지만 일부 아프리카 지역에서는 여전히 높은 유병률을 보이는데 그것은 이 유전자를 동형접합(두개의 대립유전자가 똑같은) 상태로 가지면 빈혈이 생기지만 이형접합(대립유전자 중 하나는 이 유전자이고 다른 하나는 그렇지 않을 때) 상태로 가지면 말라리아에 저항성을 가지기 때문이다. 말라리아가 많은 지역에서는 이 병을 일으키는 유전자가 오히려 생존에 도움을 주기도 하므로 자연선택에 의해 살아남은 것이다. 유전자는 어떤 환경에 처해 있는지에 따라 좋게도 나쁘게도 평가될 수 있다. 만약 이 병을 일으키는 유전자를 불량품이나 악당으로 규정해 모두 없애버린다면 예측하기 어려운 생태적 재앙을 겪게 될 수도 있다.

　유럽인의 2퍼센트가 한 벌 이상 가지고 있다는 낭포성 섬유증 유전자의 사례도 있다. 이 유전자는 17세기 이래 유럽인의 주요 사망 원인이었던 결핵에 저항성을 부여해주었기 때문에, 자연선택에 의해 제거되지 않은 것이라고 해석된다. 이 밖에도 질병을 일으키는 유전자가 생애의 다른 시기나 다른 질병에는 생존에 유리한 조건으로 작용하는 경우가 많다. 이를 좀 과장해서 해석하면 아픈 사람이 오래 살아남는다는 병자생존病者生存, 즉 아파야 산다는 역설이 된다.

진화의학, 미완의 기획

이 밖에도 진화로 설명할 수 있는 질병의 사례는 많을 것이다. 하지만 진화의학은 아직 미완의 기획이다. 기존의 생물의학 패러다임을 대체할 만큼 풍부한 임상 적용 가능성을 발견한 상태도 아니다. 아직은 가설 수준에 그치고 있는 설명도 많다. 그 가설을 증명하기 위해서는 아주 오랜 시간이 필요하므로 그 진위 여부를 실험으로 증명해내기도 어렵다. 이런 점에서 일단은 진화의학을 몸과 의학에 관한 새로운 사유의 틀 정도로 규정하는 것이 좋겠다. 하지만 진화의학이 가진 잠재력은 무궁무진하다. 기계적 환원론에 갇힌 생물의학의 틀에서 벗어나 새로운 시야를 열어젖힐 가능성을 보여준다는 점에서 도전해볼 만한 분야인 것은 틀림없다.

진화의학의 주장들

- 생명의 진화에서 얻는 것이 있으면 잃는 것도 있기 마련이다. 겸상적혈구는 심각한 빈혈을 일으키지만 말라리아에 대해서는 적응이다. 번식에 도움이 되는 형질이 생존에 방해가 되기도 하고, 지나치게 강한 면역은 자신의 조직을 공격하기도 한다. 진화는 진보가 아니라 주어진 환경에 최적화해가는 과정일 뿐이다.
- 병을 일으키는 미생물은 사람이 그것에 대한 치료법을 개발하는 속도보다 빨리 진화한다.
- 진화는 인간이 왜 질병에 걸릴 수밖에 없는지에 대한 중요한 정보를 준다.
- 우리 몸이 생물학적으로 진화하는 속도는 우리가 자연을 개조하여 생태적 지위를 바꾸고 문화적으로 다양한 환경을 조성하면서 변해가는 속도보다 훨씬 느리기 때문에, 현대인은 석기시대에 적응한 몸으로 현대를 살아가는 격이다. 따라서 최적의 적응은 불가능하다.
- 우리 몸에는 인간이 진화해온 역사가 기록되어 있고 이것이 생물학적 제한으로 작용한다.
- 모든 형질은 유전자와 환경이 상호작용한 결과다.
- 젊었을 때 생존에 도움을 주었던 형질은 나이가 들었을 때 죽음을 재촉하기도 한다.
- 완벽한 건강이란 없다.

제5부

몸과 사회

역사가 만든 질병, 역사를 바꾼 질병

우리 몸은 왜 비타민 C를 만들지 못할까?

인류가 가장 오랫동안 적응해온 경제활동은 수렵과 채집이다. 수렵채집인의 생활환경은 무척이나 척박했을 것이다. 가공되지 않은 한정된 자원을 다른 동식물과의 생태적 균형 속에서 경쟁적으로 취해야 했기에, 쫓고 쫓기는 생명의 사슬 또는 그물 속에서 한 자리를 차지했을 뿐이다. 그들은 일상적으로 맹수의 위협, 가뭄, 홍수, 지진, 산불 등의 자연재해에 여과 없이 노출되어 있었다. 또한 먹이를 찾는 활동 중에 생기게 마련인 사고, 한정된 자원을 두고 경쟁을 벌이면서 생기는 이웃 집단이나 부족과의 전쟁, 그리고 잘 아물지 않는 상처 등을 극복하며 살아야 했을 것이다. 생활에 필요한 자원이 고갈되면 바로 다른 곳으로 떠나야 했으므로 자원이나 재산을 축적할 여유는 없었다. 따라서 수렵채집인들은 비교적 평등한 사회를 이루고 살았을 것이다.

이처럼 생존을 위협하는 요소가 다양했으므로 질병의 위협은 상대적으로 덜했을 것이다. 이런 상황에서 특정 개체가 병에 걸린다면 어떻게 될까? 아마도 맹수의 먹이가 되거나 먹이 활동을 제대로 하지 못해 오래지 않아 목숨을 잃었을 것이다.

수렵채집인들은 먹이를 다양한 동식물에서 구했으므로 영양 상태의 균형이 유지되었다. 현대인들은 인위적인 방법으로 비타민 C를 섭취하기도 하는데, 수렵채집인들은 알약으로 된 비타민 C를 먹을 필요가 없었다. 인간 진화의 대부분을 차지하는 수렵채집 시기에는 일상적으로 비타민 C가 풍부한 먹이를 취했으므로, 굳이 우리 몸이 그것을 합성할 필요가 없었던 것이다. 인구밀도가 낮고 자주 이동을 했으므로 오물이 축적되지도, 전염병이 발생하지도 않았다. 하지만 자연재해에는 손을 쓸 방법이 없어 고스란히 당할 수밖에 없었고 기근에 시달리는 일도 드물지 않았다. 이로부터 뭔가 초자연적인 존재에 의지하려는 경향이 생기고, 주술과 종교가 발달하게 되었다.

출산은 위험한 통과의례였고 무사히 낳은 후에도 문제였다. 다른 동물과 달리 인간의 어린아이는 부모에게 의존하는 기간이 길어 위험하고 잦은 장거리 이동에 방해되기 일쑤였다. 그래서 갓 태어난 아이를 죽이는 유아 살해가 적지 않았다. 지금 생각하면 도덕적으로 용납할 수 없는 패륜이지만, 수렵채집인들에게는 피할 수 없는 선택이었을 것이다. 만약 우리가 병病을 '세상을 앓는 방식'이라 정의한다면 유아 살해도 그 범주에 포함될 수 있을 것이다. 유아 살해라는 행위도 생태적 균형을 이루는 한 요소였을 뿐이기 때문이다.

정착의 대가로 얻은 병

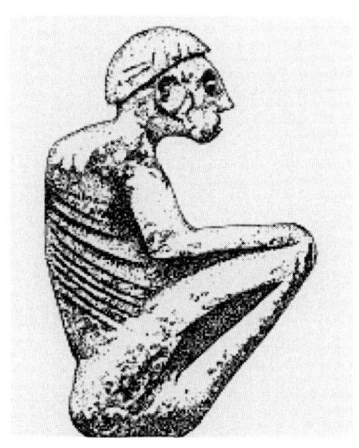

왕조시대 이전의 것으로 추정되는 고대 이집트의 유적지에서 토기와 함께 출토된 흙으로 만든 사람의 상. 척추 결핵으로 등이 굽은 사람의 모습을 표현한 것으로 보인다.

질병은 생태적 균형이 무너졌을 때 비로소 그 막강한 위력을 발휘한다. 우리 조상이 수렵채집의 생활 방식을 버리고 한곳에 모여 농사를 통해 식량을 '생산'할 수 있게 되었을 때 이런 일이 발생했다. 농업은 수렵이나 채집 활동과는 달리 아주 많은 사람이 필요한 노동 집약적인 산업이므로, 지배자와 관리자 그리고 노동에 종사하는 사람으로 계급이 갈라졌다. 부와 권력이 독점되고 신분제도가 시작된 것이다.

수렵채집의 시기에는 온몸의 뼈와 근육을 다양한 방식으로 움직여 식량을 구했지만, 농업 생산의 시기에는 온 종일 쪼그리고 앉아 잡초를 뽑는 등 부자연스런 자세를 오래 유지해야 했다. 이처럼 반복되는 단순노동의 결과 요통이나 어깨 결림 등 근골격계의 퇴행성 질환이 많아졌다. 고대 이집트인의 것으로 추정되는 미라와 유골들 중에는 이렇게 뼈와 관절이 심하게 마모된 퇴행성 변화를 보이는 것들이 많다.

야생동물을 길들여 논밭을 갈거나 짐을 운반하게 하고 그 젖과 고기를 단백질의 공급원으로 삼게 되면서, 동물에게만 있던 기생생물과의 접촉도 잦아졌다. 그 결과 사람과 동물이 함께 앓는 인수공통감염이 진화했다. 전에는 경험하지 못했던 감염병을 앓는 시대가 된 것이다. 사람과 소에서 결핵을 일으키는 세균은 사람과 소의 관계만큼이나 진화적으로 긴

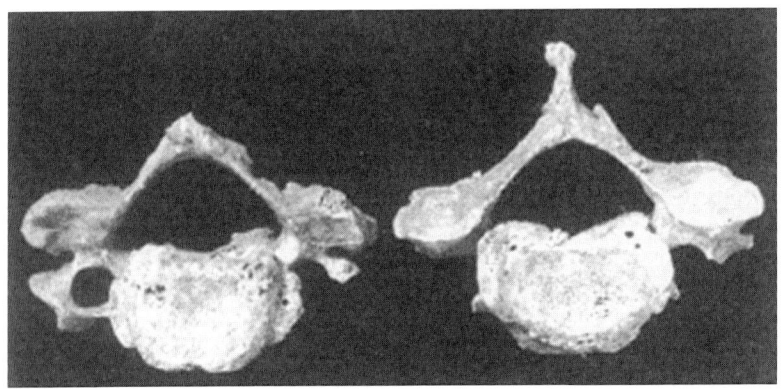
시리아 북부 지방에서 발견된 초기 농업시대의 유골에서 나온 척추. 단순히 반복되는 운동과 하중을 감당하는 과정에서 생긴 것으로 보이는 심한 퇴행성 변화를 보이고 있다.

밀하게 연결되어 있다고 한다.

한곳에 정착해 살면서 배설물과 쓰레기 등 오물의 자연정화가 어려워지자 쥐와 벼룩 같은 해충뿐 아니라 눈에 보이지 않는 미생물들이 번성할 수 있는 조건도 마련되었다. 이런 해충과 미생물은 북적거리며 살아가는 사람들과 그들이 길들여 가까이 둔 동물의 몸을 그 서식처로 삼았고, 사람들은 속수무책으로 전염병에 걸려 쓰러졌다.

한편 탄수화물의 공급원인 쌀, 밀, 옥수수, 감자를 재배해 주식으로 삼으면서 식량 생산의 효율이 높아졌다. 이전보다 섭취하는 칼로리의 양은 크게 늘었다. 하지만 영양 공급원의 다양성이 감소하면서 비타민과 미네랄처럼 아주 적은 양만 섭취해도 되는 영양소는 오히려 부족해졌다. 그 결과 영양의 균형이 깨지는 영양실조가 늘었다. 영양소의 풍요 속 빈곤의 시대가 도래한 셈이다.

어렸을 적 나와 내 가족이 앓았던 병들은 모두 농경시대 질병의 특징을 그대로 가진 것들이었다. 고르지 않은 영양, 열악한 위생과 주거 조건이 농경시대 질병의 필요조건이었는데 아버지의 결핵, 어머니의 장티푸스

그리고 나의 설사병과 유행성 간염이 모두 그런 조건에서 생긴 병이었다. 하지만 산업사회에서나 가능해진 문명의 혜택을 누렸던 것도 사실이다. 아버지는 파스와 스트렙토마이신이라는 특효약 덕분에 폐결핵이라는 치명적 질병을 이겨내셨고, 나도 세균이 위궤양을 일으킬 수 있다는 과학적 발견 덕에 지긋지긋한 위통을 치료할 수 있었다.

● 티푸스균이 창자에 들어가 일으키는 급성 전염병. 발열, 설사, 지라 비대, 창자 출혈, 발진 등의 증상을 보인다.

전형적인 농경 사회였던 고대 이집트의 미라를 조사해보면 평균수명이 30~35세라고 하는데, 나는 태어날 때 이미 50년 이상을 살 것으로 예상되었으니(1960년 한국인의 출생 시 평균 기대 수명은 52.4세), 20세기에 태어난 것만으로 20년의 삶을 번 것이다. 3천 년이라는 역사적 시간 동안 20년을 벌었지만, 내가 태어나고 살아왔던 반세기 동안의 변화는 더 극적이다. 태어날 때 나는 50년을 살 것으로 예상되었지만, 50년이 지난 지금 아직도 30년을 더 살 수 있다고 하니 말이다(2010년 기준, 53세 한국인의 기대 여명은 30.04년). 우리 몸은 세상을 앓는다. 하지만 그런 세상을 바꾸는 것도 역시 우리다.

세균과 바이러스, 보이지 않는 죽음의 그림자

인간이 병을 일으키는 미생물의 존재를 알고 그것을 통제할 수 있게 된 역사는 길어야 150년이다. 그나마도 완벽한 통제는 아직 불가능한 시점이다. 미생물은 병을 일으키기도 하지만 인간과 함께 복잡한 생태적 균형을 이루고 있기 때문에, 보이지 않는 파급력이 상상을 초월한다. 특히 생태적 균형의 파괴에 의한 재앙은 너무나 극적이고 통제할 수 없어 일시에 문명 전체를 몰락시키기도 한다.

● 코르테스(Hernán Cortés, 1485~1547)는 에스파냐 출신의 멕시코 정복자이다. 유카탄 반도에서 멕시코를 공격하여 1521년에 아스테카 왕국을 정복하고, 누에바 에스파냐 식민지를 건설하여 총독이 되었다.

●● 천연두 바이러스가 일으키는 급성 전염병. 열이 몹시 나고 온몸에 발진이 생겨 딱지가 저절로 떨어지기 전에 긁으면 피부가 얽게 된다. 전염력이 매우 강하며 사망률도 높으나, 최근 예방 주사로 인해 연구용으로만 그 존재가 남아 있다.

대표적 사례가 16세기에 불과 수백 명의 군대로 수십만 인구를 거느린 아즈텍 문명을 무너뜨린 에스파냐의 코르테스● 이야기다. 다양한 책략이 작용했지만 결정적인 무기는 정복자들이 가지고 간 눈에 보이지도 않는 천연두●● 바이러스였다. 유럽인들은 아주 오랫동안 전쟁과 교역을 통해 이 바이러스를 주고받았으며 그 결과 천연두에 대한 저항력을 진화시켰다. 이 병에 잘 걸리는 체질을 가진 사람은 이미 죽었거나 후손을 남기지 못했으므로 천연두에 잘 걸리지 않는 체질을 가진 사람만 살아남게 되었고, 결과적으로 미생물과 인간이 서로에게 해를 끼치지 않는 방향으로 진화한 것이다.

반면 아즈텍 사람들은 오랫동안 고립된 산악 지대에 살았으므로 이웃과의 교류가 제한적이었고, 세균과 바이러스와의 관계도 마찬가지였다. 천연두에 대한 면역을 진화시키지 못한 이들의 몸이 익숙지 않은 바이러스를 만나게 되자 걷잡을 수 없이 무너져버렸다. 몸이 무너지자 종교도 무너졌고 저항의 의지도 잃었다. 콜럼버스가 아메리카에 상륙한 이후 원주민 인구가 10퍼센트로 줄었다는 사실 속에도 이런 무서운 진실이 숨어 있다. 세계 각지를 여행한 진화생물학의 창시자 찰스 다윈Charles Robert Darwin은 '백인이 가는 곳마다 원주민의 무덤이 되었다'고 썼다. 그만큼 보이지도 않는 미생물은 총과 칼보다 무서웠다.

실제로 20세기 이전에 벌어진 모든 전쟁에서 전염병은 총검보다 더 많은 사람을 죽였다. 전쟁이 아니어도 전염병은 수시로 인간을 공격했다. 유럽 인구의 3분의 1을 죽음으로 몰아넣은 중세의 페스트, 제1차 세계대전 직후인 1918년 5천만 명의 건장한 젊은이를 죽인 인플루엔자가 가장 유명하다. 인류의 역사는 전염병의 역사라 해도 과언이 아닌데, 6세기경 일본에 불교를 전파했던 백제 사람들 역시 불경과 함께 천연두를 전파했고, 이 때문에 많은 일본 사람이 목숨을 잃었다고 한다.

이처럼 세상을 누비고 다닌 사람들은 영문도 모른 채 바이러스를 실어 날랐고, 원주민들은 그렇게 달라진 세상을 앓거나 죽어갔다.

에이즈, 사스, 광우병… 세상을 앓는 질병

20세기는 빠른 경제성장으로 위생과 영양 상태가 크게 개선되어 전례 없이 풍요로운 삶을 구가한 시대다. 나부터가 50여 년이라는 짧은 시간 안에 변화를 온몸으로 겪었으며, 지금도 그 혜택을 입어 안락한 삶을 사는 시대의 산물이다. 하지만 달라진 세상은 새로운 질병을 낳기도 한다. 20세기 중반에 발명된 항생제는 지금까지 수많은 목숨을 구하고 있지만, 세균의 생태를 크게 변화시켜 어떤 항생제에도 듣지 않는 슈퍼박테리아를 진화시키는 부작용을 낳았다. 항생제의 공격에서 살아남은 일부 세균들이 항생제가 개발되는 속도보다 더 빨리 자신을 변화시켜 생존을 도모한 결과다. 미국에서만 한 해 1만 9천 명이 슈퍼박테리아로 목숨을 잃는다니 이는 결코 가벼운 문제가 아니다.

에이즈AIDS, 사스SARS, 에볼라Ebola, 조류독감과 같은 신종 바이러스에 의한 질병도 전에는 없던 것들로, 모두 복잡하게 얽힌 인간과 동식물의 관계가 우리의 생태적 지위를 변화시킨 결과다. 최근에는 변형된 단백질(프리온)이 광우병과 같은 끔찍한 병을 일으킨다는 사실이 미국산 쇠고기의 수입 문제와 겹치면서, 대대적인 촛불 시위가 벌어지기도 했다. 모두 우리가 살아가는 방식이 세상의 질서를 바꾸면서 생긴 문제들이다. 초식동물에게 항생제가 담긴 동물성 사료를 먹이고, 하늘을 날아다녀야 할 새의 날개 근육을 잘라 새장에 가두는 등의 행위가 오랫동안 우리가 적응해온 자연의 질서에 균열을 초래한 것이다. 그렇게 무너진 질서가 새로운 균형을 찾아가는 과정에서 광우병과 조류독감과 같은 신종 전염병이 생겼다고 볼 수 있는 근거는 충분하다.

우리는 질병을 통해 세상을 앓으면서 세상을 알아간다. 앎을 추구하는 공부에 끝이 없듯이 우리가 앓는 질병을 완전히 정복하는 날도 없을 것이다.

광우병의 용의자, 프리온

지금까지 전염병 하면 으레 세균, 바이러스 등 유전물질을 가지면서 숙주(기생생물에게 영양을 공급하는 생물)의 몸에서 개체 수를 늘려가는 병원체에 의해 전염되는 것이었다. 하지만 양의 스크래치, 소의 광우병, 인간 광우병으로 알려진 변종 크로츠펠트-야콥병vCJD 등 뇌 조직이 급격하게 스펀지처럼 변해가는 질병은 병원체가 아니라 프리온Prion이라는 변형 단백질이 그 원인인 것으로 알려졌다.

광우병Mad Cow Disease은 소해면상뇌병증Bovine Spongiform Encephalopathy이라고도 하는데 소에게 발생하는 치명적 신경 퇴행성 질환이다. 이 병에 걸린 소는 뇌와 척수가 스펀지 모양으로 변질된다. 변종 크로이츠펠트-야콥병은 원인이나 증상이 광우병과 유사하므로 소에게서 인간으로 전염된 것으로 추정된다. 가장 피해가 컸던 영국의 경우, 17만 9천 마리가 넘는 소들이 감염되었고 확산을 막기 위해 440만 마리를 도축했다.

확실한 증거가 있는 것은 아니지만, 광우병은 소의 고기(뇌, 척수, 내장 등), 또는 그 가공물을 먹은 인간에 전염될 수 있는 것으로 알려졌다. 사람에게 발병하는 변종 크로이츠펠트-야콥병은 2008년 4월까지 영국에서 163명, 기타 지역에서 37명이 발병하여 사망했고, 잠복기가 긴 특성상 그 숫자는 더 증가할 것으로 예상한다. 세계 각국은 1989년부터 위험성이 높은 고기를 통제하기 시작했지만, 이미 약 46만~48만 2천 마리의 광우병에 걸린 소들이 인간의 먹이 사슬 속에 들어온 것으로 추정된다.

이와 비슷한 병이 파푸아뉴기니의 포어 족에게서 발견된 쿠루Kuru다. 이들은 장례 문화로서 죽은 사람의 몸을 먹는 풍습이 있었는데, 특히 뇌 조직을 먹은 사람에게서 많이 발병했다. 이 병에 걸리면 운동장애와 무력증, 두통, 관절 통증, 다리 경련 등이 생긴다. 또한, 온몸을 떨고 얼굴 근육을 의지대로 움직일 수 없어 마치 웃음을 짓는 듯한 모습을 보이다가 죽게 된다. 이 역시 프리온이 그 원인으로 지목되고 있으며 크로이츠펠트-야콥병과 관련이 있다고 알려졌다.

풍요와 불평등을 앓는 사람들

많이 벌수록 오래 살까?

우리의 건강과 수명은 물질적 조건에 크게 의존한다. 많은 돈을 버는 사람이 건강하고 장수한다는 것은 상식이고 과학적 사실이다. 하지만 수렵채집인보다 많이 먹었던 농경인에게 오히려 영양실조가 많았던 것처럼 많이 벌고 많이 먹는다고 해서 무조건 건강해지지는 않는다. 현대인에게는 과도한 영양과 운동 부족으로 비만과 당뇨 등 각종 대사 질환이 증가하고 있으며, 급성 전염병보다는 인생 후반기에 발병하는 만성질환이 더 큰 문제가 되고 있다.

《한겨레 21》에서 소개된 그래프는 세계 여러 나라의 1인당 국민소득과 평균수명 간의 관계를 보여준다(2004년 기준). 대략 국민소득 1만 달러까지는 소득과 수명이 강한 상관관계를 보이지만 그 이후에는 소득이 아무리 올라도 더 오래 살지는 못한다는 것을 알 수 있다. 예컨대 소득이 1천 달러도 안 되는 아프가니스탄 사람은 평균수명이 40대 초반이지만 1만

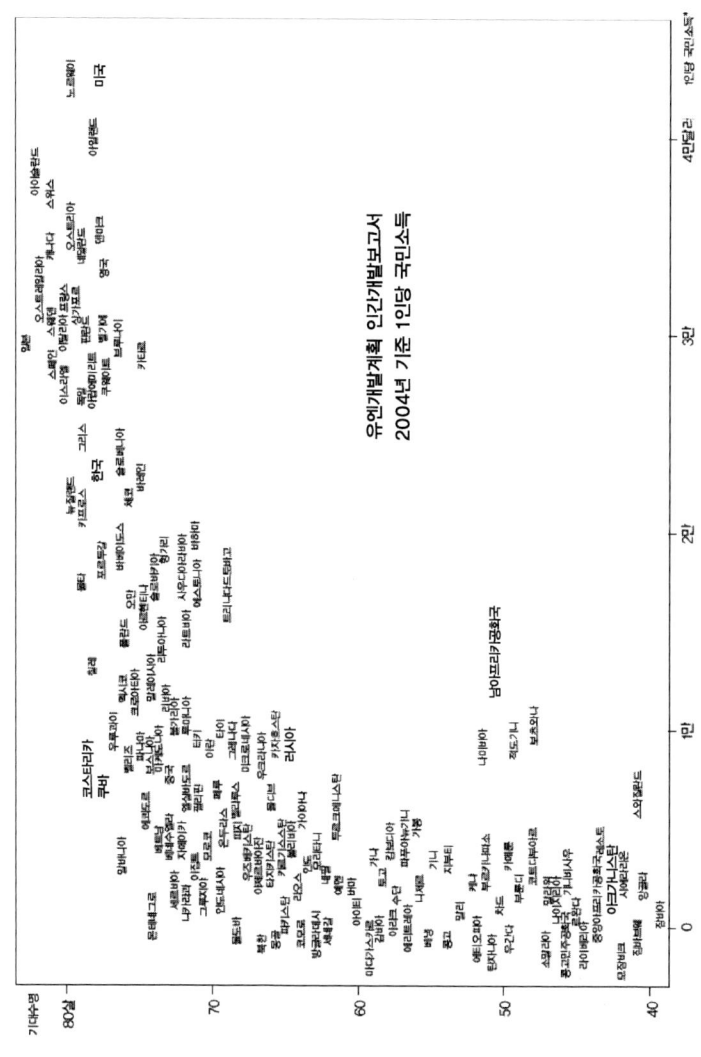

나라별 국민소득과 수명 간의 관계를 보여주는 그래프. 소득이 만 달러가 안 되는 나라의 평균수명은 대략 소득에 비례하는 것을 알 수 있다. 하지만 그 이상에서는 소득에 따른 수명의 증가 속도가 급격하게 낮아진다. 소득이 만 달러가 넘었지만, 쿠바 사람이 4만 달러가 넘는 미국 사람보다 아주 조금이지만 더 오래 산다는 사실도 알 수 있다.

달러 정도 버는 코스타리카 사람들은 80년 가까이 산다. 하지만 2만 달러를 버는 우리는 4만 달러 이상 버는 미국인이나 1만 달러도 못 버는 쿠바 사람들보다 오래 살지도, 일찍 죽지도 않는다. 그렇다면 대략 국민소득 1만 달러까지의 소득 증가는 평균수명을 늘리는 데 크게 기여하지만 그 이상의 소득은 수명 연장에 별 도움이 안 된다고 말할 수 있을 것이다.

이 그래프에서 주목해야 할 것은 소득과 평균수명 간의 상관관계지만, 그렇게 일반화된 상관관계의 추세에서 벗어나 있는 나라가 어디인지 살펴보면 또 다른 의미를 찾아낼 수 있다. 전체 추세보다 아래쪽에 있는 나라들은 소득의 증가가 평균수명의 증가에 잘 반영되지 않는 사례들이기 때문이다. 우선 남아프리카공화국이 눈에 띈다. 러시아도 소득에 비하면 평균수명이 무척 짧은 나라다. 그리고 인상적인 곳은 미국인데, 이 나라는 충분히 부유하고 충분히 오래 살지만 잘(부유하게) 사는 만큼 아주 오래 살지는 못한다.

이들 나라의 공통점은 무엇일까? 바로 소득의 격차가 크고 상호 신뢰의 수준이 낮다는 것이다. 남아프리카공화국은 오랜 인종차별 정책의 여파에서 완전히 헤어나지 못했고, 러시아는 공산주의가 무너진 후 도입된 자본주의의 충격에 아직 충분히 적응하지 못했다. 미국은 자본주의의 혜택을 듬뿍 받았지만 이제 그 체제의 모순이 점차 심화되고 있는 중이다. 이런 불안정한 사회에서는 사람을 믿지 못하고 돈을 숭배하는 풍조가 만연한다. 그 결과 가진 자와 못 가진 자가 나뉘고 사회적 유대와 일체감이 무너진다. 그리고 이런 심리·사회적 상태가 질병과 범죄의 토양이 된다. 현대인들은 이렇게 영양과 위생이 아닌 풍요와 불평등을 앓는다.

한국 사회를 떠도는 질병, 자살

자료에서 우리나라는 아직 살 만한 나라인 것처럼 보인다. 하지만 최근 들어 우리네 삶의 질은 급격히 나빠지고 있다. 2009년 한 해 동안 우리나라에서는 10만 명당 28.4명의 국민이 자살을 했다. 가히 세계 최고 수준이다. 특히 노인의 자살률이 높다. 65세 이상 고령자의 소득 불평등 지수가 OECD 회원국 가운데 멕시코와 칠레에 이어 3위를 차지하고 있다는 사실과 깊은 관련이 있을 것이다.

젊은이들의 현실과 미래도 막막하기는 마찬가지다. 기성세대는 그들에게 실패에서 배우기보다는 남의 실패를 딛고 성공하라고 가르친다. 머리를 싸매고 경쟁에 이겨 좋은 대학에 들어가도 경쟁은 멈추지 않는다. 부모가 부유하거나 그 부모에게서 뛰어난 능력을 물려받지 못했다면, 행복이 아닌 스펙을 쌓고 수강 과목 모두에서 A 학점을 받아도 졸업하자마자 신용불량자가 되고 비정규직 노동자가 될 수밖에 없다.

그 결과 많은 사람이 마음의 감기라는 우울증에 빠진다. 정리 해고로 생계가 막막해진 노동자는 말할 것도 없고, 화려해보이는 직업을 가진 유명 연예인이나 자타가 인정하는 최고 엘리트들도 줄줄이 자살이라는 최후의 수단을 선택한다. 풍요의 시대에 우리는 천연두나 콜레라와 같은 전염병이 아닌 사람 사이의 유대감 상실이라는 사회의 병, 그리고 삶의 의미 상실이라는 마음의 유행병을 앓고 있는 것이다. 이렇게 우리는 자연과 사회의 조건에 따라 달라지는 몸과 마음의 병을 앓는다.

최근에는 소득의 불평등 정도라는 사회적 지표가 질병과 고통의 상당 부분을 설명할 수 있다고 주장하는 리처드 윌킨슨Richard G. Wilkinson과 케이트 피켓Kate Pickett의 연구가 주목을 받고 있다. 그들의 연구는 평균수명과 비만, 유아 사망률, 심장병과 당뇨, 약물 남용과 정신 질환 등의 건강 수

준뿐 아니라 학업 성취도, 10대의 출산율, 폭력과 투옥, 살인 등의 사회적 지표도 소득 불평등과 강한 상관관계를 맺는다는 사실을 면밀한 통계분석을 통해 밝히고 있다. 그들은 사회가 평등해지면 가난한 사람뿐 아니라 부자들도 더 오래 건강을 누리고 행복한 삶을 살게 된다고 주장한다. 질병을 생물학적 현상으로만 보아온 현대 의학과 세상을 살벌한 경쟁의 장으로만 여겨온 정책 담당자로서는 받아들이기 어려운 주장이다. 아직은 그 연관성의 직접적인 원인이 될 만한 과학적 근거도 미흡해보인다.

그러나 불평등의 고리를 끊기 위한 연구 역시 활발히 진행되고 있다. 몸과 마음, 그리고 세상을 살아가면서 겪는 다양한 경험의 관계를 뇌신경의 기능과 구조에 관련지어 연구하는 인지과학은 윌킨슨과 피켓의 주장에 상당한 과학적 근거를 제공한다. 개인의 주관적 행복에 미치는 사회적 요인을 뇌의 활동과 관련지어 연구하는 사회심리학의 성과도 적지 않다. 우리의 몸이 일정 부분 시대와 문화의 산물이라는 자각이 새로운 논의의 출발점이며, 건강을 생물–심리–사회적 안녕으로 정의한 세계보건기구의 권위가 그 사회문화적 배경이다.

불평등이 낳은 범죄와 질병

인지과학은 몸의 일부인 뇌가 몸의 나머지 부분과 그 몸이 살아가는 외부 환경을 반영하여 스스로 변해가면서, 끊임없이 새로운 현실을 만들어가는 자기 생성의 구조를 상정한다. 과거의 경험은 뇌에 구조화되어 비슷한 경험을 하게 될 때 활성화되는 예측 회로를 생성한다. 새로운 경험은 과거에 형성된 예측 회로에 크게 의존하지만, 되먹임을 통해 그 회로를 새롭게 하기도 한다. 몸과 마음과 환경은 뇌를 매개로 하는 상호 되먹임의 구조로 얽혀 분리되지 않는 경험의 총체다.

건강과 질병의 경험, 그리고 소득 불평등이 건강 불평등과 각종 사회문제를 낳는 구조도 이와 같을 것이다. 불평등이 심한 사회는 일반적으로 경쟁심과 상호 불신이 깊고 범죄가 잦을 수밖에 없다. 많은 사람이 공포와 분노를 촉발하는 방어의 심리 기제를 부호화한 예측 회로를 가지게 되고 이것이 경험을 통해 강화되면, 몸과 마음은 만성 스트레스로 인해 점차 피폐해지며 이는 바로 질병과 범죄로 연결된다. 건강이 생물-심리-사회적 안녕인 이유가 바로 여기에 있다. 아직 구체적 연구는 드물지만 소득 불평등이 거의 모든 질병과 사회문제의 원인이라는 윌킨슨과 피켓의 주장을 뒷받침할 만한 가설이다. 자연과 인간과 사회의 영역을 넘나드는 새로운 학문의 가능성을 열 수 있는 연구 주제이기도 하다.

어느 때건 간에 몸은 시대를 담는 그릇이며 시대의 병을 앓는 공간이기도 하다. 현대인의 몸은 더 이상 혹독한 자연이나 결핍을 앓지 않는다. 우리의 몸은 지금 풍요와 불평등을 앓고 있다.

우울증과 피로사회

우울증은 마음의 감기로 불리기도 한다. 그만큼 흔하고 그 자체로 심각한 병은 아니지만, 감기가 만병의 근원이듯 우울증 역시 자살 등 심각한 결과를 낳기도 한다. 생물학적 의학에서는 우울증을 도파민, 세로토닌, 노르에피네프린 등 뇌 속 신경전달물질의 균형이 깨져서 생기는 심리의 불안정 상태로 본다. 세로토닌의 재흡수를 억제해서 그 농도를 높이는 세로토닌 재흡수 억제제를 쓰면 증상이 호전된다는 사실이 그 증거 중 하나다. 하지만 아직 정확한 생물학적 메커니즘이 알려져 있지는 않다.

한편 우울증의 원인을 스스로 만족을 얻지 못하도록 구조화된 사회 체계에서 찾는 흐름도 있다. 독일에서 활동하는 한국인 철학자 한병철은 독일 사회에 큰 반향을 일으킨 『피로사회』라는 저서에서 끊임없이 새로운 성과를 추구하도록 내모는 사회 시스템이 자존감 상실과 만성적 피로의 원인이라고 말한다. 현대 산업사회에서는 힘들게 노력해서 어떤 성과를 얻었을 때 그 과정에서 쌓인 피로를 풀고 결과를 느긋하게 즐기는 대신 더 높은 성과를 향해 나아가야만 하고, 그 결과 끊임없이 자기 자신을 착취할 수밖에 없다는 얘기다. 부자는 더 부자가 되려 하고 학급 1등은 전교 1등을 목표로 삼기 마련이다. 그러다 보니 스스로를 칭찬하고 주어진 성과에 만족할 수가 없다. 만족이 없으니 불안할 수밖에 없고 이것이 만병의 근원이 된다. 본문에서 이야기한 풍요로운 불평등 사회가 바로 그렇게 자기를 착취할 수밖에 없는 사회다. 아마 진실은 생물학적 설명과 사회적 설명의 중간쯤에 있을 것이다. 그 두 가지가 상호 배타적일 필요는 없다. 사회적 현상 속에서 생물학적 요소를 찾아내고 생물학적 현상 속에서도 사회적 원인을 발견할 수 있다면, 우울과 불안과 관련된 일상적 경험을 더 잘 설명할 방식을 고안할 수도 있을 것이기 때문이다. 위에서 이야기한 인지과학이 그 둘을 잇는 새로운 틀일 가능성이 높아보인다.

네가 아프면 나도 아프다

논쟁을 부른 한 장의 사진

사진은 묘한 매체다. 첨단 기술의 산물이지만 메시지 전달 방법은 직접 대면만큼이나 생생해서, 마치 원거리 소통이 가능해진 IT 시대와 무엇이든 두 눈으로 확인하던 구석기 시대의 감성을 이어주는 듯하다.

보도사진전에서 상을 받는 작품 중에는 이렇게 직접적인 정서를 불러일으키는 것이 많다. 1994년에 퓰리처상*을 받은 케빈 카터Kevin Carter의 사진은 굶주림으로 죽어가는 남수단의 한 소녀를 독수리가 지켜보고 있는 모습을 담고 있다. 이 사진은 《뉴욕타임스》에 실리면서 엄청난 반향을 불러일으켰다. 죽어가는 소녀의 모습도 충격이었지만 사진 속의 독수리가 죽어가는 소녀를 먹잇감으로 여겨 기다리고 있는 것처럼 보였기 때문이다. 이에 사진작가에 대한 비난 여론이 들끓기 시작했고, 재난 현장을 찾아다니는 사진작가의 역할과 의무에 관한 논쟁

● 미국의 언론인 퓰리처의 유산으로 제정된 언론·문학상. 1917년에 시작되어 매년 저널리즘 및 문학계에서 업적이 우수한 사람을 선정하여 19개 부문에 걸쳐 시상한다.

1993년에 촬영해 이듬해 퓰리처상을 받은 케빈 카터의 사진 〈수단의 굶주린 소녀〉

이 이어졌다. 비난의 내용 중에는 작가가 타인의 고통을 소재로 돈을 번다는 지적도 포함되어 있었다. 죽어가는 소녀에게 렌즈의 초점을 맞추고 있는 작가는 소녀를 노려보고 있는 독수리와 도덕적으로 다를 바 없다는 비판도 있었다. 물론 이 작품이 지구촌 공동체가 서로의 고통에 공감할 수 있는 계기를 만들었다고 옹호하는 사람도 많았다.

둘 중 어느 쪽도 완전한 진실일 수는 없다. 그렇다고 완벽한 거짓이라고 할 수도 없다. 통증이 개체의 생존에 필요해서 진화한 감각이라면 공감共感은 사회를 이루고 사는 인간의 생존에 필요해 진화한 감정일 것이다. 사진작가가 한 장의 사진을 통해 우리 모두 지구촌 공동체의 일원임을 일깨웠다면, 그래서 무뎌져가던 우리의 공감 본성을 불러일으켰다면 그만큼 큰일을 한 것일 수 있다. 하지만 개인들의 권리와 의무를 중심으로 옳고 그름을 판단하는 사람이라면 그가 같은 인간의 목숨을 구할 의무를 지키지 않았다고 주장할 수도 있다.

타인의 고통을 너무 많이 알았던 남자

고통의 의미는 생물학적 몸의 변화보다는 그 몸을 둘러싼 실존적 조건과 사회문화적 환경에서 더 쉽게 발견된다. 만약 당신이 의사가 아니라면 고통을 유발한 상처나 그 상처의 자극이 전달되는 전기생리학적 메커니즘을 아는 것보다는, 실제로 아파하는 환자의 측은한 모습을 보았을 때 그 고통의 의미를 훨씬 더 잘 이해할 수 있는 것과 같다.

우리는 모두가 서로를 잘 아는 백 명 내외의 집단에서 수렵과 채집에 의존해 살아온 종족이고 아직도 그런 환경에 적응한 몸과 마음을 가지고 있다. 지금처럼 수십억 명이 모인 지구촌을 이루고 살게 된 것은 인류의 역사 전체로 보면 잠깐이다. 우리는 구석기시대에 적응한 몸과 마음으로 최첨단 IT 시대를 살아가는 셈이다.

다시 사진작가 케빈 카터의 이야기로 돌아가보자. 케빈 카터 논의를 더욱 복잡하게 하는 것은 사진작가 자신이 겪었을 고통이다. 그는 아파르트헤이트apartheid, 남아프리카 공화국의 인종차별 정책가 극성을 부리던 남아프리카 공화국의 백인 중산층 가정 출신이다. 그곳에서는 흑인들이 부당하게 잡혀가는 일은 다반사였고, 그가 집단 구타를 당하는 어떤 흑인을 옹호하다가 함께 늘씬 두드려 맞은 적도 있다고 한다. 어쩌다 군대에 들어갔지만 적응을 하지 못하고 심한 우울증으로 자살을 기도한 적도 있다. 흑백 간에 테러가 만연했고 재판도 없이 공개적으로 사람을 처형하는 일도 적지 않았다. 처형 방법도 무척 잔인했다. 불목걸이necklacing라는 방식의 처형법인데, 고무 타이어 속에 휘발유를 잔뜩 채운 다음 죄수의 목에 걸고 불을 붙이면 죄수는 열과 연기에 그을리고 질식해 서서히 죽어간다. 카터는 1980년대 중반 이런 처형 장면을 필름에 담은 최초의 사진작가였는데, 이후 어느 인터뷰에서 다음과 같이 말했다고 한다.

"그들이 하는 짓은 정말 끔찍했어요. 그런 끔찍한 장면을 찍고 있는 나 자신에게 화가 나기도 했지요. 그런데 나중에 사람들이 그 사진에 대해 이런저런 이야기를 하는 것을 들으면서 어쩌면 내가 한 일이 그렇게 나쁜 짓은 아닐지도 모른다고 생각하게 되었지요."

그는 타인의 고통을 적나라하게 보여줌으로써 많은 사람들에게서 사라져 가던 공감 본능을 불러일으켰지만, 자기가 속한 집단에 동화되어가면서 정작 자신의 공감 본능은 심각하게 깎아먹고 있었던 것이다. 그는 극심한 인종차별 정책의 참상을 세상에 알려 그것을 종식시키는 데 기여했지만 그 대가로 내면의 깊은 상처를 안고 살아갈 수밖에 없었다. 그래서인지 그가 퓰리처상을 받은 지 몇 달 지나지 않아서 스스로 목숨을 끊었다는 사실이 예사롭지 않다. 자살의 표면적 이유는 경제적 압박과 심한 우울증으로 되어 있지만, 그가 타인의 고통을 기록하는 사진작가였다는 점이 그의 우울과 자살에 크게 기여했다고 보는 것이 상식에 부합할 것이다.

통증은 몸의 것, 고통은 마음의 것

17세기 프랑스 철학자 데카르트는 통증痛症을 신경관에 들어 있는 아주 작은 입자들의 진동이 뇌에 전달되어 생기는 것으로 설명했고, 이후의 서양의학은 이와 같은 기계적 신체관에 따라 발전해왔다. 지금은 신경섬유를 따라 흐르는 전기적 신호가 통증을 전달한다는 사실이 잘 알려져 있지만, 통증의 원인이 말초에서 중추로 전달되는 물리적 자극이라는 사실에는 변함이 없다. 이 구도에 따르면 아픔suffering은 이러한 물리적 자극에 따라오는 통증pain에 대한 마음의 반응일 뿐이다. 환자患者라는 말patient

합리적 이성의 철학자 데카르트가 생각한 통증의 전달 경로

자체가 그렇게 전달된 통증을 '견뎌낸다'는 뜻을 가진 말에서 유래한 것이다. 통증은 몸의 것이고 그것을 견뎌내는 고통은 마음의 현상이다.

하지만 '안 아픈 파커'의 무통 발치와 플라세보 효과, 복합부위통증 증후군의 고통을 생각해보라. 이런 현상들이 말초에서 중추로 전달되는 물리적 자극에 대한 단순 반응일 수 있을까? 그보다는 중추신경계가 말초에서 올라오는 자극에 어떤 변화를 초래했다고 생각하는 것이 합리적이다. 그렇게 아래로 흐르는 신호체계는 개체의 다양한 경험을 포함하고 있을 것이다. 경험과 그것에 대한 해석이 아래로 흐르는 신호를 구성하여 통증의 물리적 신호를 아픔의 실존적 경험으로 바꾼다. 한마디로 고통은 객관적 사실과 그 사실에 부여된 가치가 상호작용하는 생물-문화적bio-cultural 현상이다. '안 아픈 파커'의 요란한 퍼포먼스가 환자의 신체적 고통을 묻어버린 일이나, 생물학적 활성이 없는 약이 강력한 진통 효과를 발휘하는 플라세보 반응 등이 그 증거다.

통즉불통, 통하면 아프지 않다

생물-문화적 현상으로서의 고통을 해소하는 데 있어 가장 중요한 요소는 소통通과 어짊仁이다. 한의학에서는 몸을 제대로 움직일 수 없는 마비 현상에 '어질지 못함不仁'이라는 이름을 붙여주었다. 여기서 어질지 못함

● 조선 시대에 허준이 선조의 명에 따라 편찬한 의서(醫書). 선조 29년(1596)에 우리나라와 중국의 의서를 모아 엮어 광해군 2년(1610)에 완성했다. 총 25권 25책으로 동양에서 가장 우수한 의학서의 하나로 평가된다. 2009년 유네스코 세계 기록 유산으로 지정되었다.

이란 기氣 또는 서로의 마음이 통하지 못함이다. '어짊'에 소통의 의미를 부여한 옛사람들의 발상이 재미있다. 『동의보감』●에서도 '통하면 아프지 않고 통하지 못하면 아프다通卽不痛 不通卽痛'고 했는데 이것도 불통이 모든 고통의 근원임을 역설한 것이다. 이 원리는 개체의 내부에서 발생하는 생물학적 통증뿐 아니라 사람들 사이에서 발생하는 사회적 고통에도 적용된다.

1990년대에는 원숭이의 뇌에서 다른 개체의 마음을 시뮬레이션하는 거울 뉴런mirror neuron이라는 것이 발견되었는데, 곧이어 인간의 뇌에도 비슷한 기능을 하는 세포들의 집단이 있다는 사실이 발견되었다. 이 신경조직은 나 자신이 어떤 행동을 하거나 고통을 느낄 때 활성이 증가하지만 다른 사람이 동일한 행동을 하거나 고통을 호소하는 것을 관찰만 하고 있어도 활성화되는 특성이 있다. 내가 타인의 고통에 공감하는 것은 그 고통을 추상화해서 내가 그런 상황에 처했다면 어떨지를 상상해서가 아니라, 실제로 그 고통을 비슷하게 경험하기 때문이라는 것이다.

나는 이 글을 쓰면서 불목걸이로 고통스럽게 죽어가는 사람의 모습을 담은 사진을 여러 번 볼 수밖에 없었는데, 그때마다 아주 묘한 불쾌감에 휩싸였다. 당사자의 고통과 비교할 정도는 아니라도, 나 역시 그의 고통에 일정 부분 공감하고 있었다는 뜻이다. 이런 공감의 본능을 살리는 것이 세상의 고통을 줄이는 좋은 방법일 것이다.

하지만 공감이 모든 문제를 해결해주지는 않는다는 사실도 깊이 새겨야 한다. 공감 자체가 고통일 수 있기 때문이다. 내가 사진이 주는 불쾌감을 피하기 위해 시선을 얼른 돌렸듯이, 우리는 타인의 고통으로부터 멀어짐으로써 나를 보호하려는 속성도 타고난다고 보아야 한다. 실제로 일상적으로 타인의 고통을 다뤄야 하는 의사들의 거울 뉴런은 일반인에 비해 그 활성이 떨어진다는 연구 결과도 있다. 가까이 하기엔 너무 먼 타인의 고통이다. 고통의 문제를 해결하려면 서로 통해야 하지만 그러려면 타인의 고통을 일정 부분 나의 것으로 받아들여야 한다는 아픈 진실이 여기에 있다. 기쁨은 나눌수록 커지고 슬픔은 나눌수록 작아진다는 고통 분담의 원리다.

어떻게 인간이 불목걸이와 같은 끔찍한 수단으로 타인에게 고통을 가할 수 있는지의 문제가 남는다. 멀리 갈 것도 없다. 지난 군사독재 기간에 이 땅에 횡행했던 가혹한 고문은 많은 사람들의 인생을 파괴했다. 그런 악마의 속성이 우리같이 평범한 사람들 속에도 숨어 있다는 것은 심리학의 여러 실험을 통해 확인된 바 있다. 인간은 서로에게 천사일 수도, 악마일 수도 있다. 이는 우리가 어떻게든 받아들여야 할 고통스런 진실이며 인류의 평화로운 미래를 위해 과학과 철학이 함께 해결해야 할 과제이기도 하다.

아내를 따라 남편이 입덧하는 '쿠바드 증후군'

아내가 임신 중일 때 남편이 체중 증가, 오심과 구토, 변비, 두통과 치통 등 임신부에게서 나타나는 신체 증세를 보이면 이를 쿠바드 증후군Couvade Syndrome이라 한다. 의학이 공식적으로 인정한 질병은 아니다.

파푸아뉴기니와 바스크 등 일부 지역에서는 아내가 산통을 시작하면 남편은 오두막을 짓고 그 속에 들어가 아내의 분만 행동을 흉내 내는 풍습이 있는데, 쿠바드 증후군이라는 이름은 그런 풍습을 부르는 인류학 용어에서 유래한 것이다. 이 증세를 보이는 남편들에게서 여성호르몬이 증가하고 남성호르몬이 감소한다는 일부 보고가 있지만 명확한 물질적 증거는 아직 없다.

현대 산업사회에서도 남편들이 아내의 임신과 출산 과정에 적극 참여하는 문화가 형성되면서 이런 경험을 하는 남편이 늘고 있다고 한다. 과학적으로는 아내의 경험을 공유하려는 무의식적 동기가 신체로 전이되어 나타나는 현상이라고 추측할 뿐이지만, 앞으로도 많은 나날을 함께 살아갈 사랑하는 사람과는 신체적 경험마저도 공유할 수 있다는 하나의 증거일 수 있다. 쿠바드 증후군이야말로 진짜 일심동체一心同體가 된 부부의 이야기인 것이다.

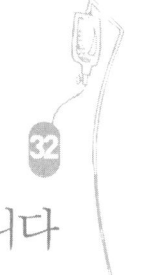

죽음을 처방해 드립니다

예고 없는 마지막

1996년 봄의 어느 날, 나보다 더 건강하셨던 아버지가 갑자기 돌아가셨다. 은행에서 일을 보던 중 쓰러지셨다는데, 은행 직원들이 급히 병원으로 옮겼지만 이미 돌아가신 다음이었다고 한다. 사인은 심장마비로 추정된다고 했다. 훨씬 전의 일이지만 우리가 모시고 살던 외할머니도 그렇게 갑자기 돌아가셨다. 저녁상이 준비되자 '할머니 진지 드세요'를 외쳤지만 반응이 없어 찾아 나섰더니 목욕탕에서 빨래를 하던 중 그대로 앞으로 넘어져 계셨고, 그 모습이 내게 남아 있는 할머니의 마지막이 되었다.

외할머니와 아버지의 죽음 사이에는 27년의 시차가 있지만 모두 아무런 예고도 없었다는 공통점이 있다. 그래서 나는 내게도 죽음이 그렇게 갑자기 찾아오지 않을까 하는 희망 섞인 기대를 하곤 한다. 그렇게 갑작스럽게 오기만 한다면 그리고 사후 세계의 존재를 논외로 한다면, 나의 죽음은 나의 것이 아니라 살아남아서 그것을 슬퍼하거나 기뻐하는 자들의 온전한 몫이 될 것이기 때문이다.

고대 철학자 에피쿠로스는 "죽음은 우리에게 아무것도 아니다"라고 말한다. 우리가 존재할 때는 죽음이 존재하지 않으며, 죽음이 존재할 때 우리는 존재하지 않는다. 죽음과 함께 모든 감각과 의식이 끝나기 때문에 죽음에는 쾌락도 고통도 없다. 죽음에 대한 두려움은 죽음에 대한 인식이 있을 것이라는 잘못된 믿음 때문에 생겨난다.

하지만 대부분의 죽음은 그렇게 갑자기 찾아오지 않는다. 사후 세계에 대한 두려움을 극복한 사람이 그리 흔한 것도 아니다. 이 두 가지, 그러니까 죽음에 이르는 과정에서 겪게 되는 '고통'과 죽음 이후에 대한 '공포'가 자연스러울 수 있는 죽음을 문젯거리로 만든다. 죽음 전의 고통은 이승에서의 문제고 죽음 이후는 저승의 문제다. 뒤의 것은 인간으로서 어찌할 수 없는 형이상학의 영역에 속하지만 앞의 것은 과학과 의학이 다루어야 할 현실의 문제다. 근대적 사유의 뿌리 깊은 전통에 따르면 저승과 이승은 각각 철학(또는 종교)과 과학의 영역에 속하므로 소통이 불가능하다.

이 책의 목적이 바로 그 소통 불가능이라 여겨지던 철학과 과학의 연결 고리를 찾는 것이다. 죽음은 누구나 한 번은 직접 경험할 수밖에 없는 절박한 실존이며 엄연한 생물학적 현상이기도 하다. 죽음이야말로 철학과 과학 사이의 중요한 연결 고리가 될 가능성이 많은 주제인 것이다.

살인을 방조한 의사의 변명

외환 위기가 닥쳤던 1997년 말 한국 의료의 중대 기로가 될 사건이 터졌다. 1997년 12월 4일 오후, 술에 만취한 한 남자가 자신의 집에서 화장실에 가던 중 넘어져 머리를 크게 다쳤다. 환자는 응급 후송되어 긴 수술을 받고 회복실로 옮겨졌고 생명에는 지장이 없을 것으로 보였다. 그런데 갑자기 환자의 아내가 퇴원을 요구했다. 수술비 2백 6십만 원을 포함해 앞으로 눈덩이처럼 불어날 치료비를 감당할 수 없다는 것이 이유였다. 의사들은 환자가 죽을 지도 모른다며 극구 말렸지만 고집을 꺾지 않는 보호자를 설득하지 못하고 퇴원을 결정한다. 집으로 옮겨진 환자에게서 호흡기를 제거해 죽음의 최종 원인을 제공한 사람은 상사의 지시를 받고 퇴원길에 동행한 인턴이었다.

여기에는 세상에 많이 알려지지 않은 중요한 뒷이야기도 있다. 죽은 환자는 17년 동안이나 직업도 없이 무위도식하며 수시로 가족에게 폭력을 휘두르던 무능한 가장이었고, 그에 따르는 고통과 경제적 부담은 몽땅 부인의 몫이었다는 점이다. 부인이 퇴원을 고집하고 의사들이 마지못해 동의해준 이유의 상당 부분은 이런 상황 인식에 있었을 것이다.

당시에는 여러 병원들에서 드물지 않게 발생하던 유형의 사태지만 이번에는 달랐다. 죽은 환자의 형제들이 의사들과 환자의 아내를 살인죄로 고발한 것이다. 법원은 상사의 지시에 따라 호흡기를 제거한 인턴을 제외한 전원에게 살인(아내)과 살인 방조(의사)의 죄를 적용해 유죄를 선고했다. 의사들은 의료계의 현실을 모르는 기계적 판결이라고 반발했지만 살인자의 멍에를 벗지 못한 채 혼란에 빠졌다. 일상적으로 타인의 죽음을 만나던 그들이 비로소 죽음을 문제로 인식하기 시작했다. 의학적 치료 중단이 법적으로는 바로 살인일 수 있음을 비싼 대가를 치루고 배운 것이며, 익숙해 있던 죽음에 갑자기 생소해진 것이다.

이 사건은 환자와 의사의 일상적 관계에 대한 인문학적 반성이 전혀 없었던 의료계의 관행, 외환 위기로 갑자기 절박해진 미래에 대한 불안과 서민 경제의 악화, 알코올 중독과 가정 폭력과 같은 현상이 작용해 한 사람을 죽음에 이르게 한 복합적인 사건이다. 그래서 이 사건을 '상황' 중심

윤리와 '행위' 중심 윤리의 충돌로 볼 수도 있다. 환자의 부인은 나머지 식구들이 살아가야 한다는 상황을 중시했고, 환자의 형제들과 법은 환자를 죽음에 이르게 한 행위를 문제 삼았다. 의사들은 두 가지 가치 사이에서 중심을 잃었고 그 대가가 유죄판결이었던 것이다. 조금 과장해서 말하면, '삶과 함께하는 죽음'과 '삶과의 단절인 죽음' 사이의 충돌이다. 이 사건은 치료 중단의 결정을 둘러싼 의학적 스캔들이지만, 다른 한편으로는 죽음에 대한 관점의 차이를 보여준 철학적 스캔들이기도 했다.

하지만 법의 판단은 냉정했고 이후 어떤 수단을 동원해서라도 죽음만은 피해야 한다는 것이 의료 행위의 규범이 되었다. 이 규범은 2008년 식물인간 상태에 빠진 한 환자의 가족이 병원을 상대로 생명 유지 장치의 제거를 요구하는 소송에서 이기면서 다소 완화될 기미를 보이기는 한다. 가족이 보는 앞에서 환자의 호흡기를 제거한 뒤 자연사한 이른바 '김 할머니 사건'이 그것이다. 하지만 우리나라에서 죽음은 여전히 의학의 적이다.

나의 아버지와 할머니에게는 죽음이 갑자기 '찾아왔고' 우리는 그분들을 보내드렸다. 김 할머니에게는 죽음이 자연스럽게 찾아온 것이 아니라 사람들이 죽음의 범주를 바꾸어 죽음의 영역으로 '보내드린' 셈이다.

자살 의료의 선구자, 잭 케보키언

현대 의학은 삶의 기간을 연장시킬 수 있는 수단을 많이 가지고 있지만, 그렇게 연장된 삶을 유지하기 위해 치러야 할 경제적·실존적·신체적 비용과 고통에 대해서는 대체로 할 말이 없다. 미국의 통계를 보면 전체 의료비의 70퍼센트가 노인에게 쓰이는데, 그중 80퍼센트가 죽기 전 30일

동안 부질없이 생명을 유지하는 데 쓰인다고 한다. 이렇게 '낭비'되는 돈이 연간 1천4백억 달러라는데 세계 최고의 의학 연구 기관인 미국국립보건연구원NIH의 연간 예산 310억 달러의 4배가 넘는 금액이다. 고통스런 삶의 기간을 고작 한 달 늘리기 위해 쓰는 돈 치고는 어마어마하다. 그 비용을 부담하기 위해 환자와 가족 그리고 사회 전체가 치러야 할 희생과 고통은 수치로 계산이 불가능하다.

자기 정체성을 잃고 방황하는 알츠하이머 환자, 극심한 신체적 고통 속에서 억지로 목숨을 유지하는 말기 암 환자에게는 그 고통에서 벗어날 희망도, 그 고통에 부여할 어떤 의미도 없다. 미국의 의사 잭 케보키언Jack Kevorkian이 자살 의료Medicide라는 처방으로 세상의 이목을 끌었던 것도 미국 의료의 화려한 첨단 기술에 가려진 이런 어두운 성적표 때문일 것이다. 그는 1987년 '죽음 상담'이라는 광고를 내고 죽기를 원하는 사람에게 상담 서비스를 제공하기 시작했다. 1989년 알츠하이머병을 앓던 여인을 공개적으로 안락사 시킨 것을 시작으로 10명의 환자에게 '자살 의료'를 시술했다. 수액을 정맥에 연결해주는 일은 의사가 하지만 독극물이 주입되도록 설계된 스위치를 돌리는 일은 환자가 직접 하는 방식이다. 특히 미국 CBS가 그 장면을 고스란히 담아서 〈60분〉이라는 프로그램으로 방송하자마자 미국 전역이 찬반양론으로 들끓었다. 잭 케보키언은 여러 차례 기소되어 면허를 박탈당하기도 했으며, 결국 10년 가까이 감옥에 갇혀 살았지만 죽을 때까지 신념을 꺾지는 않았다.

유럽에는 법적으로 안락사를 인정하는 네덜란드 같은 나라도 있다. 절차의 측면에서 '의사 조력 자살'이라고도 한다. 의식이 없는 환자에게 부착되어 있는 장치를 제거하는 우리나라의 '연명 치료 중지'와는 다른 개념이다. 극심한 고통에 시달리지만 의식이 명료한 환자가 명확하게 죽고 싶다는 의사를 반복적으로 표현하고 의학적으로 그 고통을 끝낼 방법이

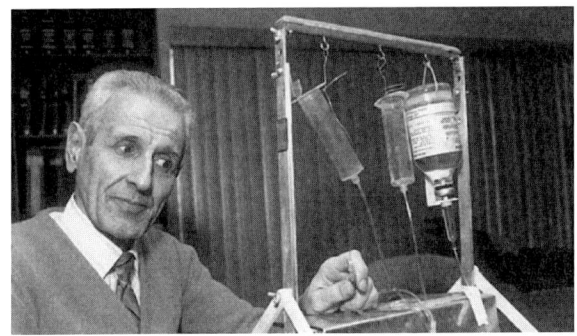

'죽음의 의사'로 불리는 잭 케보키언이 자신이 발명한 자살 기계를 바라보고 있다.

죽음밖에 없음이 인정되었다면, 의사는 엄격한 절차를 거쳐 환자를 '죽여 줄' 수 있다. 10여 년 동안 시행해보고 별 부작용이 없음을 확인한 네덜란드 사람들은 한술 더 떠서 이제 의사의 도움을 받지 않고 스스로 독약을 사용할 수 있어야 한다는 주장을 두고 논쟁 중이다. 그들은 왕진 가방을 들고 찾아온 의사로부터 처방을 받는 죽음보다는 스스로 결행하는 죽음의 권리를 요구한다.

죽음은 생명이라면 반드시 이수해야 할 필수과목이고 지금도 그 사실에는 변함이 없다. 하지만 이수의 시기에 대해서는 몇 가지 선택이 가능해졌을 뿐 아니라 적극적으로 앞당기거나 늦출 수도 있게 되었다. 수동적으로 맞이하는 죽음에서 적극적으로 찾아가는 죽음으로의 변화다. 그러나 적극적으로 그 죽음을 피하려는 사람도 적지 않다. 다음 장에서는 영원히 살기를 원하는 사람들의 이야기를 해 보자.

죽음과 가장 가까운 병원, 호스피스

병원을 뜻하는 영어 'Hospital'은 중세 유럽의 교회에서 오갈 데 없는 사람들에게 베풀던 환대와 보살핌을 뜻하는 말 'Hospitality'에서 왔다. 이런 사람이 많아지자 교회는 따로 건물을 마련해 이들을 먹여주고 재워주었으며, 병에 걸린 사람이 있으면 의사를 보내 보살피도록 했다. 이런 부랑인 수용소가 점차 병자를 돌보는 병원으로 진화해온 것이다.

초기의 병원 환경은 무척 열악했던 것 같다. 겨우 허기를 면할 정도의 음식과 비바람을 피할 정도의 피난처가 제공되었을 뿐이다. 그러니 기운을 차린 사람은 바로 그곳을 떠났을 것이다. 반면 그럴 여력조차 없는 사람들은 병원에 남을 수밖에 없었고, 사람들은 그런 병원을 주로 죽음과 관련해서 생각하게 되었다.

이후 의학에 과학이 도입되면서 병원은 죽으러 가는 곳이 아니라 죽을 사람도 살려내는 곳이 되었지만, 'Hospital'이라는 말 속에 담긴 역사적 경험까지 지울 수는 없었다. 죽음이 가까운 사람들을 돌보는 호스피스hospice와 질병을 치료하는 병원hospital, 여행자의 쉼터인 호스텔hostel은 모두 같은 어원을 가지고 있다.

현대적 의미의 호스피스는 죽음을 기다리기만 하는 것이 아니라 적극적으로 수용하여 남아 있는 삶을 풍요롭고 의미 있게 보낼 수 있도록 돕는 일을 한다. 질병을 공격적으로 치료하기보다는 육체적 통증을 완화하고 평안한 임종을 맞을 수 있도록 하는 데 초점이 맞춰진다. 이제는 삶의 질뿐 아니라 죽음의 질도 중요한 세상이 되어가고 있는 것이다.

영생을 향한 21세기의 피라미드

냉동 인간, 부활을 기다리다

죽음을 긍정적으로 받아들이려는 사람들의 반대쪽에는 끝까지 그 죽음과 싸워 영생을 얻으려는 사람들이 있다. 어쩌면 이런 욕망은 그리 새로울 것도 없다. 불로초를 찾아 나섰던 진시황이나 부활을 꿈꾸며 미라가 되어 육중한 돌로 만든 피라미드 속에 잠들었던 고대 이집트의 파라오, 그리고 죽은 지 사흘 만에 부활했다는 예수까지 영생의 꿈은 종교와 역사 그리고 현실을 넘나들며 줄곧 인류와 함께 해왔다. 그리고 이런 바람은 20세기에 와서 '냉동 인간'으로 부활한다. 죽음의 순간에 생체의 시간을 정지시켜놓고, 과학의 시간이 한참 흘러가 죽음을 다룰 수 있게 되었을 때 멈췄던 생체의 시간을 다시 흐르게 한다는 생각이다. 그래서 21세기의 미라는 거대한 피라미드가 아닌 차디찬 액체 질소로 둘러싸인 냉동 캡슐 속에 있게 된다. 현재 100여 명의 환자 또는 시신이 이렇게 미라가 되어 새 생명을 얻을 날을 기다리고 있다고 한다. 실정법은 그곳을 묘지로 규정하지만

고대인들은 내세에서의 영생을 위해 거대한 피라미드를 짓고 미라가 되어 그 속에 들어갔지만, 현대인들은 현실 세계에서 영원히 살기 위해 냉동실 속에 들어가 때를 기다린다.

 냉동 인간을 만드는 의사들은 그곳을 병원으로 여기며, 그 속에 냉동되어 있는 사람들을 깊이 잠든 '환자'라 부른다고 한다. 여기서 죽음은 무한히 연기할 수 있는 삶의 사건이다. 이처럼 죽음은 과학이 동원할 수 있는 생명 유지 수단에 따라 달리 정의된다.

 냉동 인간은 미래의 기술이 냉동된 인간을 살려낼 수 있으리라는 기대를 근거로 존재한다. 그런 기대를 가진 부자들은 우리 노인들이 죽음을 대비해 상조회에 가입하듯이 상당한 비용을 들여 시체 냉동 보존을 전문으로 하는 회사와 계약을 한다. 이들이 냉동 인간이 되는 절차는 다음과 같다.

 의학적으로 사망이 선고되기 직전 환자의 몸에 부착되어 있는 경보기가 작동한다. 그러면 대기하고 있던 냉동 보존 전문팀이 출동한다. 사망이 선고되면 시신을 얼음으로 된 통에 넣고 심폐 소생 장치를 사용해 호흡과 혈액순환 기능을 복구시킨다. 시신의 가슴을 열고 갈비뼈를 분리하여 심장과 혈관에 있는 모든 피를 뽑아낸 다음 냉동 이후에도 세포에 손상을 일으키지 않는 특수 액체를 주입한다. 이후 영하 196도로 급속 냉각되어 질소 탱크에 보존된다.

개체 생명의 영생은 가능한가?

우리는 대개 어른이 돌아가시면 상조 회사에 연락을 한다. 그러면 장례 전문가들이 출동해 장례에 필요한 준비를 하고 때가 되면 시신에 염습을 한다. 심폐 소생술이나 피를 빼고 특수 용액을 넣는 일은 하지 않지만, 시신을 깨끗이 씻고 예법에 맞게 삼베옷을 입히고 손과 발을 묶은 뒤 관에 넣고 나무못을 박는다. 그리고 돌아가신 날로부터 3일이 되는 날 묘지에 안장하거나 화장장에서 재로 만들어 자연으로 돌려보내드린다. 시신의 냉동 보관에는 매년 추가되는 보관 비용을 제외하고도 수천만 원 정도가 들지만 전통적 염습과 화장에는 수백만 원이 든다.

　냉동 인간을 위한 '수술'은 죽은 사람을 이 땅에 붙잡아두기 위한 의례이고 우리의 전통 장례는 저세상으로 떠나보내는 절차다. 많은 사람들이 냉동 인간은 과학이고 전통 장례는 문화라 하겠지만 한 발짝만 물러서면 양쪽 모두 특정 신념 체계에 뿌리를 둔 문화로 보인다. 미래의 기술이 냉동 인간을 소생시킬 것이라는 기대 또는 신념이 전혀 근거가 없지는 않지만 현재로서는 불가능에 가깝기 때문이다. 미라가 된 고대 이집트 사람들은 내세로 이어지는 영생을 믿었지만 냉동 탱크 속의 현대판 미라들은 가까운 미래의 과학을 믿는다. 서로 믿는 것은 달라도 원하는 것은 같다. 바로 영생이다. 저승에서의 영생이야 종교적 신념이니 이승의 우리가 걱정할 바 아니지만, 이승에서 영원히 산다는 소망은 우리 모두의 문제일 수 있다.

여기서 두 가지 의문이 생긴다. 첫째 자연은 생명체의 영생을 허락하는가? 둘째 영원히 살면 행복할까? 앞의 것은 과학의 문제고 뒤의 것은 문화적 해석이지만 동전의 양면이기도 하다.

우리는 '살아 있는 것은 모두 죽는다'고 배운다. 자연이 개체의 영생을 허락하지 않는다는 뜻이다. 하지만 개체를 생명체로 바꾸면 이야기가 조금 달라진다. 박테리아와 같은 단세포 생물들은 자신의 몸을 둘로 나누면서 개체의 수를 기하급수적으로 늘려간다. 내가 나를 복제해 또 다른 나를 만드는 식이니 이렇게 증식한 수십 억 마리의 박테리아가 원리적으로는 모두 같다. 항생제로 공격하면 이 중 많은 개체가 죽겠지만 끝까지 살아남는 개체가 반드시 있기 마련이다. 그러니 박테리아는 영생한다고 할 수도 있다. 물론 이렇게 살아남은 개체가 처음의 것과 완전히 같지는 않다. 증식 중에 다양한 변이가 생기고 항생제 등의 공격에 적응하면서 새로운 형질을 습득했을 것이기 때문이다. 박테리아는 이렇게 자신의 정체성을 환경에 맞게 변화시키면서 죽음을 극복한다. 그들에게 생명은 '같지만 다른 나들'의 연속이다.

많은 세포들이 모여 개체를 구성하는 다세포 생물체는 자신의 몸을 영생을 위한 부분과 일회용 부분으로 나누는 방법으로 혹독한 환경에 적응해왔다. 증식한 세포들은 별개의 개체가 되는 대신 기능별로 모여 조직tissue이 되고 심장이나 간과 같은 기관organ을 만든다. 적혈구가 된 세포는 산소를 운반하고 면역 세포는 이물질을 찾아내 공격하며, 신장이 된 세포는 노폐물을 걸러낸다. 이들 세포들은 모두 똑같은 유전정보를 가졌지만 개체의 생존을 위해 분업을 한다. 하지만 개체가 늙으면서 세포들도 서서히 그 기능을 멈추고 개체의 죽음과 함께 분해되어 자연으로 돌아간다.

많은 생물체들이 이렇게 사라져버리는 일회용 몸과는 별도로 자신과 비슷한 생명체를 만드는 생식세포를 가지고 있는데, 이 생식세포는 번식

인간의 수명을 1천 년까지 연장할 수 있다고 주장하는 드 그레이의 외모는 마치 종교 지도자 같다.

을 수행하는 과정을 통해 죽음을 극복한다. 이들은 박테리아처럼 스스로 쪼개지는 대신 짝짓기라는 과정을 통해 자신과 배우자의 유전정보를 섞어 새로운 개체를 만든다. 그러면 나와 닮았지만 똑같지는 않은 새로운 개체가 태어난다. 이렇게 일회용 몸의 부패로 상징되는 개체의 죽음은 생식세포를 통해 실현되는 '비슷하지만 다른' 새로운 개체의 탄생으로 극복된다.

그러니 첫 번째 의문에 대한 답은 생명의 단위를 무엇으로 보느냐에 따라 '예'일 수도 '아니오'일 수도 있다. 세대로 이어지는 '과정'을 생명으로 본다면 영생은 얼마든지 가능하지만 태어나고 분해되는 '개체'를 생명으로 본다면 불가능에 가깝다. 냉동 인간이 되기로 작정한 사람들은 과정으로서의 생명을 거부하고 개체 생명의 영생이라는—아직 자연이 허락하지 않은—과업에 도전하는 것이다.

"젊음의 샘은 없다"

냉동 인간이 되려는 사람과는 달리 현재의 과학기술로도 영생을 이룰 수 있다고 믿는 사람도 적지 않다. 스스로 자연이면서도 자연에 속하기를 거부하려는 욕망은 그만큼 강하고 질긴 것이다. 이 생물학적 영생교의 교주는 드 그레이John de Grey라는 전직 컴퓨터 공학자다. 그는 세포 속 소기관인 미토콘드리아에 축적되는 활성산소가 노화를 일으킨다는 주장을 담은 논문으로 2000년에 케임브리지 대학에서 박사 학위를 받았다. 이후 노화 방지 의학의 선구가 된 그는 노아의 홍수 이전에 969년을 살았다는 므두셀라의 이름을 딴 재단을 만들고, 생쥐의 수명을 획기적으로 연장하는 방법을 발견한 사람에게 지급할 기금을 마련하는 등 수명 연장에 관한 연구를 촉구한다. 그는 방송에 출연해 처음으로 1천 년을 살게 될 인간은 지금 50~60세쯤 되는 사람이 될 것이라고 말해 많은 이들의 상상력에 불을 지피기도 했다.

하지만 노화의 과정을 연구하는 생물학자들은 노화 방지 의학이 근거도 없이 대중을 현혹시킨다고 보고 2002년 성명서 Position Statement on Human Aging '젊음의 샘은 없다 No Truth to the Fountain of Youth'를 발표한다. 여기에는 수십 명의 권위 있는 노화 전문가가 서명했다. 노화를 늦추고, 멈추고, 되돌릴 수 있다는 상품을 판매하는 의료인과 기업인의 주장에는 전혀 과학적 근거가 없으며, 그중 일부는 인체에 극히 위험한 것이라고 그들은 경고한다. 이런 경고에도 불구하고 노화 방지 의학에 관한 학술 대회 American Academy of Anti-Aging Medicine; A4 M는 항상 수천 명의 참가자로 북적인다. 늙지 않으려는 대중의 욕망은 과학적 근거보다 강력하다. 그리고 욕망은 언제나 돈과 연결된다. 20세기 초 과학의 옷을 입고 급성장한 의학은 이제 그 과학의 옷이 부담스러워진 듯하다.

인간의 수명을 언제까지 연장할 수 있는지에 관한 논쟁은 인간이 그럴 수 있는 수단을 가졌는지에 관한 것이며, 자연이 그것을 허락하는지의 문제와는 전혀 관계가 없다. 우리가 우리의 생명에 어떤 의미를 부여하고 누구와 어떤 관계를 맺으며 어떻게 살기를 원하는지와도 아무 관련이 없다. 자, 이제 생명 연장의 꿈이 곧 실현된다고 가정하고 스스로에게 물어보자. 영원히 산다면 과연 행복할까?

150번째 생일을 둘러싼 두 학자의 내기

노화를 연구하는 과학자들 사이에서도 인간의 수명이 얼마나 연장될 수 있을지에 대해서는 의견의 일치를 보지 못하고 있다. 노화생물학자인 스티븐 어스태드Steven N. Austad와 인구학자인 스튜어트 제이 올샨스키S. Jay Olshansky는 아주 재미있는 내기로 그 입장의 차이를 보여준다.

때는 2000년, 두 사람은 5억 달러짜리 내기를 시작했다. 언제 인간이 최초로 150회 생일을 맞이할 것인가에 관한 내기였다. 어스태드는 150살까지 살 인간이 이미 우리와 함께 살고 있다고 생각하는 반면, 올샨스키는 인간이 노화의 속도를 늦추는 것은 불가능하며 인간의 수명은 지금 그 한계에 접근하고 있다고 믿는다. 불행히도 우리 중 누군가가 그 내기의 결과를 볼 수 있을 것 같지는 않다. 내기의 결과는 2150년이 되어서야 알 수 있으니 말이다.

그들은 각각 150달러를 미국 증권시장에 투자했다. 지금까지의 증가 속도로 보면 2150년에는 그 돈이 5억 달러가 된다는 계산이다. 두 사람 중 누구도 그때까지 살아 있을 가능성이 적으므로, 내기에 이긴 사람의 후손이 그 돈을 차지하게 된다고 한다.

죽음, 삶이 만든 최고의 발명품

코끼리도 죽음을 애도한다

생명은 박테리아나 아메바와 같은 단세포 생명체에서 출발하여 말미잘과 같은 다세포 생물체가 되기도 했고, 악어와 같은 파충류, 토끼나 여우와 같은 포유류, 침팬지와 같은 영장류, 그리고 고도의 인지 기능을 갖춘 인간까지 다양한 모습으로 진화했다. 단세포 생물은 하나의 세포가 생명을 구성하지만 다세포 생물은 여러 개의 세포가 단위 생명을 구성하고 파충류 이후에는 뇌가 진화해 개체의 통합을 도모한다. 하지만 파충류까지의 생물이 죽음을 느끼거나 반성하는 것 같지는 않다. 이들은 단지 생존과 번식이라는 자연선택의 법칙이 부여한 본능에 따라 행동할 뿐이다. 그래서 진정성 없는 감정 표현을 '악어의 눈물'이라 비유하는 것이다. 이들에게 죽음은 그저 생명의 순환 과정에 속한 필연적 단계 중 하나일 뿐이다.

 의식과 문화가 진화하면서 죽음의 의미가 달라진다. 젖을 먹여 새끼를 키우는 포유류부터는 개체 간의 유대감이 생기기 시작했다. 〈동물의 왕국〉에는 죽은 새끼를 며칠 동안이나 안고 다니는 침팬지도 나오고 죽은 동료의 시신 주위를 돌며 그 죽음을 애도하는 것 같은 행동을 하는 코끼리들도 나온다. 침팬지의 사촌격인 보노보는 죽은 동료의 시신을 치우려는 동물원 직원을 따돌리는 집단행동을 하기도 한다. 이들은 동료의 죽음을 어떤 감정과 의미를 유발하는 사건으로 받아들이는 것 같다. 여기서부터 죽음의 문화가 생긴다.

약 4만 년 전에 멸종한 것으로 보이는 네안데르탈인의 유적지에는 죽은 자를 추모하는 의식의 흔적이 남아 있다. 이는 생명이 죽음을 의식하고 그것을 문화적으로 승화한 것으로 추정되는 최초의 증거다. 네안데르탈인은 멸종했지만 그들과 동시대를 산 우리의 조상 호모사피엔스는 보다 적극적으로 죽음을 사유했다. 이들은 그림이나 조각과 같은 다양한 방법으로 삶과 죽음을 표현했다. 이제 죽음이라는 생물학적 현상을 감정과 이성으로 반성한 의미와 의례가 덧붙여지고, 죽음은 단순한 개체 생명의 종말에서 벗어나 살아 있는 자들이 대면해야 할 문화적 과제가 된다. 그 결과 죽음 이후의 문제를 고민하기 시작하고 종교가 탄생한다.

삶에서 죽음을 몰아내다

수렵과 채집을 주요 생계 수단으로 삼던 100명 남짓의 평등한 집단이 수천 명이 모인 부족이 되고 수십만 명으로 구성된 국가로 발전한다. 그러면 권력이 집중되고 권력자들은 죽음의 공포를 이용해 그 권력을 유지한다. 이렇게 권력을 키운 지배자들은 더 큰 권력을 위해 이웃 나라를 침범해 수백만 명 단위의 제국을 건설한다. 그 과정에서 많은 사람이 죽음으로 내몰린다. 이제 자연스럽게 맞이하는 죽음이 아닌 인위적 '죽임'의 문화가 생겨난다. 고대 이집트의 신전에 새겨진 부조 중에도 살인의 장면이 적지 않고, 무자비한 타살의 증거가 담긴 유골이 대량으로 발견되는 유적지도 많다. 구약성서에도 이방인의 살해를 명령하는 구절이 있을 정도로 고대사회에서 살인은 무척 흔한 현상이었다.

인위적 죽임 외에, 죽음 역시도 무척 흔한 현상이었다. 중세 유럽 인구의 4분의 1에서 3분의 1의 생명을 앗아간 페스트●의 대유행도 있고 세계적으로 5천만 명을 죽였다는 20세기의 인플루엔자도 있다. 우리나라에도 역사의 흐름을 크게 바꾼 역병의 대유행이 여러 차례 있었다. 최근까지도 죽음은 언제나 삶의 언저리를 맴도는 머지않은 현실이었다. 경제개발에 성공해 영양과 위생 상태가 개선되고 항생제가 발명되어 전염병을 통제할 수 있게 된 산업사회에서는 옛날 얘기가 되었지만, 일부 아프리카와 남미 국가들에서 죽음은 여전히 삶의 현실이다.

● 페스트균이 일으키는 급성 전염병. 오한, 고열, 두통에 이어 권태, 현기증이 일어나며 의식이 흐려지게 되어 죽는다. 페스트균은 숙주 동물인 쥐에 기생하는 벼룩에 의해 사람에게 전파된다.

산업사회에서 죽음과 죽임은 더 이상 일상적이지는 않지만 여전히 은밀하면서도 끔찍한 형태로 존재한다. 아침에 가족과 인사를 나누고 아이를 학교에 데려다준 다음 출근한 군 장교는 첨단 장비를 조작해 바다 건너 이라크에서 수많은 사람을 죽일 스마트 폭탄을 떨어뜨린다. 그리고는 죽음에 관한 어떤 감상도 없이 일상으로 돌아온다. 여기서 죽음은 일상적으로 대면하는 우리 이웃의 현실이 아니라 정치적 이해관계에 따라 무차별적으로 가해지는 무표정한 재앙이다.

이렇게 일상성을 잃고 은밀하게 다가오는 죽음이 우리를 더욱 공포에 떨게 한다. 성공적으로 죽음과 싸워온 현대 의학도 죽음의 현실을 일상에서 떼어놓는 데 크게 기여했다. 식물인간에게서 호흡기를 제거해 스스로 죽음에 이르게 하는 것이 스캔들이 되고 살인이 될 만큼 죽음은 '가까이

하기엔 너무 먼 당신'이 되었다. 죽음은 막아야 하고 막을 수 있는 최대의 적이 된 것이다.

2005년 인간의 체세포 핵을 난자에 주입해 배아를 발생시키고 그로부터 줄기세포를 추출하는 데 성공했다는 발표가 있었을 때, 논쟁의 초점도 그 배아가 생명(사람)인지 아닌지의 여부였다. 그것이 생명이라면 그로부터 줄기세포를 추출하는 행위는 논리적으로 살인이 되기 때문이다. 이렇게 되면서 문제는 생명의 기준에 관한 추상적 논쟁이 되고, 그 연구와 관련된 과학자와 그 연구에 난자와 세포를 제공하는 사람, 그리고 그 연구로 인해 혜택을 입을 것으로 기대되는 환자들의 삶과 죽음에 대한 관심은 사라진다. 여기서도 죽음은 무슨 수를 써서라도 물리쳐야만 할 절대 악이고 그것을 막는 것은 절대 선이 된다.

낙태를 살인으로 규정한 미국의 일부 기독교 근본주의자들은 살인을 막기 위해 낙태 시술을 하는 의사를 살해하는 짓까지도 마다하지 않는다. 이른바 '살인을 막기 위한 살인'이다. 여기서 살인을 정의하는 삶과 죽음의 기준은 자신들의 가치 체계에 맞춰 만들어낸 그들만의 것이다. 이렇게 죽음은 삶의 현실이 아닌 추상적 논쟁거리로 전락한다. 삶의 연장인 죽음에서 삶이 사라져버린 것이다. 이는 곧 삶과 죽음의 단절이요, 죽음에 대한 전쟁이다.

"태어나느라 바쁘지 않은 자는 죽느라 바쁘다"

태어남(生), 늙어감(老), 병듦(病), 아픔(苦), 죽음(死)이 모두 연속된 하나의 사건이며 이야기라고 생각한다면, 그리고 내가 바로 그 이야기의 주인공이라고 생각한다면 죽음은 고통이나 공포가 아닌 긍정적 의미로 다가올 수도 있다. 얼마 전 파란만장했던 삶을 마감한 정보통신산업의 영웅 스티브 잡스는 그가 좋아하는 가수 밥 딜런의 말을 인용해 '태어나느라 바쁘지 않은 자는 죽느라 바쁘다'고 했다. 죽음은 삶이 만든 최고의 발명품이라고도 했다. 살아 있지 않은 것은 죽을 수도 없다. 그러니 죽음은 생명의 특권인 셈이다. 그런데 우리는 자꾸만 그 특권을 포기하고 영생을 얻으려 한다.

죽어가는 삶이 아닌 태어나는 삶을 살기 위해서는 죽음을 생명의 단절이 아닌 삶의 연속으로 받아들여 그 과정에 충실히 참여할 필요가 있다. 철학자 하이데거 Martin Heidegger 는 인간을 '죽음을 향한 존재'라 했다. 죽음은 극복의 대상이 아니라 삶의 중요한 국면이라는 말이다. 죽음을 견딜 수 없는 고통으로 만든 것은 우리의 문화고 그 문화는 죽음과 관련된 생물학적 사실에 대한 잘못된 이해에서 비롯된 것이다. 죽음은 삶을 향유함으로써 극복된다.

삶을 향유한다는 것은 내 속에 세상을 새기고 그렇게 새겨진 세상의 거울로 나 자신을 비춰보면서 세상과의 새로운 관계를 만들어가는 것이다. 이 과정에서 수많은 의미의 네트워크가 형성된다. 삶은 그런 의미의 흐름과 그 흐름의 패턴이 생애의 전 기간을 통해 만들어가는 이야기다. 죽음 앞에서 새로운 도전을 통해 의미를 만들어내는 삶을 살 수도 있지만, 지나간 삶을 재구성해 의미 있는 이야기를 만들어 그것을 향유하는 것도 훌륭한 삶의 방식일 수 있다. 삶은 세상과 나의 동화작용이고 의미를 창조하는 과정이다.

행복한 죽음을 위한 특별한 처방은 없다. 있다면 단지 일상을 즐기는 것뿐이다. 사랑하는 사람들과 교류하며 일상적으로 일하고 즐기는 것이 행복한 삶과 죽음의 핵심이다. 죽음은 생물학적 필연이고 삶은 새로운 의미를 창조하는 이야기이며 특별할 것도 없는 일상이다.

이 글을 마무리할 즈음 암 투병 중에도 열심히 활동하던 한 가수가 사망했다는 소식이 들려온다. 죽음을 코앞에 두고 극심한 고통에 시달리면서도 열정적으로 공연하고, 한 여인을 사랑하고 결혼해서 예쁜 딸까지 낳은 그의 삶이야말로 죽음을 이기는, 짧지만 아름다운, 새로 태어나느라 바빴던 삶이 아니었나 싶다.

에필로그

생로병사의 과학,
재미와 의미를 찾는 여정을 마치며

'왜'와 '어떻게'의 분열

어린아이들은 어른에게 물어볼 게 많다. 그 질문들은 대개 '이게 뭐야?', '왜?'와 같은 추상적인 것들이다. 아이들은 '이거 어떻게 하는 거야?'와 같은 질문은 좀처럼 하지 않는다. 그게 무엇이든 처음 만나는 상황이면 직접 만져보고 냄새를 맡고 입으로 가져가 맛을 보기도 하면서 그 상황이 자신에게 어떤 의미인지를 온몸으로 체득해간다. 그리고 조금 더 크면 많은 상황에서 '내가 할 거야!'라고 고집을 부린다. 더 적극적으로 세상을 경험하려는 것이다.

세상을 아날로그와 메커니즘의 단순한 방식으로 이해해온 노인들은 스마트폰을 비롯한 전자 기기의 사용법을 설명서로 배우지만, 디지털과 사이버 세대에 속하는 아이들은 몇 번 만져보면 금세 능숙하게 문자와 영상을 날리며 재미있게 논다. 그들은 세상을 '무엇'과 '왜'로 이해하기보다는 '어떻게'를 깨우치며 살아가기 때문이다. '무엇'과 '왜'는 멀고 '어떻게'는 가깝다.

그런데 우리는 오랫동안 '무엇'과 '왜'를 배워서 알면 '어떻게'는 자연스럽게 따라온다는 생각에 갇혀 살아온 것 같다. 이런 생각이 가장 뿌리 깊은 분야 중 하나가 의학이다. 20세기 초부터 의학은 사람 몸의 구조와 기능을 다루는 해부학, 생리학 등의 기초의학과 직접 환자의 질병을 다루는 내과, 외과 등의 임상의학으로 분류되어왔다. 의학의 대상은 사람의 몸이므로 그 몸의 정상적인 구조와 기능을 알면(기초의학), 잘못된 구조와 기능의 상태인 질병은 쉽게 치료(임상의학)할 수 있을 것이란 생각에 근거를 둔 구분이다. 그리고 이 패러다임은 20세기 동안 아주 잘 작동해서 많은 생명을 구할 수 있었다. 20세기 의학이 풀어야 했던 문제들은 전염병과 외상처럼 거의 다 '왜'에서 바로 '어떻게'가 유도되는 것들이었기 때문이다.

하지만 20세기 말이 되면서 문제의 성격이 달라지기 시작했다. '무엇'과 '왜'에 관한 지식은 엄청나게 늘어났지만 '어떻게'에 대해서는 별 뾰족한 답을 내놓지 못하는 경우가 많아졌다. 20세기 초에는 소독제와 항생제로 수많은 목숨을 구할 수 있었지만 지금 우리는 암이나 심근경색에 대해 그처럼 획기적인 예방법이나 치료법을 가지고 있지 못하다. 그래서 삶의 현장에서 발생하는 질병의 문제를 해결하려면 '무엇'과 '왜'보다는 '어떻게'가 훨씬 더 중요하다는 것을 깨닫기 시작했다. 이에 따라 의학 교육의 대전환이 이루어지고 있다. 하루 종일 강의실에 앉아서 기초 지식을 전달하는 방식에서 벗어나 실제 환자가 겪고 있는 질병의 경험에서 출발해 환자의 '문제'를 학생들 스스로 풀어나가도록 하는 방식으로의 전환이다.

생각해보면 당연한 일이다. 나 자신도 치과 대학 6년 동안 책과 강의실에서 배운 지식보다 인턴 1년 동안 환자와 직접 만났던 경험이 훨씬 더 귀중하다고 느끼니 말이다. 내가 책임져야 할 환자가 겪고 있는 고통의 원인을 찾기 위해 공부를 하고, 그 지식과 경험을 통해 실제로 문제를 해결해주었을 때의 보람과 만족이야말로 의사로서 최고의 경험이었던 것 같다. 이때의 공부는 절대로 지루하거나 힘들지 않다. 목표와 목적이 분명하고 그것을 성취하려는 열망이 넘치기 때문이다.

우리가 잊었던 재미

심리학자 미하이 칙센트미하이는 달성하고자 하는 목표가 뚜렷하고 구체적이며 그것을 위해 최선을 다 하거나 그 목표를 달성해가는 상태를 '몰입flow'이라 했다. 그리고 이런 경험의 빈도가 행복의 가장 중요한 지표라고 했다. 달리 말하면 어떤 일을 돈이나 명성과 같은 다른 목적이 아니라 그 일 자체를 위해서 하는 자기목적적autotelic 행위에 행복이 있다는 것이다. 그 일이 다른 일의 수단이 아닌 목적이라면 재미가 있을 수밖에 없다. 우리가 어떤 일에 몰입할 수 있는 것은 그 일이 '재미'있기 때문이다. 몰입은 어떤 일이 재미있어서 그 대상과 자신을 구분할 수 없게 된 물아일체物我一體의 상태라고도 할 수 있다.

우리는 이런 상태를 자연선택을 통한 진화의 법칙을 찾아낸 찰스 다윈의 일화를 통해 예시할 수 있다. 그는 이렇게 썼다.

"고목의 껍질을 벗기고 있을 때, 나는 두 마리의 희귀한 딱정벌레를 보았다. 양손에 한 마리씩 잡았다. 그런데 결코 놓칠 수 없는 새로운 종류의 세 번째 딱정벌레가 보였다. 그래서 오른손에 있었던 딱정벌레를 입속에 넣었다."

입속의 딱정벌레가 톡 쏘는 바람에 그의 혀는 불타올랐고 두 손에 잡고 있던 딱정벌레마저 놓치고 말았지만, 그가 얼마나 딱정벌레와 혼연일체가 되어 있었는지를 보여주는 일화다. 그는 비글 호를 타고 세계를 떠돌던 5년을 포함한 자연 탐구의 시간 동안 이와 비슷한 경험을 수도 없이 했을 것이다. 그 결과, 과학 지식을 '정복'의 대상으로 삼는 태도로는 결코 이룰 수 없는 위대한 업적을 남길 수 있었다.

우리가 잊었던 의미

다윈은 의과대학을 중퇴하고 신학대학을 졸업했지만 의학과 신학 모두를 근본적으로 바꿀 만한 위력을 가진 과학을 정초했다. 자연 탐구의 재미를 즐기는 동안 자연의 새로운 의미가 떠오른 것이다. 그의 진화론은 신에 의해 창조된 생명이라는 상식을 뒤엎었고 진화의학 또는 다윈의학으로 불리는 의학의 새로운 흐름을 만들어냈다. 이제 생명은 신의 섭리가 아니라 공통의 조상을 갖지만 다양한 환경에 적응해온 변화의 결과들이다. 그의 진화론은 생명의 기원을 신이 아닌 공통 조상에서 찾은 점에서 신학에 도전했고, 질병을 정상에서 벗어난 상태가 아닌 진화 과정에서 흔히 나타나는 변이로 해석할 여지를 남겼다는 점에서 기존의 의학에 도전했다. 그는 재미를 통해 세상살이의 의미를 바꾼 대표적인 과학자다.

20세기 중반에는 유전과 진화를 만들어내는 보다 직접적인 실체(유전자)를 찾는 일이 중요했다. 그리고 왓슨과 크릭이 그 일을 해냈다. 그들은 유전물질인 DNA의 이중나선 구조를 밝혀 생명의 의미를 또 한 번 크게 바꾸어 놓았다. 이제 유전과 진화가 일어나는 실체적 메커니즘을 보다 잘 알 수 있게 되었을 뿐 아니라 생명의 미래를 인위적으로 바꿀 수도 있게 되었다. 다윈이 그린 전체 생명의 큰 그림 속에 구체적 생명들의 모습을 그려 넣을 수 있게 된 것이다.

이들이 했던 과학의 방법은 다윈의 그것과는 많이 달랐다. 생명체 전체에 대한 관찰을 토대로 생명 진화의 거시적 시간을 추론했던 다윈과 달리, 이들은 육안으로 관찰할 수도 만져볼 수도 없는 개념적 실체를 복잡한 장비를 통해 그려내야 했던 것이다. 관찰의 시간과 공간 척도도 다윈에 비하면 무척 짧고 좁았다. 과학사학자들은 생명의 의미를 진화라는 거시적 구도로 보게 된 변화를 다윈 혁명이라 하고, 그것을 시공간으로 잘

게 쪼개 단기적 변화의 메커니즘을 밝혀내게 된 변화를 분자 혁명이라 부른다. 이로써 현대 생물학은 거시적 시각과 미시적 시각을 모두 갖추게 되었다.

하지만 그 대상이 사람이 되면서 '마음'이라는 복잡한 문제를 만나게 된다. 진화생물학과 분자생물학은 마음도 자연선택이라는 진화의 규칙과 뇌의 물질적 상태를 바꾸는 분자적 사건의 결과로 설명하지만 우리의 직관은 보다 추상적이고 초월적인 설명을 찾으려 한다. 마음은 결코 과학의 대상이 될 수 없다고 믿는 사람도 많았다. 그런데 20세기 후반에 마음을 과학으로 설명하는 이론들이 나오고 경험적 연구가 진행되면서 지금까지의 상식을 깨는 발견들이 나오기 시작했다. 본문에서 이야기했던 거울 뉴런과 환상통 등이 그 대표적 사례들이다. 이로써 우리의 몸과 뇌 그리고 우리가 살아가는 세상은 진화생물학과 분자생물학에서 본 것과는 다른 새로운 의미를 부여받게 된다. 그래서 뇌는 바깥세상과 몸속에서 일어나는 일들을 연결시켜 새로운 의미를 만들어내는 곳이라는 해석이 가능해졌다. 다윈 혁명과 분자 혁명에 이어 일어난 인지 혁명이다.

사실과 가치의 조화

이 책은 이 세 가지 혁명의 흐름 속에서 태어나 자라고 늙어가면서 병을 앓거나 고통스러워하는, 그리고 궁극적으로 죽음에 이를 수밖에 없는 우리의 현실 또는 삶의 규범을 이해하려는 작은 노력의 산물이다. 세상과 자연을 안다는 건 그것을 차갑게 추상화한 지식을 축적하는 것이기보다는 그 속에서 살아가면서 느끼고 깨달아가는 과정이라는 말을 하고 싶었다. 앎의 동력은 그 속에서 느껴지는 재미와 새롭게 떠오르는 삶의 의미다. 앎은 단순한 지식의 축적이 아니라 세상과 내 몸이 소통한 결과이며 그 소통의 방식은 시대에 따라, 그리고 과학의 발전 단계에 따라 변해왔고 앞으로도 변해갈 것이다.

이 책을 위해 일하는 동안, 이미 알고 있었던 현상들도 다른 방향에서 연구하면 새로운 앎에 이를 수 있을 것이라는 생각을 많이 하게 되었다. 생물학적으로는 아무 활성이 없는데도 그것이 효과가 있을 것이란 확고한 믿음이 있다면 극적인 치유에 이르기도 하는 플라세보 현상이 그중 하나다. 아직까지 이 현상이 수수께끼로 남아있는 것은 플라세보를 바라보는 관점이 분자 수준에 머물러 있었기 때문이다. 생명이 진화해온 긴 시간과 우리가 사물을 인식하는 인지의 관점에서 바라보기 시작하면서 해결의 가능성이 보이기 시작한다. 나 자신의 전공이기도 했던 치과에서 가장 흔하고 오래된 질병인 충치도 그렇다. 지금까지는 충치를 일으키는 세균이 '무엇'인지를 찾는 일에 매진했지만 별 성과가 없었다. 하지만 그것을 다양한 입속 세균들과 내 몸의 생태적 균형이란 관점에서 바라보면 해결의 가능성이 생길 수도 있을 것이다.

과학은 대체로 가설을 세우고 그것을 검증하는 과정을 통해 발전한다. 이 책에서는 검증된 결과를 나열하기보다 주어진 삶의 문제를 풀어나가는 과정에서 떠오르는 새로운 가설들과 그 가설을 세운 사람들이 겪는 우여곡절을 다루려고 했다. 과학적 지식을 축적하기보다는 '과학하기'의 재미와 나름대로 새로운 삶의 의미를 찾았기를 바란다.

마지막으로 내가 좋아하는 의사이며 과학자인 동시에 철학자인 알프레드 토버Alfred Tauber의 경구를 붙인다.

"과학은 사실과 가치의 관계가 변화하는 양상이다."

사실은 앎의 문제이고 가치는 삶의 영역에 속한다. 사실을 알아가는 재미와 삶을 살아가는 의미가 조화롭게 어울리는 과학 속에서 행복을 찾는 독자가 계시다면 나 자신도 무척 행복할 것 같다.

더 읽어보면 좋을 책

이 책의 본문에는 각주와 인용된 참고 문헌에 대한 정보가 적다. 조직적이지 못한 나의 공부 습관 때문이기도 하지만, 그 이야기를 누가 어떤 책에서 어떻게 했는지 일일이 밝히다보면 이야기 속으로 빠져드는 데 방해가 될 것 같아서이기도 하다. 하지만 책에서 다 하지 못한 이야기의 맥락을 찾고 싶어 하는 독자를 위해 관련된 문헌의 목록을 덧붙인다.

외국어로 된 문헌과 학술지에 발표된 논문은 제외했고, 국내에서 발간된 단행본을 위주로 주제별로 정리했다.

지은이의 다른 책

강신익 지음, 『몸의 역사』, 살림출판사, 2007
강신익 지음, 『몸의 역사 몸의 문화』, 휴머니스트, 2007
강신익, 김시천 외 공저, 『생명, 인간의 경계를 묻다』, 웅진지식하우스, 2008
강신익, 김시천, 임지현, 전방욱, 최종덕 지음, 『찰스 다윈, 한국의 학자를 만나다』, 휴머니스트, 2010
강신익, 변희욱, 성태용, 우희종, 조광제 지음, 『몸, 마음공부의 기반인가 장애인가』, 운주사, 2009
강신익, 신동원, 여인석, 황상익 지음, 『의학 오디세이』, 역사비평사, 2007

강신익, 황상익 지음, 『의대담』, 메디치미디어, 2012

인문의학

리사 샌더스 지음, 장성준 옮김, 『위대한, 그러나 위험한 진단』, 랜덤하우스코리아, 2010
멜빈 코너 지음, 소의영 외 옮김, 『현대 의학의 위기』, 사이언스북스, 2001
미셸 푸코 지음, 홍성민 옮김, 『임상의학의 탄생』, 이매진, 2006
셔윈 눌랜드 지음, 안혜원 옮김, 『닥터스』, 살림출판사, 2009
신동원, 김남일, 여인석 지음, 『한권으로 읽는 동의보감』, 들녘, 1999
알프레드 토버 지음, 김숙진 옮김, 『어느 의사의 고백』, 지호, 2003
움베르또 마뚜라나 지음, 서창현 옮김, 『있음에서 함으로』, 갈무리, 2006
인제대학교 인문의학연구소 엮음, 『인문의학: 21세기 한국 사회와 몸의 생태학』, 휴머니스트, 2009
인제대학교 인문의학연구소 엮음, 『인문의학: 고통! 사람과 세상을 만나다』, 휴머니스트, 2009
인제대학교 인문의학연구소 엮음, 『인문의학: 인문의 창으로 본 건강』, 휴머니스트, 2008
조지 레이코프, 마크 존슨 지음, 임지룡 외 옮김, 『몸의 철학』, 박이정출판사, 2002
한병철 지음, 김태환 옮김, 『피로사회』, 문학과지성사, 2012
한스 게오르크 가다머 지음, 이유선 옮김, 『철학자 가다머 현대의학을 말하다』, 몸과마음, 2002
황상익 지음, 『인물로 보는 의학의 역사』, 여문각, 2004

태어남과 늙어감

랜덜프 네스, 조지 윌리엄즈 지음, 최재천 옮김, 『인간은 왜 병에 걸리는가』, 사이언스북스, 1999
로버트 리클레프스, 칼리브 핀치 지음, 서유헌 옮김, 『노화의 과학』, 사이언스북스,

2006

마크 베네케 지음, 권혁준 옮김, 『노화와 생명의 수수께끼』, 창해, 2004

스티븐 어스태드 지음, 최재천, 김태원 옮김, 『인간은 왜 늙는가』, 궁리, 2005

정진웅 지음, 『노년의 문화인류학』, 한울아카데미, 2012

조르주 미누아 지음, 박규현, 김소라 옮김, 『노년의 역사』, 아모르문디, 2010

테드 피시먼 지음, 안세민 옮김, 『회색 쇼크』, 반비, 2011

하워드 프리드먼, 레슬리 마틴 지음, 최수진 옮김, 『나는 몇 살까지 살까?』, 쌤앤파커스, 2011

질병과 고통

도리언 세이먼, 타일러 볼크 지음, 김한영 옮김, 『죽음과 섹스』, 동녘사이언스, 2012

리차드 고든 지음, 최상전 옮김, 『역사를 바꾼 놀라운 질병들』, 에디터, 2005

리처드 로즈 지음, 안정희 옮김, 『죽음의 향연』, 사이언스북스, 2006

멜러니 선스트럼 지음, 노승영 옮김, 『통증 연대기』, 에이도스, 2011

손봉호 지음, 『고통받는 인간』, 서울대학교출판부, 2003

수전 손택 지음, 이재원 옮김, 『타인의 고통』, 이후, 2004

싯다르타 무케르지 지음, 이한음 옮김, 『암: 만병의 황제의 역사』, 까치, 2011

아노 카렌 지음, 권복규 옮김, 『전염병의 문화사』, 사이언스북스, 2001

아서 클라인만, 비나 다스 외 지음, 안종설 옮김, 『사회적 고통』, 그린비, 2002

에릭 카셀 지음, 강신익 옮김, 『고통받는 환자와 인간에게서 멀어진 의사를 위하여』, 코기토, 2002

윌리엄 맥닐 지음, 허정 옮김, 『전염병과 인류의 역사』, 한울, 2009

토마스 매큐언 지음, 서일 옮김, 『질병의 기원』, 동문선, 1996

프레더릭 카트라이트, 마이클 비디스 지음, 김훈 옮김, 『질병의 역사』, 가람기획, 2004

뇌와 마음

닐 레비 지음, 신경인문학 연구회 옮김, 「신경윤리학이란 무엇인가」, 바다출판사, 2011

데이비드 이글먼 지음, 김소희 옮김, 「인코그니토」, 쌤앤파커스, 2011

래리 메이, 매럴린 프리드먼, 앤디 클라크 지음, 송영민 옮김, 「마음과 도덕」, 울력, 2013

로버트 커즈번 지음, 한은경 옮김. 「왜 모든 사람은 (나만 빼고) 위선자인가」, 을유문화사, 2012

리드 몬터규 지음, 박중서 옮김, 「선택의 과학」, 사이언스북스, 2011

마르코 야코보니 지음, 김미선 옮김, 「미러링 피플」, 갤리온, 2009

마이클 가자니가 지음, 박인균 옮김, 「뇌로부터의 자유」, 추수밭, 2012

마이클 가자니가 지음, 박인균 옮김, 「왜 인간인가」, 추수밭, 2009

마이클 셔머 지음, 류운 옮김, 「왜 사람들은 이상한 것을 믿는가」, 바다출판사, 2007

미하이 칙센트미하이 지음, 김우열 옮김, 「몰입의 재발견」, 한국경제신문사, 2009

미하이 칙센트미하이 지음, 최인수 옮김, 「몰입」, 한울림, 2005

샌드라 블레이크슬리, 매슈 블레이크슬리 지음, 정병선 옮김, 「뇌 속의 신체지도」, 이다미디어, 2011

스티븐 핑커 외 지음, 존 브록만 엮음, 이한음 옮김, 「마음의 과학」, 와이즈베리, 2012

안토니오 다마지오 지음, 임지원 옮김, 「스피노자의 뇌」, 사이언스북스, 2007

앤 해링턴 지음, 조윤경 옮김, 「마음은 몸으로 말을 한다」, 살림, 2009

앨버트 라슬로 바라바시 지음, 강병남, 김기훈 옮김, 「링크」, 동아시아, 2002

에두아르도 푼셋 지음, 유혜경 옮김, 「인간과 뇌에 관한 과학적인 보고서」, 새터, 2010

올리버 색스 지음, 장호연 옮김, 「뮤지코필리아」, 알마, 2012

올리버 색스 지음, 조석현 옮김, 「아내를 모자로 착각한 남자」, 이마고, 2006

요아함 바우어 지음, 이미옥 옮김, 「공감의 심리학」, 에코리브르, 2006

조나 레러 지음, 최애리, 안시열 옮김, 「프루스트는 신경과학자였다」, 지호, 2007

조지프 르두 지음, 강봉균 옮김, 「시냅스와 자아」, 소소, 2005

존 메디나 지음, 서영조 옮김, 「브레인 룰스」, 프런티어, 2009

폴 에얼릭, 로버트 온스타인 지음, 고기탁 옮김, 「공감의 진화」, 에이도스, 2012

홍성욱, 장대익 엮음, 신경인문학 연구회 옮김, 「뇌 속의 인간, 인간 속의 뇌」, 바다출판사, 2010

유전과 진화

로빈 던바 지음, 김정희 옮김, 「발칙한 진화론」, 21세기북스, 2011

리처드 도킨스 지음, 홍영남, 이상임 옮김, 「이기적 유전자」, 을유문화사, 2010

리처드 르원틴 지음, 김동광 옮김, 「DNA 독트린」, 궁리출판사, 2001

린 마굴리스, 도리언 세이건 지음, 황현숙 옮김, 「생명이란 무엇인가」, 지호, 2000

매트 리들리 지음, 김한영 옮김, 「본성과 양육」, 김영사, 2004

매트 리들리 지음, 신좌섭 옮김, 「이타적 유전자」, 사이언스북스, 2001

매트 리들리 지음, 하영미 옮김, 「게놈: 23장에 담긴 인간의 자서전」, 김영사, 2001

샤론 모알렘 지음, 김소영 옮김, 「아파야 산다」, 김영사, 2010

스티븐 로우즈 지음, 이상원 옮김, 「우리 유전자 안에 없다」, 한울, 2009

스티븐 제이 굴드 지음, 김동광 옮김, 「인간에 대한 오해」, 사회평론, 2003

스티븐 제이 굴드 지음, 김동광 옮김, 「판다의 엄지」, 세종서적, 1998

스티븐 제이 굴드 지음, 이명희 옮김, 「풀하우스」, 사이언스북스, 2002

요아힘 바우어 지음, 이미옥 옮김, 「인간을 인간이게 하는 원칙」, 에코리브르, 2007

이블린 폭스 켈러 지음, 이한음 옮김, 「유전자의 세기는 끝났다」, 지호, 2002

장대익 지음, 「다윈의 식탁」, 김영사, 2008

전중환 지음, 「오래된 연장통」, 사이언스북스, 2010

정준호 지음, 「기생충, 우리들의 오래된 동반자」, 후마니타스, 2011

제니퍼 애커먼 지음, 진우기 옮김, 「유전, 운명과 우연의 자연사」, 양문, 2003

제임스 왓슨 지음, 이한음 옮김, 「DNA: 생명의 비밀」, 까치, 2003

최재천 지음, 「다윈지능」, 사이언스북스, 2012

킴 스티렐니 지음, 장대익 옮김, 「유전자와 생명의 역사」, 몸과마음, 2002

테트레프 간텐, 틸로 슈팔, 토마스 다이히만 지음, 조경수 옮김, 「우리 몸은 석기시

대』, 중앙북스, 2011
표트르 알렉세예비치 크로포트킨 지음, 김영범 옮김, 『만물은 서로 돕는다』, 르네상스, 2005

몸과 사회

강영호, 김수현, 김창엽 지음, 『빈곤과 건강』, 한울, 2003
데구치 아키라 지음, 최인택 옮김, 『마음을 이식한다』, 심산, 2006
로리 앤드루스, 도로시 넬킨 지음, 김명진, 김병수 옮김, 『인체 시장』, 궁리, 2006
로버트 라이트 지음, 박영준 옮김, 『도덕적 동물』, 사이언스북스, 2003
로버트 액설로드 지음, 이경식 옮김, 『협력의 진화』, 시스테마, 2009
르네 듀보 지음, 허정 옮김, 『건강 유토피아』, 명경, 1994
리처드 윌킨스 지음, 김홍수영 옮김, 『평등해야 건강하다』, 후마니타스, 2008
리처드 윌킨스 지음, 손한경 옮김, 『건강불평등: 무엇이 인간을 병들게 하는가』, 이음, 2011
리처드 윌킨스 지음, 정연복 옮김, 『건강불평등: 사회는 어떻게 죽이는가』, 당대, 2004
마이크 마틴 지음, 노희정 옮김, 『창의성』, 서광사, 2012
마이클 가자니가 지음, 김효은 옮김, 『윤리적 뇌』, 바다출판사, 2009
마이클 셔머 지음, 박종성 옮김, 『진화 경제학』, 한국경제신문사, 2009
마크 존슨 지음, 노양진 옮김, 『도덕적 상상력』, 서광사, 2008
마틴 노왁, 로저 하이필드 지음, 허준석 옮김, 『초협력자』, 사이언스북스, 2012
매완 호 지음, 이혜경 옮김, 『나쁜 과학』, 당대, 2005
매트 리들리 지음, 조현욱 옮김, 『이성적 낙관주의자』, 김영사, 2010
반 퍼슨 지음, 강영안 옮김, 『급변하는 흐름 속의 문화』, 서광사, 1994
소니아 샤 지음, 정혜영 옮김, 『몸 사냥꾼』, 마티, 2006
아툴 가완디 지음, 김미화 옮김, 『나는 고백한다, 현대의학을』, 소소, 2003
알래스데어 매킨타이어 지음, 이진우 옮김, 『덕의 상실』, 문예출판사, 1997
앨버트 허시먼 지음, 이근영 옮김, 『보수는 어떻게 지배하는가』, 웅진지식하우스,

2010

요아힘 바우어 지음, 이미옥 옮김, 「협력하는 유전자」, 생각의나무, 2010

움베르또 마뚜라나, 프란시스코 바렐라 지음, 최호영 옮김, 「앎의 나무」, 갈무리, 2007

전방욱 지음, 「수상한 과학」, 풀빛, 2004

제레미 리프킨 지음, 이경남 옮김, 「공감의 시대」, 민음사, 2010

조지 레이코프 지음, 손대오 옮김, 「도덕, 정치를 말하다」, 김영사, 2010

존 벡위드 지음, 이영희, 김동광, 김명진 옮김, 「과학과 사회운동 사이에서」, 그린비, 2009

최재천, 김세균, 김동광 엮음, 「사회생물학 대논쟁」, 이음, 2011

최정규 지음, 「이타적 인간의 출현」, 뿌리와이파리, 2009

크리스 무니 지음, 이지연 옮김, 「똑똑한 바보들」, 동녘사이언스, 2012

프란시스코 바렐라 지음, 유권종, 박충식 옮김, 「윤리적 노하우」, 갈무리, 2009

프란츠 부케티츠 지음, 김영철 옮김, 「사회생물학 논쟁」, 사이언스북스, 1999

하워드 케이 지음, 생물학의 역사와 철학 연구모임 옮김, 「현대생물학의 사회적 의미」, 뿌리와이파리, 2008

황상익 지음, 「역사 속의 의인들」, 서울대학교출판부, 2004

불량유전자는 왜 살아남았을까
인문의학자가 들려주는 생로병사(生老病死)의 과학

초판 1쇄 발행   2013년 3월 20일
초판 5쇄 발행   2015년 6월 20일

지 은 이   강신익

펴 낸 이   최용범
펴 낸 곳   페이퍼로드
출판등록   제2024-000031호(2002년 8월 7일)
　　　　　서울시 관악구 보라매로 5가길 7 1309호

편　　집   김정주, 양현경
마 케 팅   윤성환
관　　리   임필교
디 자 인   이춘희, 장원석

이 메 일   book@paperroad.net
홈페이지   www.paperroad.net
커뮤니티   blog.naver.com/paperroad
Tel (02)326-0328, 6387-2341 | Fax (02)335-0334

I S B N   978-89-92920-84-1 03400

· 책값은 뒤표지에 있습니다.
· 잘못 만들어진 책은 구입하신 곳에서 바꾸어 드립니다.
· 이 책은 2007년도 정부(교육과학기술부)의 재원으로 한국연구재단의 지원을 받아 수행된 연구(KRF-2007-361-AM0056)의 일부임을 밝힙니다.